特种蔬菜栽培原理与生产途径

Cultivation Principle and Production Pathway of Special Vegetables

关法春◎主编

中国农业大学出版社
China Agricultural University Press
·北 京·

内 容 简 介

本书第一章界定了特种蔬菜的含义与特性，指出了发展中存在的问题及研究与应用任务；第二章论述了特种蔬菜作物的生长发育、分化与产量之间的关系；第三章和第四章介绍了特种蔬菜的种子鉴定与育苗技术、菜田土壤耕作和栽植技术；第五章和第六章重点介绍了野生蔬菜的生活环境及分类、选择与驯化；第七章和第八章介绍了特种蔬菜的菜田规划、栽培制度以及种植和经营方面的内容。本书可供农业院校师生、相关从业人员等阅读和参考使用。

图书在版编目(CIP)数据

特种蔬菜栽培原理与生产途径 / 关法春主编 . --北京：中国农业大学出版社，2024. 11. --ISBN 978-7-5655-3343-3

Ⅰ. S63

中国国家版本馆 CIP 数据核字第 2025161XW5 号

书　　名　特种蔬菜栽培原理与生产途径
Tezhong Shucai Zaipei Yuanli yu Shengchan Tujing

作　　者　关法春　主编

策划编辑　梁爱荣　　**责任编辑**　梁爱荣
封面设计　李尘工作室
出版发行　中国农业大学出版社
社　　址　北京市海淀区圆明园西路 2 号　　**邮政编码**　100193
电　　话　发行部 010-62733489，1190　　**读者服务部** 010-62732336
编辑部 010-62732617，2618　　**出　版　部** 010-62733440
址　http://www.caupress.cn　　**E-mail**　cbsszs@cau.edu.cn
销　新华书店
刷　河北虎彩印刷有限公司
次　2025 年 1 月第 1 版　　2025 年 1 月第 1 次印刷
格　170 mm×228 mm　　16 开本　　16.25 印张　　296 千字
价　52.00 元

有质量问题本社发行部负责调换

编 委 会

主　　编　关法春（山东理工大学）

副 主 编　王　超（山东理工大学）

康立功（东北农业大学）

姜景彬（东北农业大学）

参编人员（按姓氏笔画排序）

于皓然（哈尔滨市农业科学院）

刘华晶（东北农业大学）

李　静（西藏农牧学院）

吴玉德（佳木斯大学）

宋文超（佳木斯大学）

张宇阳（塔里木大学）

姚学林（西藏农牧学院）

朗　杰（西藏农牧学院）

解　娇［吉林省农业科学院（中国农业科技东北创新中心）］

主　　审　麻明可（吉林省农业环境保护与农村能源管理总站）

前 言

特种蔬菜与常规蔬菜差异较大，其集栽培生产与观赏美化于一身，具有新颖性、特异性，在一定程度上满足人们对新生事物的美好追求，特种蔬菜栽培已经广泛地融合于社会生产、生活中。

特种蔬菜有其自身特性，需要在满足其生物生理学特性的基础上，更好发挥其社会服务价值，因此在种类配置、栽培管理、环境调控等方面有其独到之处。随着蔬菜栽培学的发展范围不断拓宽，深度不断加强，选修或辅修教学对特种蔬菜栽培教材的需求也日益迫切。党的二十大报告中提出："坚持为党育人、为国育才，全面提高人才自主培养质量""加强教材建设和管理""推进教育数字化，建设全民终身学习的学习型社会、学习型大国"。为了深入贯彻党的二十大精神，更好落实立德树人根本任务，我们根据我国高等农业院校庭院园艺类课程教学的实际需要，结合特种蔬菜生产现状和发展态势，吸收蔬菜栽培生产的新理论和技术成果，组织编写了《特种蔬菜栽培原理与生产途径》。

本书共八章。第一章由关法春、解娇编写，界定特种蔬菜的含义与特性，并指出了特种蔬菜发展中存在的问题及其研究与应用的任务；第二章由关法春、王超编写，在一般蔬菜栽培生理基础上，结合特种蔬菜的特点，介绍了其生长发育和分化的特点及产量形成的影响因素；第三章由姜景彬、康立功编写，根据特种蔬菜的栽培生产顺序，从种子阶段开始，介绍特种蔬菜育苗技术与管理方法；第四章由康立功、朗杰编写，介绍特种蔬菜在生产田阶段的栽培要求和栽植管理技术；第五章由刘华晶、王超编写，介绍野生蔬菜的生活环境及由此衍生而来的适生特性，并进一步进行分类；第六章由关法春、李静、于皓然编写，介绍野生蔬菜的选择与驯化方法；第七章由吴玉德、宋文超编写，根据特种蔬菜栽培生理生态学特点，介绍其生产规划及由此形成的栽培制度；

第八章由张宇阳、姚学林编写，介绍野生蔬菜的生产经营制度。附录由关法春编写，提供了特种蔬菜在栽培使用有机肥料或基质过程中，耐低温发酵堆肥的简便化、低成本制备方法。全书由关法春统稿，麻明可主审，王超校对。

在此，谨向支持、参与本书编写的各位老师表示衷心感谢！

主　编

2024 年 10 月

目　录

第一章 绪论

近年来，居民传统饮食习惯发生了质的改变。从改革开放初期的营养缺乏型逐步过渡到营养过剩型，现阶段又正逐步从营养过剩型进入营养保健型。随着生活水平的不断提高，人们对膳食结构、质量和营养比例的要求也越来越高，对食品的要求已从单纯的数量方面，转向质量、风味、绿色、保健、环保及观赏等多元化需求，更加注重食品功效和营养结构的合理性。

居民的膳食结构和膳食营养水平，是衡量一个国家或地区人们生活水平高低以及经济是否发达的重要标志之一。在膳食结构中，新鲜瓜果蔬菜类农产品是人们科学合理均衡膳食结构的重要组成部分，其所富含的碳水化合物、矿物质、纤维素、多种维生素和微量元素等人体所需成分，可以调节人体新陈代谢以及循环系统，增强生理机能和免疫力，提高人们的生活品质，对人体健康具有无可替代的作用。因此，兼具营养、保健、新奇、口感的特种蔬菜才是首选。特种蔬菜迎合了现代都市人食疗保健、增强体质、追求时尚新潮流的趋势，使其迅速成为21世纪最具潜力、最具魅力的一个新兴产业。同时，也将成为今后民间资本投资农业的重点和亮点，市场前景十分广阔。

有鉴于此，为了适应市场的变化，促进蔬菜生产的多样化，结合特种蔬菜发展现状以及生产气候条件、人文地理环境和经济发展水平等，编写了《特种蔬菜栽培原理与生产途径》，以期能够对农业产业结构调整、蔬菜产业发展以及区域经济发展、农业增效、农民增收，有一定的推动和借鉴价值。

一、特种蔬菜的含义

特种蔬菜，通常指有别于市场上常见大宗蔬菜之外的蔬菜，简称“特菜”。但在不同时期，特种蔬菜所包含的范围有其不同的内涵，特种蔬菜是一个动态发展的概念。

“特种蔬菜”一词最早出现在20世纪80年代，为满足我国涉外宾馆、饭店及旅游行业等特殊配菜需求，开始从国外引进一些蔬菜品种，如青花菜、紫甘蓝、结球生菜、西芹、软化菊苣、羽衣甘蓝、球茎茴香等“西菜”，因当时属于特需供应，市面又很少见，故称这类“西菜”为特种蔬菜。

近年来，随着人们营养保健意识的提高，对蔬菜产品所蕴含价值的期望也越来越高。蔬菜的新颖性、稀缺性以及在一定程度所代表的营养补充、健康维护等功能，成为消费者新的关注焦点。特种蔬菜的概念也在学术范畴之外加入了消费者消费习惯等内容。特种蔬菜的概念可定义为，在一定地理和气候时空下有别于当地普通蔬菜的名、优、特、新、野等非常规蔬菜的总称。

二、特种蔬菜的特性

(一)特种蔬菜的形成特性

特种蔬菜的形成具有地域性、时间性和相对性，依据特种蔬菜来源及栽培方式，形成的特性可分为：

(1)洋菜中种　从国外引种，在国内种植；

(2)北菜南种(南菜北种)　将原产地蔬菜移植到较远的地域进行栽培；

(3)夏菜冬种(冬菜夏种)　利用日光温室、遮阳降温等设施，进行反季节栽培；

(4)野菜家种　对野生蔬菜进行引种、驯化或人工栽培。

(二)特种蔬菜的“四特”特性

特种蔬菜具有多方面的特性，不一而足，但“特”为其重点，主要体现在以下四个方面：

(1)特殊种质　蔬菜种类或品种等新颖，在外形、品质、风味或颜色等方面具有一定的特异性；

(2)特殊种法　栽培、管理方式特殊，因在异地生产并顺应当地市场，在生产过程中需要根据其原产地的气候、地理环境等条件，通过设施设备、栽培管理等途径，模仿原产地的生产条件，以尽可能接近原产地的品质和风味；

(3)特殊营养价值　相对小众，具有其自身的营养价值特性，可产生特殊的销售渠道和消费群体；

(4)特殊烹食　可根据特殊外形、色彩、口感等，形成特有的烹调方法。

(三)特种蔬菜的优势特性

与常见大宗蔬菜相比，特种蔬菜还具有较高的特有优势，主要体现在以下四个方面：

(1)营养丰富　特种蔬菜富含人体所必需的蛋白质、碳水化合物、维生素、矿物质以及膳食纤维等多种营养成分。如,紫甘蓝每 100 g 鲜叶的蛋白质和碳水化合物含量分别是普通甘蓝的 1.4 倍和 2.0 倍,铁、锌、维生素 A、维生素 C 等成分也高于普通甘蓝;东北红萝卜的钾含量是普通红萝卜的 9.2 倍、青萝卜的 25.8 倍、胡萝卜的 8.8 倍、西蓝花的 109 倍;蕨菜等野菜中含有的蛋白质较芹菜和青椒高 3 倍,较番茄高 2 倍;野菜中还含有大量人体所需的多种氨基酸,以及一般蔬菜所缺乏的维生素 B_6、维生素 B_{12} 和维生素 D 等。

(2)食疗潜力大 特种蔬菜除含有丰富的营养物质外,多数还含有生物碱类、黄酮类、醌类、苷类、蒽类、糖苷、萜类等有效成分,极富营养保健价值,这也是其魅力所在。如石刁柏嫩茎含有大量的膳食纤维、丰富的硒元素和天冬酰胺,是世界上公认的抗癌蔬菜;菊苣叶片芽球中富含野莴苣苷、山莴苣素等苦味物质,口感质脆爽口、略苦微甜,具有清肝利胆、开胃健脾等功效,为流行欧美的色拉用蔬菜。

(3)经济效益好 特种蔬菜供应数量相对较少,加之在品质、风味等方面的商品特性,销售价格相对更高;同时,有些种类因生长期短、产量高、复种指数高、投入相对减少,经济效益更为明显。如樱桃萝卜,20～30 d 收获一次,一年可生产10 茬以上。生产中樱桃萝卜除了进行间作套种以外,还常利用温室前沿、四周边沿、畦埂等空隙地进行种植,这样既满足市场需求,又充分利用温室面积,增加收入。

(4)销售方式特殊 特种蔬菜作为小众蔬菜,适于净菜上市和精细包装。如上市时期与春节、元旦、中秋等节日同步,可以礼品形式进行市场销售,如礼品箱、丰收篮、果蔬插花等。

三、特种蔬菜发展中存在问题

随着人们对健康饮食的重视,特种蔬菜的需求逐渐增加。为了满足市场需求,特种蔬菜的生产也在逐步发展。一些地区开始尝试种植和培育特种蔬菜,以满足消费者对高品质、高营养价值蔬菜的需求。此外,随着科技的发展,特种蔬菜的种植技术也在不断进步,提高了产量和质量,使得特种蔬菜能够更好地满足市场需求,但其在发展中仍存在着一些问题,需予以重视。

(1)基础设施薄弱 保护地生产规模小、设备保障水平低、生产成本高,是限制特种蔬菜产业发展的主要因素,尤其是非加温的冷棚所占比例较大,抗自然风险能力差,易受天气状况影响。为此,需要建立与特种蔬菜生产种类和特性要求相适应的基础设施生产体系,充分发挥特种蔬菜的生产潜力。

(2)专业化程度低 大部分特种蔬菜属于小众,市场需求随季节、销售途径等因素变化较大,产品以粗包装出售较多,档次低,使得具备一定特殊性的蔬菜没有产生品牌效应。为此,需要专产专供,根据稳定的市场需要来确定特种蔬菜的主要栽培种类，开展精细化、专业化生产，提高商品化水平和效益。

(3)用工成本高　相比于其他行业，特种蔬菜生产对专业技术要求较高，常又因配套机械种类少于常规蔬菜，导致生产用工成本较高，从而影响了生产的积极性。

(4)落实到户难　特种蔬菜生产是一项生产周期短、劳动强度大和技术性要求较高的项目。但因具有丰富实践经验的人员缺乏，科技推广服务网络欠缺，以及农民的自身文化素质较低，致使引进推广的新品种、新技术落实到户难、到棚率不高。

(5)资金投入不足　农民经济基础条件相对薄弱，普遍对蔬菜种植投入不足，也在一定程度上影响了产量、效益的提高。

(6)规模低　蔬菜合作社规模小、少、散，不成规模，对当地农户的带动能力相对薄弱，在一定程度上限制了当地特种蔬菜行业的发展壮大。

(7)其他问题　特种蔬菜生产年头的延长和病虫害的增加，导致投入相对增多，但品质下降，从而致使整体效益降低；此外，就整个蔬菜行业来说，蔬菜的保鲜冷藏体系发展较慢，影响了特种蔬菜的流动性，增加了运输的成本。

四、特种蔬菜栽培的研究与应用任务

(一)目标

特种蔬菜栽培是研究特种蔬菜作物在一定特殊条件下生长发育、产品与品质形成的规律和过程，以及环境与蔬菜作物之间的相互关系，明确环境等综合因素控制下的产量与品质形成的机制和过程，并依托产地气候、地理等优势，通过设施设备和措施调控，建立具有特殊导向的管理技术体系。

(二)研究与应用任务

特种蔬菜的种类繁多，包括种、亚种、变种和品种，以及在不同环境条件下长期形成的生态型，其外表形态、解剖结构和生理机能必然会对环境条件有所反应，一般首先是在内部生理机能方面的改变，继而引起解剖结构的变化，最后从外部形态的改变以及产量和品质上反映出来。特种蔬菜的这种反应是在环境因素和自身遗传因素共同影响下的结果。

一些特殊区域，如高原环境具有紫外线辐射强、昼夜温差大、高海拔低气压等特点，受此影响，不但作物的光合作用、呼吸作用等重要代谢过程发生变化，而且植株的外部形态、发育分化、物质积累等方面均受到不同程度的影响。如在高海拔低气压(低 CO_2 含量、低 O_2 含量)条件下，特种蔬菜表现出光饱和点升高、光补偿点降低、适温偏低和暗呼吸速率降低等特点，从而有利于植物充分利用光能，也利于植物体内干物质的积累。

鉴于特种蔬菜绝大多数为区域外引进的植物，从环境角度来说，特种蔬菜作物的栽培生理必然受环境变化影响，进而产生适应性代谢机制，特种蔬菜生产措施也必然随之变化。因此，有必要对异地栽培的变异环境下特种蔬菜作物栽培生理特性和栽培措施进行归纳总结，并根据一定环境条件下特种蔬菜作物不同种类与品种特性、特种蔬菜生长发育要求以及生产环境条件，确定符合产品品质自身特性的配套栽培措施，建立适应区域环境特点的特种蔬菜优质高产栽培理论与新型技术体系。

第二章　特种蔬菜作物的生长发育和分化

生长是指植物体或某一组织、器官的大小、体积和重量等不可逆的增加过程，通过细胞数目的增多和体积的增大，呈现量的变化；发育是植物通过细胞的分化，产生了与其相类似个体的现象，呈现质的变化，其结果是产生了新的器官——根、茎、叶、花、果实、种子等。掌握其生长发育和分化规律，明晰影响这一过程的环境因子的作用，是特种蔬菜发挥特色优势和高效优质栽培的生产理论基础。

第一节　生长发育和分化的特点

特种蔬菜的生长发育贯穿于作物的整个生活史，整个生长过程可以划分为下面几个生长时期。

（1）种子时期　包括种子的成熟期、休眠期和发芽期。在栽培上要保证种子成熟（包括后熟）和发芽的适宜条件。如以茎叶为食用部位的当归种子，一般需要经过 4 ℃低温沙藏后才能高效萌发。

（2）营养生长时期　包括幼苗期、营养物质积累期和贮藏营养器官的休眠期。这一时期是叶菜类、根菜类、薯芋类、葱蒜类等蔬菜食用部分形成的关键时期。在生产上，应把这一时期安排在气候最适宜的季节，并应加强田间管理。例如，在夏季相对冷凉的东北地区引种生姜，在生姜出苗 50％时就要进行适度遮阴，一直持续到 8 月下旬，从而为生姜生产提供合适的光照以及温度条件，进一步可为繁育低毒生姜种苗奠定基础生长条件。

（3）生殖生长期　包括花芽分化期、现蕾期、开花期和结果期。对果菜类（茄果类、瓜类、豆类）来说，这时要加强肥水等管理，以促进花芽分化和开花结实正常进行（以早熟为栽培目的时，还要通过改善钾素营养促使适期提早收获）。

蔬菜的营养生长和生殖生长关系密切，两者相互促进、相互制约。对于果菜类特种蔬菜来说，如果营养生长过旺，则易发生徒长现象而不能及时过渡至正常的生殖生长阶段；如果营养生长不良，则会过早进入生殖生长并引发早衰，从而降低果实产量。对于叶菜类和根菜类特种蔬菜来说，如果没有良好的营养生长来形成叶球和肥大肉质根，就会迅速进入生殖生长时期，发生先期抽薹现象，进而影响产量。

一、生长模式、周期性和生长相关性

（一）生长模式

1."S"形生长曲线及其特征

不论是整个植株生长，还是器官、组织或细胞的生长，在不同的阶段生长速度存在差异，表现为"慢—快—慢"的基本规律，即初期生长缓慢，中期逐渐加速，达到最高点后生长速率又减慢至停止，这个典型的生长过程可以用"S"形曲线来描述(图 2-1)，"S"形曲线包括 5 个阶段。

(1)缓慢生长阶段　为初期缓慢生长阶段，生长速率缓慢，物质积累较少。

(2)指数或对数生长阶段　以生长速率的对数(指数)作为时间的函数作图时，这一时期表现为一条直线，生长速率处于一个持续加速时期，呈指数增长。植株或某一部分大小的增长表现为对数形式，这一时期又称为"大生长期"。

从数学的角度来看，生长可以看作在一定时间(t)内鲜重(w)的增加，或干物质的积累。在其按指数增加的初期，都服从于"复利法则"。如果某个个体或个体中的细胞初始重量为 w_0，生长率为 r，则经过一定的时间 t 之后，其总重量(w_t)如下式所示：

$$w_t = w_0 e^{rt}$$

此公式也可以写成

$$\ln w_t = \ln w_0 + rt$$

按此方程绘成生长随时间变化的对数图，就成一条直线(图 2-2)。

(3)生长速率递减阶段　此期生长速率逐渐减慢，干重稳定增长。

(4)植物体成熟阶段　此期干物质积累减慢，甚至停止，体内物质进行转变，植株逐渐成熟。

(5)植物体衰老阶段　此期干物质积累停止，甚至由于呼吸消耗而呈负增长。

同一植株的不同器官，同一器官的不同部位，其生长量和生长速率往往是不同的。一片叶子面积的增长速率和其长度的生长速率不一样；一个果实体积的增长及长、宽、高 3 个方向的生长速率也不同。因此，一个叶片或果实的最后形状，并不是一开始就决定，而是由不同方向的差别生长所决定。

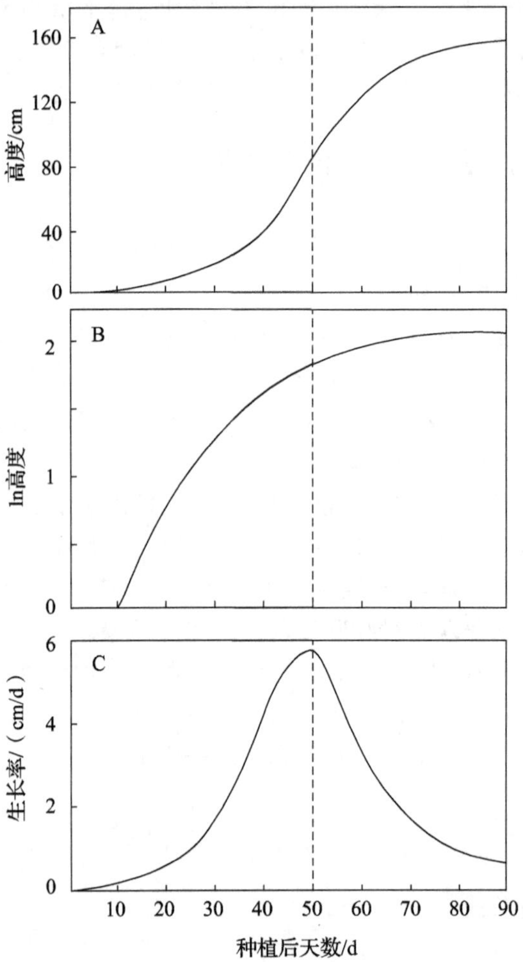

图 2-1　普通生长曲线

A. 高度—时间的“S”形生长曲线；B. 对数生长曲线（高度单位为 cm）；C. 生长率曲线

以上是植物的典型生长曲线，但实际上，植物的生长过程受到很多因素的影响，如温度、水分、肥料等环境条件，以及生物体本身具有的遗传特性，这就使得植株最后的大小与理想的预测不完全符合。

植物生长的“S”形曲线为其基本规律，不受施肥、植株调整及外源调节剂等外界措施影响而改变（图 2-3）。

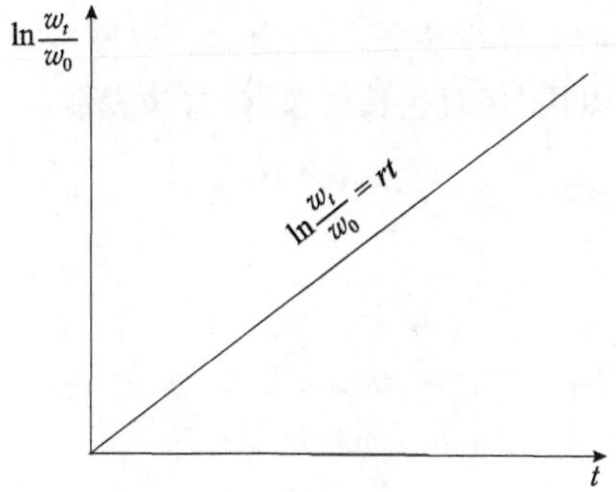

图 2-2 对数生长曲线

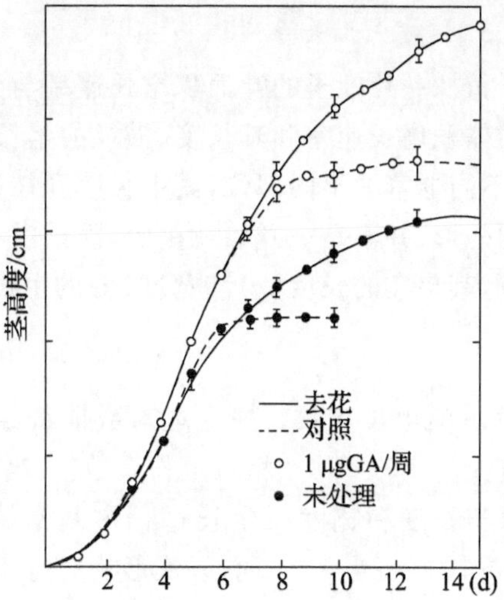

图 2-3 豌豆的生长曲线

(Ecklund PR, Moore TC, 1969)

“S”形曲线可表示为逻辑斯蒂(logistic)方程:

$$G_t = \frac{G_{\max}}{1 + a\mathrm{e}^{-kt}}$$

式中:$a=\frac{G_{\max}-G_0}{G_0}$为常数;$G_{\max}$为生长最大值;$G_0$为初生长值;$G_t$为任何时生长值;$t$为时间;e为自然对数的底;$k$为衰减速率。

2.“S”形生长曲线的应用

蔬菜的群体、个体、器官、组织及细胞的生长发育过程基本上都符合“S”形生长曲线,这是客观规律。如果在人工控制环境下,植物群体或个体的某一阶段偏离了“S”形曲线轨迹,都会影响蔬菜的生育进程和生长速度,从而最终影响产量和品质。因此,在蔬菜生长发育过程中应密切注视植株的生长发育情况,使之达到该生育时期应有的长势长相,向高产优质方向发展;同时,“S”形曲线也可作为检验蔬菜生长发育进程是否正常的依据之一。

各种促进或抑制作物生长的措施,都应该在作物生长发育最快速度到来之前应用。同一作物的不同器官,通过“S”形生长周期的步伐不同,生育速度各异,在控制某一器官生育的同时,应注意这项措施对其他器官的影响,以及这些器官生长发育是否与环境因子相协调。

3.相对生长关系

植株一片叶子的叶面积增长速率与其叶子长度的生长速率是不同的，一个果实的体积增长速率和其长度、横径的生长速率也是不一样的。因此，植株的不同器官、不同器官的不同部位，其生长速度往往是不同的，而且植株一片叶子和一个果实的外形，并不是一开始就决定，而是由不同方向的差异性生长所决定的。以彩椒为例，其果实的长度(y)和宽度(x)的生长速率，可以用“相对生长关系”公式来表示：

$$y=bx^k \text{ 或 } \ln y=\ln b+k\ln x$$

式中，b 为生长基数。把上述对数曲线绘图，成为一条直线，斜率 k 即为“相对生长系数”。当 $k=1$ 时，表示果实长度和宽度在生长过程中基本持平；当$k>1$时，果实拉长；当 $k<1$ 时，果实形状变扁(图 2-4)。

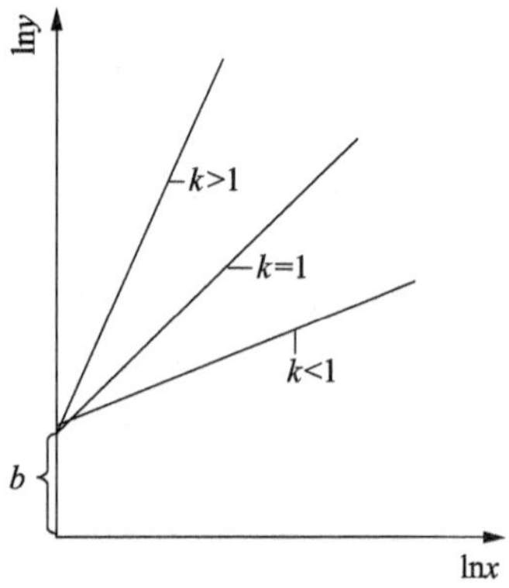

图 2-4 辣椒长与宽的关系

尽管相对生长系数涉及的是植物的外在指标，但相对生长系数是可以遗传的，其可在一定意义上反映植株内部的一些生理过程。

4.相对生长率

相对生长率是指在一定的时间间隔内干物质的增加量。

相对生长率(RGR)可表示为：

$$\mathrm{RGR}=\frac{1}{w}\cdot\frac{\mathrm{d}w}{\mathrm{d}t}=\frac{\ln w_2-\ln w_1}{t_2-t_1}$$

式中，t_1、t_2 为时间，w_1、w_2 为干物质重量。

(二)生长的周期性

植物的生长并非以一个稳定的速率进行，而是随着季节和昼夜的变化，其生长速率发生富有节奏的周期性变化，并表现出一定的间歇性，这就是植物生长的周期性。植物的生长周期性是个体发育过程中与外界环境相适应的结果，同时也受到植株自身内部近似昼夜节律(生物钟)的制约。植物的生活周期就是植物的自然生命周期，如一年生植物的生命周期为一年，它在一个生长季节内完成生活史。植物的生产周期是指从播种或萌发到产品器官收获的这段时期，短则几个月，长则几年。一年生植物或二年生植物的生产周期等于或短于生活周期。

调控原则是先要形成合适的营养体，继而在花芽分化时给予良好的条件，使花器官分化发育良好。多年生果树的生产周期表现为年周期的特点，即春季萌芽、夏秋收获。年周期中的季节性气候变化对植物生产影响很大，人们把与季节性气候变化相适应的植物器官的形态变化时期称为物候期。物候期对植物生产有重要指导意义。一年生植物的一生即生长期，而二年生植物和多年生植物的生长期之间有时还有休眠期。

1. 生长的昼夜周期性

很多植物的生长，特别是茎的生长，均表现出昼夜的变化，这种有规律性变化的现象叫生长的昼夜周期性。生长的昼夜周期性主要受温度影响，这是因为植物生理代谢过程直接受温度影响，因此，植物生长速率和温度关系最为密切。植物生长速率在适温的夜晚较炎热的白天快，倘若夜间温度过高，那么植物白天的生长速率大于夜间。如在过高的温度下（35 ℃以上），温带特种蔬菜作物茎仅在夜间生长，而白天几乎不生长。昼夜周期性对特种蔬菜的生长影响很大（吕兵兵等，2019）。

2. 生长的季节周期性

大多数植物，尤其是温带地区的多年生植物，在每年的不同季节里其生长速率不同。随着季节的变化，表现出秋季生长逐渐停滞，进入休眠状态，而次年春季萌发再恢复生长，具有一定的周期性，即“季节周期性”。季节周期性是多年生植物生长过程中的普遍现象，主要受季节、温度、日照和水分等环境因素的影响，是在植物体内产生一系列生理反应而适应的结果。

在生长不利的环境条件下，植物广泛存在着休眠现象，如石刁柏、黄花菜等。对于一年生特种蔬菜作物，休眠的器官为种子，而多年生特种蔬菜的休眠器官常常为芽。例如，黄花菜地下部分当年生的芽可在低温来临前进入休眠状态，以抵御不良环境的伤害，甚至一些营养繁殖器官也可以进行芽休眠，如紫薯块茎上的芽等。

值得引起重视的是，在海拔 2500 m 以上的青藏高原地区，一般夏季比较凉爽，正好适合种植内地平原地区由于天气炎热无法种植的温带型蔬菜。在高原保护地人工调控的环境下，可以通过温度、光照等环境条件的控制，改变传统种植方式，发展诸如红叶生菜、苦苣等夏季反季节蔬菜生产，这也是环境因素影响蔬菜作物生长季节周期性现象的生产利用。

3. 温周期现象

许多种类植物的生长，特别是一些温带作物，生长速率的昼夜变化与温度变化基本呈现同步性。在自然条件下气温呈周期性变化，而许多种类植物会适应温度的节律性变化，并通过遗传成为其生物学特性，这一现象被称为“温周期现象”（thermoperiodism）。温周期分为两个方面：温度日周期和温度年周期。

温度日周期对植物的影响主要表现为振幅波峰谷的配合与振幅大小，即日最高、最低温度和昼夜温差。在日温周期振幅有效的温度范围内，白昼较高的温度有利于加速光合作用；夜间较低的温度及较大的昼夜温差，可抑制呼吸作用，从而有利于光合产物的转化、累积和贮存。如樱桃番茄在日温 23～26 ℃/夜温 8～15 ℃的情况下生长最好，产果最多，而在昼夜恒温 26 ℃时反而生长不好，果实形成也受抑制；同时，高原条件下较大的昼夜温差对特种蔬菜作物产量和品质的提高十分有利，尤其显著影响糖分和淀粉的积累。倘若日温周期振幅超过了植物所要求的范围(最高温度、最低温度)，便会给植物带来高温热害、低温冷害或冻害。因此，研究日温周期现象的变化，对于指导农业生产具有重要意义。

温度年周期对植物开花的影响比较明显。温带许多植物早在种子萌发期间就必须经受一定的温度条件作用，才能进行细胞分化。如：羽衣甘蓝的幼苗必须在0～10 ℃通过春化，然后才能抽薹、开花。

(三)生长的相关性

植物体由不同部分构成，各个部分有机协调形成了一个完整的有机体。因此，植物各部分的生长并不是孤立的，而是存在着相互制约、相互协调的关系，这种现象被称为植物生长的相关性。植物生长虽然有相关性，但各部分之间生理上是独立的。

植物在生长过程中，地上部分(茎叶系统)所需要的水分、矿物质和养料等，都是由根从地下吸收并经茎进行输送；而根又依靠叶的光合作用获得它所需要的有机养料。叶依靠茎、枝的支持，扩展其所在空间，以充分行使其光合功能。所谓“本固枝荣”“根深叶茂”，说的就是植物地上部分与地下部分存在的这种相互依存和相互制约的辩证关系。

植物的生长是指植物在体积、重量、数目等形态指标方面的增加，是一种量的变化。植物分化是指植物细胞在结构、功能和生理生化性质方面发生的质的变化，发育则是植物生长和分化的总和，指植物生长分化的动态过程。高等植物是多细胞有机体，构成植物体的各部分之间存在着相互依赖和相互制约的关系。在植物的生长发育过程中，不同器官间的相关性是通过植物体内的营养物质和信息物质在各部分之间的相互传递或竞争而实现。植物的生长相关性主要表现在以下几个方面：

1.地下部和地上部(茎和叶)的相关性

植物的地上部分和地下部分处在不同的环境中，两者之间有维管束的联络，存在着营养物质与信息物质的大量交换。地下部分的活动和生长有赖于地上部分提供的光合产物、生长素、维生素等；地上部分的生长和活动则需要地下部分提供水分、矿质、氮素以及根中合成的植物激素、氨基酸等。通常所说的“根深叶茂”“本固枝荣”就是指地上部分与地下部分的协调关系。一般情况下，植物的根系生长良好，其地上部分的枝叶也较茂盛；同样地，地上部分生长良好，也会促进根系的生长。两者之间存在着密切的相互依赖关系，这种相对的生长关系通常用“根冠比”表示，即根（包括地下产品器官）的重量与地上部重量之比。

植物的根冠比是由遗传因素控制的。不同植物的根冠比值不同，如萝卜和番茄根冠比的差别很大；即使同一植物，在不同的生长发育阶段，其根冠比也在发生变化。例如，娃娃菜早期根和叶的生长同时进行，中后期叶的生长速率加快，导致从出苗到采收娃娃菜根冠比逐渐下降。

对一种植物来说，根冠比有相对的恒定性。虽然这为我们在生产上采取栽培技术措施提供了参考，但是植物光合作用产物在地上、地下的分配是一个复杂的过程，根冠比并不是一成不变的，它会受到植物种类、发育阶段、环境条件、栽培措施的影响而发生变化。这个变化可反映体内的代谢状况，衡量地下部与地上部是否协调，光合产物向经济产品器官分配的多少，直接决定了特菜产量和品质。植物的根冠比受到水分、肥料、光、CO_2以及其他气候因子的影响，栽培措施通过调节植物接受外界因子的状况来改变根冠比。

（1）水分　植物的根系生长比叶片生长对水分的供应状况敏感。土壤干旱时，由于根生长在相对干燥的土壤中，而叶片的水分要靠根系供应，加上蒸腾作用，地上部的生长易受到抑制。因此，土壤相对干旱时，根冠比增大；土壤水分相对充足时，根冠比小。

（2）肥料　氮对地上部生长的促进作用比根大，且地上部的氮素是由根供应的。适当的高氮处理可使更多的光合产物分配至茎叶中，高氮可使叶片合成大量的生长素转移到根，抑制根的生长。因此，氮素少时，根冠比增大；氮素多时，根冠比减小。磷肥利于根系生长，适当增施磷肥可促进根冠比增大。

（3）其他因素　土壤温度的变化对根系生长的影响大于茎的生长，叶片生长的适应温度范围较根生长的宽一些。

一定范围内高浓度CO_2可以促进植物根系的生长，但根系作为光合产物库，其生长发育主要受地上部分光合作用的影响，CO_2浓度的增加对C_3植物的影响主要体现在根系分化发育方面，能够促进根系的分枝，但对C_4植物影响不大。

根系生长期间对矿质元素的吸收和运输，都需要充足的O_2供应，土壤中的CO_2浓度（2%）可促进根系的生长，但浓度过高，如根际土壤孔隙内8%的CO_2浓度反而阻碍其生长（陈静等，2004）。

(4)栽培(农艺)措施　栽培(农艺)措施主要是通过调节植物生长的环境因子，适当改变根冠比值，使其向利于栽培目的的方向发展。在蔬菜生产中，尤其是对于一些产品器官为地下肉质根(如萝卜、胡萝卜、红甜菜等)，地下贮藏器官(如马铃薯、菊芋等)，或根茎(如生姜等)等蔬菜作物，调节根冠比显得尤为重要，因其直接关系到产量的高低。

最优分配理论认为，植物倾向于将生物量分配到能够获取有限资源的器官。因此，当养分与水分成为植物生长的限制因子时，植物倾向于分配更多的生物量到养分吸收器官，增大根冠比，扩大吸收表面积，增加对养分的吸收。基于该理论，在特种蔬菜栽培中，通常在前期、中期采用“蹲苗”措施，就是在果实膨大前通过控制水分的供应，相对促进根系的生长，为后续需水肥最大的果实膨大期奠定良好的根系吸收基础；而“中耕”主要是通过提高土温，改善通气状况促进根系生长，为地上部的生长打下基础。

根菜类和薯芋类蔬菜作物的生长前期要采用控肥和控水等措施，来刺激地下部分的纵向生长，扩大根系表面积，为后期地下产品器官形成奠定基础。产品器官开始形成时应适当加大水肥，使光合产物的大部分转移到地下部分，促进产品器官的形成和生长。但不能使茎、叶生长过旺，否则就会消耗大量光合产物，不利于地下产品器官的迅速膨大生长。

2.营养生长和生殖生长的相关性

主要表现在以下两个方面：

(1)依赖关系　生殖生长需要以营养生长为基础，花芽分化必须在一定的营养生长的基础上才能进行。生殖器官生长所需的养料，大部分是由营养器官所供应，若营养器官生长不好，将导致其生殖器官发育较差。

(2)对立关系　若营养生长和生殖生长之间不协调，则造成对立，主要有两方面的表现：①营养器官生长过旺，则会影响到生殖器官的形成和发育；②生殖生长抑制营养生长。营养生长是生殖生长的基础，没有良好的营养生长，生殖生长也就较差。另外，生殖生长过程中，受精期间子房会产生一些激素物质(如生长素)，这些物质对营养生长会产生刺激作用。

营养生长和生殖生长之间还存在相互制约的作用。具体表现在：营养生长过旺会抑制生殖生长的正常进行，如一些果菜类蔬菜，前期管理不善，造成茎、叶徒长，会与花或果实竞争养分，引起落花或落果；反之，生殖生长也影响营养生长，对于一年生果菜类蔬菜，结实将抑制营养生长并引起早衰，制约产量的提高；对于二年生蔬菜，若提前抽薹开花会影响产品器官形成。蔬菜植物进入生殖生长即开始衰老，最后导致死亡，生殖生长会强烈地抑制营养生长，与营养生长竞争光合产物。

在栽培生理上，对于茄果类、瓜类、豆类等果菜类蔬菜而言，采取一些如去花、去果、去叶、整枝等措施，都是围绕着协调营养生长和生殖生长的矛盾这一中心，达到高产优质的目的。如番茄栽培氮和水分太多，就可能发生徒长现象，造成结果减少或坐果困难，这是因为植物光合产物大部分都供给嫩芽和生长点生长，供应给果实的光合产物较少。在这种情况下，可以通过栽培上采取控制肥和水或应用如 B_9、PP_{333} 等生长调节剂来控制营养生长；相反，当植株生长弱，结果太多，会造成植株早衰，影响总产量，可采用疏花、疏果而保留部分果实的措施，解决生殖生长和营养生长的矛盾。例如，开花和结果会明显降低番茄生长速度，疏花和疏果则可恢复植株的生长速度(图 2-5)。

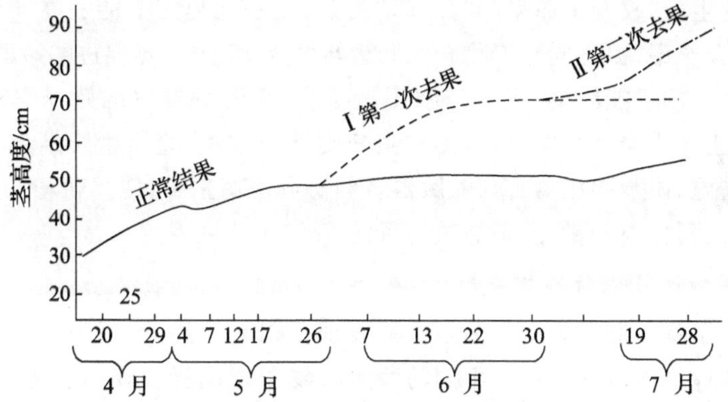

图 2-5　番茄果实发育对茎生长的影响

3. 同化器官与贮藏器官的生长相关性

以叶片为主的同化器官与贮藏器官也存在密切的相关性。许多贮藏器官为变态根、茎、叶，其已失去了原有的生理功能，而是贮藏营养物质。一些蔬菜的叶球、块茎、块根、球茎、肉质根、鳞茎等，既是产品器官又是贮藏器官，其发育状况与植株吸收养分的根及同化器官密切相关。例如，白菜叶球及以胡萝卜为代表的根菜类肉质根的形成必须有生长健壮的莲座叶形成为前提，这些肉质根、叶球的重量，往往与同化器官的重量成正比。因此，营养贮藏器官形成的前提首先是要生长出大量的同化器官，没有旺盛的同化器官，就不可能有营养贮藏器官的形成。

营养贮藏器官的形成与生长，在一定程度上可提高同化器官的功能，这是同化器官与营养贮藏器官生长关系上统一性的方面。例如，大白菜的叶球、萝卜的肉质根，其重量往往与同化器官的重量成正比，即以健壮的莲座叶为基础。

同化器官与贮藏器官也有矛盾的一面，茎叶生长过旺，会推迟营养贮藏器官的形成，降低营养贮藏器官的产量。在某些特定条件下，营养贮藏器官过早形成会抑制叶片的生长，最终营养贮藏器官产量也不高。在生产上，协调同化器官与营养贮藏器官的生长关系，首先要培育健壮的功能叶，为营养贮藏器官的生长奠定基础。在大量同化叶形成后要创造条件，促进营养贮藏器官的形成。营养贮藏器官形成后，要保证肥水供应，防止叶片早衰，以便为贮藏器官输送更多光合产物，促进营养贮藏器官的生长。

因此，叶面积较大，叶片生长良好，同化作用旺盛，碳水化合物合成多，运输到贮藏器官的营养也就多，从而促进贮藏器官的形成和生长发育，反之亦然。另外，贮藏器官的生长，改变了原来的“源-库”关系，在一定程度上能提高同化器官的功能，增强光合作用，提高同化产物合成和运转的能力，进一步促进贮藏器官的形成。随着同化器官的机能减弱，光合产物逐渐减少，而贮藏器官的营养需求却不断增加，势必加速同化器官衰老，贮藏器官生长则逐渐减慢，直至生长结束。生产上可采取相应措施，调节同化器官与贮藏器官的协调平衡生长，使其朝着人们预期的目标发展，以达到提高产量、改善品质的目的。

4.主茎和侧枝生长的相关性

植株上主茎和侧枝的生长关系主要表现在顶端优势，也就是主茎的顶端生长部分或完全抑制侧枝的生长。不同的蔬菜植物顶端优势表现的强弱有差异，如竹笋、甜玉米等蔬菜的顶端优势较强，生长期间不易产生分枝。茄果类、瓜类等蔬菜的一些种类则易产生分枝，顶端优势较弱。

营养学认为植物产生顶端优势的原因是顶芽在养分竞争中占据优势，因而顶芽优先生长。“激素学说”则认为顶芽中的生长素和细胞分裂素的含量比例决定着顶端优势的强弱，生长素的含量高，而细胞分裂素的含量低，顶端优势就明显。

顶端优势的原理被广泛地应用于蔬菜生产上。如对茄果类、瓜类等蔬菜的打杈、摘心（打顶）和整枝等措施，目的就是调节主茎和分技的生长关系，破坏或加强顶端优势，达到植株吸收的养分合理分配，提高产量。目前，生产上也可应用植物生长调节剂来调节顶端优势，如用抗生长素物质 TIBA 可以解除菜用大豆的顶端优势，促进分枝的生长，提高结荚率，或用如“脂肪酸”、MH 等其他调节剂抑制侧芽生长。

5.植物的极性与再生

植物体的极性在受精卵第一次不均等分裂时就已形成，并延续给植株。当胚长成新植物体时，仍然明显地表现出极性。极性产生的原因一般认为与生长素的极性运输有关。生长素在茎中的极性运输而使形态学下端的IAA/CTK的比值较大,从而促进下端发根,上端发芽。另外,不同器官对IAA极性运输的强弱不同,表现为茎＞根＞叶。因此,不同器官的极性强弱也存在差异。在生产上人们很早就注意到了植物的极性现象。比如,在扦插、嫁接以及组织培养时,都会将其形态学的下端向下,上端朝上,以避免倒置。

(四)蔬菜生长相关的调控

一般来说,蔬菜生长相关的调控技术大体上可以归为物理调控和化学调控两大类。物理调控的主要措施有划锄断根、蹲苗等。

当植株长势过旺时,可采取"划锄法"。划锄法有疏松土壤表层、提温保苗、促使苗早发和灭除杂草等多种功能。一般在浇水后地表见干见湿时进行,可视情况于出苗到结果前反复进行多次。"划锄断根"可减少植株叶片制造的有机养分与土壤中无机养分交换过程中的损耗,降低生长势,有利于保花保果,使得果大果正。

"蹲苗"是蔬菜生产中广泛使用的一项栽培调控技术。这里的"蹲"是指调控的意思,"苗"是指营养器官或地上部。蹲苗的具体措施主要是控水和中耕,以降低土壤含水量,通过制约根系的吸水能力,达到控制营养器官(茎叶、枝条、莲座叶等)生长,促进产品器官(花、果实、叶球、营养贮藏器官等)形成。由于蹲苗通过减少蔬菜作物吸水量及降低无机养分的吸收量,使作物的代谢过程受到抑制,从而减缓细胞分裂,阻碍新器官的分化和生长,有利于生长转型。水分胁迫也使叶片的光合作用及碳水化合物代谢受到影响,抑制营养生长,积累更多的同化物营养,增加氨基酸含量,可促进花芽分化,或促进叶球、肉质根等贮藏器官的形成。因此,蹲苗是一项控中有促的技术。

化学调控是通过施用化肥或与植物激素功能相似的植物生长调节剂,达到调控植物生长发育的目的。对于疯长的一年生茄果类、瓜类和豆类特种蔬菜,可以采用营养控制的方法,如少施速效氮肥,或喷施叶面肥和植物生长调节剂。茄子、辣椒、芸豆、香瓜等在栽培过程中,特别是结瓜结果期,往往因氮肥过多,造成长势过旺,落花落果严重,使得营养生长过剩,而生殖生长不足。可以通过控制氮肥,或施用腐殖酸叶面肥以控制生长势,或喷洒多效唑、缩节胺、矮壮素等植物生长调节剂的化控方法抑制生长,提高净光合速率,从而合理调控株高,促进营养生长向生殖生长过渡。

二、发育的特征及阶段性

植物发育过程表现在根、茎、叶、花、果实和种子等器官的形态发生与形态建成，包括茎尖分生组织上不同类型原基的（性别）决定、起始、分化和发生，涉及细胞和组织极性建立、细胞分裂与分化、时期转换和激素应答等生理过程，在遗传调控基础上也受到环境条件的影响，体现了植物发育的阶段性，这为生产措施调控其发育过程进而促进经济产品商品特征的形成奠定了基础。

（一）发育的特征

在广义上，植物的发育是指植物体通过一系列质变后，产生与其相似个体的现象。发育的结果是产生新的器官，包括生长、发育和形态建成几个过程。比如，在杉山直义的《蔬菜发育生理和栽培技术》一书中认为发育是从种子发芽谈起的；法国学者所著的《生长和发育》一书中认为生长和发育是综合起来谈的。在狭义上，发育是指苗端分生组织细胞，由只发生营养器官的细胞转变成只发生生殖器官的细胞所发生的变化，只有苗端少数细胞（即分生组织细胞）发生质的变化，而且只发生在个体发育的一段时间。因此，发育是一个量变积累后发生质变过程，并要求特定的诱导因素，如温度（低温）诱导生长锥发生感应，而光周期使叶感应产生成花素类物质，并运转至生长锥诱导其发生感应。例如，白菜薹、紫甘蓝、红心萝卜等一些需要低温春化、长日照条件开花的蔬菜作物，如果在生长过程中这些条件不足就会致使发育过程不能正常进行，影响植株的正常开花、结实等发育过程。

生长锥的分生组织细胞一旦通过质变过程，就具有分化出花器官（花薹、花朵等）的可能性，但是要使花器官完成形态建成还要通过一系列的过程。当植物生长到一定时期，条件满足时生长点就会开始分化形成花芽，经开花、授粉、受精、结果（实），形成种子。植物的花、果实、种子等生殖器官的生长，即生殖生长。因此，生长还是器官量变的基础，没有发育就没有花、果产品器官进行生长的基础，有了生长基础而没有发育过程的进行，就没有花、果产品器官的形态建成。根、茎和叶菜类的产品器官都是营养器官，延缓和控制它们的发育过程是产品器官形态建成的基础。

（二）特种蔬菜的生长发育类型

由于特种蔬菜的种类繁多，特性各异，从种子播种到采收新种子的整个发育过程所需要的时间有长有短，生长发育类型分类比较复杂，一般根据生长发育周期、繁殖方式进行最基本的划分。

1.根据生长发育周期分类

根据生长发育周期长短，特种蔬菜可以分为一年生、二年生及多年生 3 类。

（1）一年生蔬菜　是指当年播种、当年开花结果并可以采收果实或种子的蔬菜。这些蔬菜在幼苗成长后不久就进行花芽分化，多数开花结果期较长，如樱桃番茄、白蛋茄、辣椒、水果黄瓜、西瓜、异型南瓜、网纹甜瓜、豇豆、紫菜豆等。

(2)二年生蔬菜　在播种的当年为营养生长,经过一个冬季,到第二年才抽薹开花、结实。在营养生长期形成叶球、鳞茎、块根、肉质根等,如绿菜花、紫甘蓝、萝卜、胡萝卜、芜菁、榨菜以及一些耐寒的绿叶菜类。

(3)多年生蔬菜　在一次播种或栽植后,可以连续采收多年,如金针菜、食用大黄、石刁柏、香椿、刺五加、五味子等。

以上划分仅是按一般蔬菜作物正常播种期的生长发育而言,随着环境条件的不同或播种期的改变,以及为满足市场需要,一年生和二年生之间,或二年生与多年生之间,有时是不容易截然分开的。例如,菠菜、白菜和萝卜等种类的特种蔬菜,如果在秋季播种,当年形成叶丛、叶球或肉质根,而要到第二年春天抽薹开花,表现为典型的二年生蔬菜;但是当这些二年生蔬菜于春季气温尚低时播种,完成春化过程后,则当年也可以抽薹开花。由此可见,从一般意义上来说,各种蔬菜作物的生长发育除取决于本身的生物学特征外,还与栽培的环境条件密切相关,特种蔬菜的表现也在此范畴内。

2.根据主要繁殖方式分类

特种蔬菜生长发育按照主要繁殖方式可分为有性繁殖蔬菜(sexual reproduction vegetable)和无性繁殖蔬菜(asexual reproduction vegetable)两种类型。

(1)有性繁殖蔬菜　有性繁殖蔬菜的生长发育周期经历开花、授粉、受精、果实和种子发育等有性世代,有一年生蔬菜和二年生蔬菜,也有多年生蔬菜。

(2)无性繁殖蔬菜　无性繁殖是指植物在进行营养繁殖时,不需要两性生殖细胞的结合,而是母体直接产生新个体的一种生殖方式。

无性繁殖蔬菜采用块茎、块根、鳞茎、珠芽等无性器官繁殖,其繁殖器官是变态器官和养分贮藏器官,往往也是食用器官。从这些营养器官的发芽生长,到新的贮藏营养器官形成,基本上都是营养生长,而没有经过生殖生长时期。薯芋类和水生蔬菜多为无性繁殖蔬菜,个别无性繁殖蔬菜,如马铃薯、生姜等也可以开花甚至结实。

(三)特种蔬菜的生长发育时期

通常,特种蔬菜的生长与发育是指从种子发芽到重新获得种子的整个过程,可分为营养生长期和生殖生长期两大时期。

1.营养生长期

从种子萌发开始,经过子叶出土、真叶的陆续出现和生长,直至苗端分化出花芽以前的这一时期为营养生长期。这一时期的主要特点是光合面积(主要指叶片)

的迅速增加和根系的扩展，根吸收的水分和养分及绿色叶片合成的光合产物，都用于根、茎、叶等营养器官生长和养分的积累上。此期通常又可分为5个时期。

(1)发芽期　种子遇到适宜的环境(温度、氧气及水分等)，就会吸水发芽。发芽时所需的能量靠种子本身的贮藏物质提供。因此，种子的大小及贮藏物质的性质与种子发芽快慢及幼苗生长关系很大。在生产上要选择饱满而发芽能力强的种子，保证最适合的发芽条件。故在播种前测定种子的发芽势是非常必要的。

(2)幼苗期　从子叶或第一片真叶展开，开始独立生活即进入幼苗期。蔬菜植物在幼苗期，虽然绝对生长量很小，但生长迅速，代谢旺盛，生命力很强。由光合作用合成的营养物质，除了呼吸消耗外，几乎全部供应新生的根、茎、叶的需要。此时它的同化器官和吸收器官都很幼小，抗逆性差，对土壤水分、养分等环境条件的要求严格。

幼苗生长的好坏，对以后的植株生长及发育有很大的影响。幼苗的生长量虽然不大，但生长速率很快，对环境水分、养分、光照等要求严格，樱桃番茄、水果黄瓜等多数果菜类蔬菜在幼苗期就开始花芽分化。因此，幼苗生长的好坏，直接关系到花芽分化的早晚、数量和质量，对作物的优质丰产有直接的影响。“苗好七成收”就是这个道理，生产上必须创造适宜的环境条件培育壮苗。

(3)营养生长盛期　从幼苗期以后，一年生的果菜类作物有一个营养生长的旺盛时期，枝叶及根系生长旺盛，为以后开花结果的养分供应打下基础。对于二年生的叶菜及根菜类蔬菜，也有一个营养生长(如结球叶菜类的外叶或根菜类的莲座叶)的旺盛时期，为以后叶球、肉质根形成奠定营养基础。对于薯芋类及葱蒜类也有一个地上部生长的旺盛时期，为贮藏器官的形成奠定营养基础。

(4)贮藏器官形成期　这个时期是二年生或多年生蔬菜，如白菜、萝卜等特有的一个时期。该时期营养生长的速率减缓，同化作用大于异化作用。结球的白菜类，养分积累在叶球中，根菜类积累在肉质根中，葱蒜类则积累在鳞茎中，是产品器官的形成期。在栽培上要把这一时期安排在最适于养分积累的季节和环境条件下，并兼顾充足的肥水供应，以利于产品器官的形成和养分积累。

(5)贮藏器官休眠期　一些块茎、鳞茎、球茎、根茎类蔬菜，在结束生长时，产品器官积累了大量的营养物质，原生质内部发生了剧烈的变化，新陈代谢明显降低，水分蒸腾减少，生命活动进入相对静止状态，这就是所谓的休眠。休眠是植物在长期进化过程中形成的一种适应逆境生存条件的特征，以渡过严寒、酷暑、干旱等不良条件而保存其生命力和繁殖力。

2.生殖生长期

生殖生长期是指从花芽分化开始，经过花芽(花序)发育、开花、授粉受精、果实发育成熟，最后种子成熟并进入休眠的整个过程。

(1)花芽分化发育期 从植株生长点开始分化花芽(花序)，到最早的花芽(花序)分化完成，是个较短暂的时期。植株生长点(顶芽或侧芽)发生一系列的质变，分化发育形成植株上新的器官——花蕾(花序)。

(2)开花结果期 从植株最早的花(花序)开花开始，直至整个果实发育结束，是个较长的时期，是大多数根、茎、叶类蔬菜繁殖器官——种子形成和发育的时期，也是果菜类蔬菜产品形成的时期。此期先后经历开花期、授粉受精期、胚胎发育期等。受精以后，胚珠发育成种子。这个时期为营养物质合成和积累的过程，受外界环境条件的影响很大。因此，这个过程中应加强采种植株的田间管理，使之良好的营养条件，以保证获得健壮的种子。

(3)种子休眠期 种子休眠期是指有生活力的种子受生理生化机制和外部环境条件影响不适宜萌发时，而进入的一种保护性停滞状态。Nikolaeva(1977)将休眠种子主要分为两大类：内源休眠和外源休眠，前者主要是胚的某些特性阻止萌发，后者主要是胚乳、种皮或果皮等结构上的某些特性阻止种子萌发(表 2-1)。

表 2-1 Nikolaeva 对种子休眠类型的分类(1977)

类型	原因	打破方法
内源休眠		
生理休眠	种子生理抑制机理(PIM)	暖和/或冷层积
形态休眠	胚发育不成熟	适宜于胚生长或萌发的条件
形态生理休眠	种子 PIM 和胚发育不成熟	暖和/或冷层积
外源休眠		
物理休眠	果皮/种皮不透水性	打开特定的结构
化学休眠	萌发抑制剂	抑制剂渗出
机械休眠	木纹状结构抑制生长	暖和/或冷层积

种子具有一定的休眠期，是有其生理生态学意义的，其能够通过休眠渡过冷、热、干、湿等不良逆境，在适宜条件下萌发。大多数的蔬菜种子成熟后，都有不同程度的休眠期，有的特种蔬菜种子几乎没有休眠期，如紫油菜种子在成熟后即可萌发；有的蔬菜种子休眠期很长，需要用不同方法解除种子休眠，以保证适时播种，不误农时，如菜用的当归种子，其休眠是种子内萌发抑制物和种胚发育不完全共同引起的形态生理休眠，播种前需将种子低温层积沙藏 30～50 d，或使用 3000 mg/L 赤霉素浸种 24 h，即可有效解除种子休眠。

(四)蔬菜作物的生长发育理论

植物从营养生长过渡到生殖生长是一个复杂的质变过程,其内在至今尚未形成系统的理论。按照狭义的发育含义,人们对植物发育的理论主要有如下解释。

1.碳氮比学说

Klebs 早在 20 世纪初提出,只有当植物体内碳水化合物的积累比含氮化合物在数量上占据优势时,植物才能开花。此论点后来被 Kraus 和 Kraybill(1918)修改为著名的碳氮比(C/N)学说,即营养生长的强度和花芽的形式取决于植物体内碳水化合物与氮化合物的数量之比。C/N 值小,趋向营养生长;C/N 值大,趋向生殖生长。他们把这种比例分为 4 类:第一类 C 低 N 高,营养生长瘦弱而不结果;第二类 C 高 N 高,有利于营养生长,但不结实;第三类 C 高 N 低,营养生长减弱,能很快结实;第四类 C 低 N 低,营养生长和结实都受限制。

高的 C/N 值是植株完成花芽形态分化的重要条件之一。孙奇超等(2009)研究证实,萝卜通过春化作用后,植株体内经过低温等信号诱导启动后,以糖类为主的含碳化合物含量逐渐趋于高于含氮化合物,外部形态表现为进入花芽分化期,为开花所需要的各种能量提供物质基础。因此,在生产上萝卜类蔬菜是以营养生长作为食用部位,可以通过控制氮肥施入量,增施磷钾肥促进养分吸收运移,来降低植株 C/N 值,促进萝卜的营养生长,延迟抽薹开花,由此成为水果萝卜反季节栽培技术要点。反之,在育种过程中,减施氮肥,有助于提高植株 C/N 值,加快萝卜进入生殖生长,从而缩短育种进程。

不过,碳氮比学说只是说明了花芽形成的物质基础,并未说明其直接关系,碳氮究竟是以何种形态参与花芽的分化目前也并不完全清楚。

2.阶段发育学说

植物的阶段发育学说,强调了发育的阶段性、顺序性、不可逆性和局限性。最早由苏联学者李森科在 1935 年时提出,他认为发育过程具有阶段性,一、二年生植物的整个发育过程,由各个不同阶段构成。具体说就是春化阶段和光周期阶段,每一阶段对环境条件的要求不同。作物通过春化和光周期两个发育阶段,还受顺序性、不可逆性和局限性的制约。

顺序性是指前一阶段完成后,后一阶段才能出现,不能超越或倒转。例如:当植物没有通过春化阶段时,就不能通过光照阶段,也不能先通过光照阶段,然后再通过春化阶段。

不可逆性是指除了春化与光照这两个阶段不可颠倒进行外,即使是同一阶段的发育,中途受其他条件的干扰,也不会逆转。例如:某种作物春化阶段需要 40 d

的 10 ℃以下的低温，如果当春化阶段进行 20 d 以后，又遇到高温，则不能继续发育下去，但已进行的 20 d 所发生的变化不会消失，一旦环境条件适宜，只要再补充这 20 d 春化阶段就能通过。

局限性是指通过春化阶段是由细胞分裂的方式来传递的，都局限在植株的生长点上，而且不同的生长部位，可以有不同的阶段性。同一植株顶端的芽在生长年龄上是较幼的，但由于这个芽是从种子的生长点发育而来，所以在阶段性上又是较老的。利用顶芽与侧芽在阶段上的差别，对已抽薹的甘蓝植株，可以采用截薹的方法，促使从主茎基部发出的侧芽形成叶球。许多绿叶蔬菜(如菠菜、芹菜等)，都要求低温以通过春化，但都局限在生长点上，只要其顶芽经过一定时间的低温处理，就会抽薹开花，而不要求整个植株都经过低温处理。局限性与植株的其他器官也有一定关系。例如，春化阶段的通过，虽说局限在生长点上，但与叶及茎的生长状态有密切的关系。以绿色植株体通过春化的种类，如洋葱、大葱、甘蓝等，叶及茎的生长量对生长点通过春化阶段更为重要，如甘蓝一般生长到一定的叶片数，才能够通过春化。

蔬菜的种类很多，对发育条件的要求也多种多样。同一种类的不同品种，对发育的要求也可以不同，因为不同的种类或不同品种，是在不同环境条件下根据不同栽培目的培养及选择而成的。例如，白菜、芥菜、大豆、豇豆等，既有对春化或光照要求严格的品种，也有要求不严格的品种。在周年供应上，正是利用了这些特性，选用早、中、晚的品种搭配延长供应期。

每种蔬菜不同发育阶段的特性，与它们的系统发育有关。起源于热带的种类，大都是在温度较高而日照较短的环境下发育。热带全年的气温差异不大，而全年的日照时数差异也不大，都在 12 h 左右，产自这些地区的瓜类、茄类及豆类等，都不要求低温春化，在较短的日照下即可通过光照阶段；起源于亚热带及温带的种类，是在一年中的温度及日照长度有明显差别的条件下通过发育阶段，在这些地区起源的白菜、芥菜、甘蓝及各种根菜类，都要求低温通过春化，要求有一个越冬时期，且在较长的日照下通过光照阶段，成为二年生的蔬菜。

阶段发育学说可以解释一些发育现象，对于作物的生产起到一定的作用。但随着科学的进步，上述学说显然是不全面的。因为植物的发育过程并不是按照一定的严格顺序性进行的，某些阶段也可以进行人为的调节。

3. 开花素学说

德国植物生理学家 Sachs 认为，植物的开花可能受一种激素(即“开花素”)刺激的控制。然而已间接证明，植物的开花发育与植物体内的某种激素物质有关，可能是一种激素，更可能是几种激素相互作用的结果。这种激素可以传导至分生区，从而发生花芽分化，开花激素还可以通过嫁接而传导。开花激素究竟是什么物质，直到目前还没有弄清楚，但利用外源激素物质促进或抑制抽薹开花，已得到证实。许多试验发现赤霉素能部分代替低温和长日照的作用，它能使许多需要低温春化的植物不用经过低温就能开花，也可以使许多长日照植物在短日照条件下开花。同时，这些植物经过低温和长日照条件开花后，体内赤霉素含量也有所增加，但是赤霉素不能使短日照植物在长日照条件下开花。因此，有人提出开花素可能不只是一种物质，而是由几种物质组成。长日照植物在短日照条件下，可以形成其他的激素，但不能形成类似赤霉素物质，因而不能开花。这时如供应赤霉素，就能开花。短日照植物在长日照条件下，因缺少的不是类似赤霉素的物质，而是另外一些开花素，因而外加赤霉素不起什么作用。另外一些开花素，有人认为是脱落酸一类物质。试验表明，脱落酸可使一些短日照植物在长日照条件下开花。

另外，有人认为开花素是经赤霉素形成的，而赤霉素本身并不能促进开花。也有人认为赤霉素对某些植物开花素的产生有促进作用。总之对开花素的解释，直到目前，还没有得到一致的看法，而且对推测的开花素的本质揭露得很少。

4.基因学说

1910 年起，摩尔根(Thoman Hunt Morgan)和他的学生们推算出了各种基因在染色体上的位置，并画出了果蝇的 4 对染色体上的基因所排列的位置图，基因学说从此诞生。

基因学说认为染色体是遗传基因的载体，揭示了基因是组成染色体的遗传单位。基因以直线方式排列在染色体上，一定的基因在一定的环境、时间条件下，控制一定的代谢过程，从而体现出相应的遗传特性，基因能控制遗传性状的发育，也是突变、重组、交换的基本单位。根据基因学说和现代分子生物学，植物的发育也受基因控制，基因的表达受环境条件的调控。

三、分化的本质

分化是指在分裂基础上获得的多细胞生物个体因生存行为分工而在个体体内细胞之间形成的形态与功能的差异。这种差异体现在不同类型的细胞发育成不同的组织器官来完成的不同生物行为机能，这些机能分工协作共同完成生命个体及群体的生命组织活动。如植株上有根、茎、叶和花原基的分化；器官中有输导组织、保护组织、薄壁组织、机械组织等的分化；由苗端分生组织细胞分裂产生的薄壁细胞，因在植株上所处位置和分工不同，而分化出形成层细胞、输导细胞、贮藏细胞、纤维细胞、表皮细胞、保卫细胞等。再如细胞结构物质及细胞内含物化学成分的变化，也属于分化。因此，分化贯穿于植物生长发育的全过程，它是以细胞分化为基础的，没有分化就不可能进行形态建成，但细胞分化的机理目前还不十分清楚，这里仅介绍相关的内容。

(一)植物细胞分化的启动控制和分化过程的阶段性

位置效应决定着细胞分化的方向，不同部位位置效应的确切内涵不同。细胞分化过程由不同阶段组成，其间有一个阶段为临界期，此期前的过程是可逆的，即可脱分化，临界期一过就成为不可逆的了。无论是细胞的分化过程，还是脱分化过程，都是一个阶段一个阶段地有序通过，中间过程不可逾越。程序性死亡是细胞分化的最后阶段，此程序的开启就是临界期的结束。细胞分化过程中还可能存在一种临界状态，在此状态下最容易改变细胞分化的方向。

细胞分化是多细胞生物体形态发生的基础。在种子植物中，由一个受精卵经历一系列的细胞分裂和分化，形成一个具有根端和茎端的胚胎，进而形成种子。在种子萌发后，长成新的植株。在整个植物生长发育过程中，由于顶端分生组织活跃分裂的结果，通过一系列复杂的形态发生过程，形成不同的器官和组织，最后开花结实完成其生活史。因此，事实上，细胞分化在植物形态建成中是一个核心问题，没有细胞的分化就没有形态建成。

细胞分裂、生长、分化是生物体发生的三个基本现象。植物发育和三个基本现象有时间和空间上的必然联系。细胞分化是指导致细胞形成不同结构、引起功能改变或潜在发育方式改变的过程。植物的每个生活细胞具有全能性，但任何一个细胞在其整个生活周期中，只能表达其基因库中的极小部分内容，而各个细胞在不同的时间、空间和内外条件下，表达的内容是不同的，因而就出现了机能和形态的差异。因此，分化也可说是一个基因型的细胞所具有的不同的表现型。

不均等分裂是指一个细胞分裂成两个异质的细胞，两个细胞向不同的方向发展，最后形成不同的组织或器官的过程。事实上，受精卵的第一次分裂就是不均等分裂。分裂是分化的开始，通过不均等分化，形成了具有不同生理作用的胚根和胚芽。植物根表皮细胞通过不均等分裂形成一个大细胞和一个小细胞，大细胞形成正常表皮细胞，而小细胞形成根毛(图 2-6)。

(二)植物细胞全能性

已经知道，一个植物细胞含有所有的遗传信息，具有产生小植株的能力，这就是细胞的全能性。例如，在 20 世纪 50 年代 Steward 等把胡萝卜次生韧皮部的细胞进行悬浮培养，最后形成了完整植株。

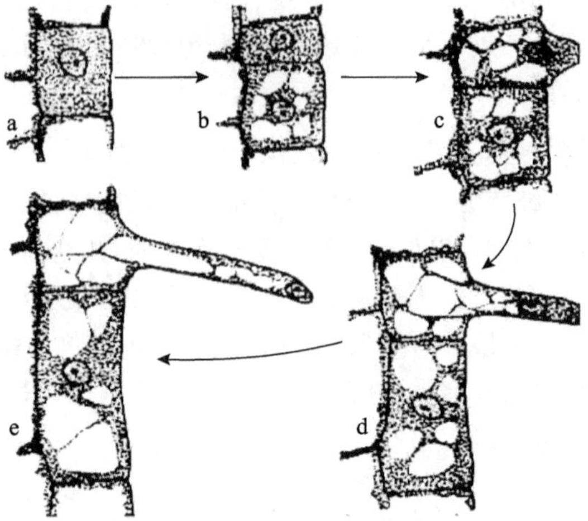

图 2-6　幼嫩的表皮细胞在形成根毛和普通表皮相比之前发生不均等分裂

(Jensen WA, Salisbury WA,1972)

a-e 为发育顺序

在特种蔬菜生产上,对于价格昂贵的种子,可利用植物细胞的全能性,通过无性繁殖的方式自行扩繁植株群体。例如,樱桃番茄或紫番茄等种子,一些口感较好的单粒种子价格高达 1.5 元/粒以上,因此可以将整枝打杈下来的腋下分枝埋入湿润的育苗土中,保持温度 26～28 ℃、光照强度 3000 lx 以下,腋下分枝一周左右生根并继续培养一周后即可定植,也可以对樱桃番茄植株提早进行匍匐茎栽培,专门培养腋下分枝进行无性繁殖来获取低成本的秧苗。

(三)细胞的代谢与分化

细胞的全能性说明了在分化中遗传物质的完整性,但在细胞培养时,往往只分化形成根或分化形成茎,即不把其内部的所有遗传信息表现出来,而形成完整植株。那么,具有同样遗传基础的细胞是怎样分化成具有不同功能的细胞的呢?目前研究认为,细胞在生长发育期间由于其中所含的蛋白质和酶受到调节,引起种类、数量或活性上的差异,于是导致各个细胞向不同方向发展。

(四)极性与分化

极性是植物细胞分化中的一个基本现象。它通常是指在植物的器官、组织、甚至单个细胞中,在不同的轴向上存在的某种形态结构以及生理生化上的梯度差异。极性一旦建立,则很难使之逆转。有人指出,没有极性就没有分化。极性造成了细胞内生活物质的定向和定位,建立起轴向,并表现出两极的分化。已有证据说明极性在很大程度上决定了细胞分裂面的取向。在一个器官的发育中，细胞分裂面的取向对于决定细胞的分化有着重要的作用。植物细胞的极性是由细胞的电场方向决定的，因为电场方向决定着细胞内的物质分配，这些物质包括无机盐类、蛋白质、核糖核酸等一些带电荷物质。同时，生长素的梯度、pH 梯度、渗透压大小、机械压、光照等都能使细胞形成电场，特别是膜上和 Ca^{2+} 结合的蛋白质带有的净电荷，它在细胞内电场的建立中起着非常重要的作用。细胞内电场的形成和细胞中带极性的大分子物质的分布是一致的。因此，电场决定了极性。由于极性的存在，细胞分裂形成的两个最初相等的子细胞所处的细胞质环境是不同的，从而基因表达在各自的环境中进行修饰，造成了细胞的不同分化。在植物中，受精卵或孢子的第一次分裂通常是不均等的，这是细胞质因某种因素的作用而发生极化的结果，使受精卵或孢子从第一次分裂开始所形成的子细胞进入不同的发育途径。因此，细胞极性的建立，引起了细胞的不等分裂。子细胞在特定的理化环境中，导致特定的细胞分化过程。了解和认识极性现象的存在，对蔬菜的生产有实际意义，如进行嫁接和扦插时，要充分考虑枝条的极性，提高成活率。

(五)生理或机械隔离与分化

高等植物体内一个细胞的命运、它的分工与分化程度往往也随它所在的位置而定。用切割或高渗透液等处理办法把一段组织与邻近组织进行适当的生理隔离，往往会使这段组织诱导出新的分化。在植物细胞间，由于胞间连丝连接，结果使整个植物体形成共质体。胞间连丝在维持植物体作为一个有机的整体、保持代谢和生长发育上的协调是十分重要的。尽管细胞机械隔离对一些低等植物细胞全能性表现的明显作用已得到充分证据，但在高等植物的细胞分化中的作用仍有待进一步研究。可以肯定的是，组织或细胞从完整的有机体上分离下来，以脱离整体的影响，对于细胞全能性的表现是十分重要的。

(六)植物激素与分化

植物激素在细胞分化中的调节作用，无论在整体植物或离体培养中均已有大量研究。在烟草愈伤组织分化中，增加激动素，促进了细胞的分化，并且与木质素的合成是一致的。许多实验已证实，激动素或它们的组合能引起细胞、组织质的变化。这些变化可以看作分化的一个方面，包括以下几点：①由 IAA 和一些细胞分裂素的组合对愈伤组织根和芽的诱导；②由 IAA 和 GA_3 在维管组织分化中的相互作用；③由 IAA 对茎中皮层和髓组织内以及愈伤组织内维管束的诱导；④茎组织对 IAA 的反应有不定根的发生；⑤由 GA_3、IAA 和乙烯对开花的诱导和性别的控制。

生长素和激动素对细胞中蛋白质和RNA的合成有明显的促进作用，这与基因活化有关。由于植物激素对于细胞中核酸和蛋白质代谢、酶的诱导过程等有深刻影响，已使不少研究者相信激素在分化中的作用可能通过转录或翻译水平上的调节作用而影响基因表达。植物激素作为外来的分化因子，对于细胞分化的作用，取决于细胞的感应态。所谓感应态就是分化的靶子细胞对外来分化因子(信号)的感应能力。不同组织的细胞对同一信号的感应能力是不同的。在不同的靶子细胞中，对同一种激素的受体是不同的。受体与激素形成一个复合体，然后去启动细胞的分化，形成各种组织。复合体的启动作用主要是引起基因表达的结果，对分化的方向起决定作用。

(七)核质关系及基因表达调控与分化

在真核细胞中，核质关系和基因调控是关键。遗传信息主要贮存于细胞核中，由于核中不同基因活化的结果，形成不同的RNA进入细胞质，合成各种酶和蛋白质。因此，不同的特化细胞其基因活性的差异将在细胞质中反映出来。然而，在核中发生的变化受其所在细胞质环境的深刻影响，从而使细胞核和细胞质的关系呈现出一种错综复杂的情况。一般来说，细胞核在发育中起主导地位，而在一定的情况下，细胞质的调控也十分重要。

基因表达调节取决于已形成的并运输到细胞质的mRNA前体的贮存量。基因表达控制是转录后的阶段进行的。所有种类的RNA，包括mRNA，对于去核后细胞的形态发生都是必需的，而这些物质可以在去核前由细胞核所合成。已经证实细胞质对核基因调节有重要作用，细胞质对核基因的控制有活化作用。所以，细胞核是通过向细胞质释放特定的信息来影响细胞的分化。而发育进程的改变，细胞中代谢的变化，又反过来影响细胞核的活性。

综上所述，蔬菜植物的生长发育和分化，首先取决于其遗传基础，不同种类的蔬菜有不同的生长发育和分化方式。同时，生长发育和分化的进程在很大程度上受到环境因子的影响，甚至同一品种的蔬菜在不同环境条件下种植，其生长发育和分化也会不同。

环境条件主要包括温度、光照、水分、空气、土壤条件及生物因素。它们通过自身的或与其他因子相互的作用，影响植株的生长发育和分化。由于温度和光照是影响生长发育和分化的最主要环境条件，下面将着重给予讨论。

第二节　温度与分化

一、温度的作用

（一）特种蔬菜对温度的要求

特种蔬菜的生长发育受温度的影响最敏感，温度的变化常常导致生长速率的明显变化（图 2-7）。每种作物生长发育对温度的要求不同，都有温度的“三基点”，即最高温度、最适温度和最低温度，超出了最高、最低范围，生理活动就会停止，甚至死亡。

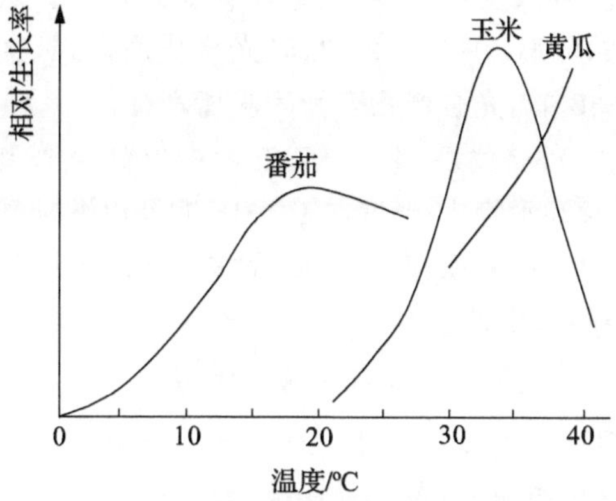

图 2-7　蔬菜植物生长与温度关系

根据每一种蔬菜的生长发育和分化对温度的要求，安排生产制度和栽培环节，对特种蔬菜获得高产有重要意义。首先，不同种类蔬菜植物的生长温度三基点不同。蔬菜对温度的这种要求，与它们起源地的自然环境相关；其次，同一种蔬菜在不同发育时期所需的温度也不同，对大多数蔬菜而言，种子发芽要求较高的温度，营养生长时期的温度可以稍低，开花结果期需要的温度较高；最后，对蔬菜植物来说，即使是同一种蔬菜在同一生长阶段，其不同部位的最适生长温度也有差别。根、茎、叶、花等器官在同一生育期对温度的要求不完全一致。一般来说，根生长的三基点温度较芽高。

温度并不是一个孤立的环境因子，它和其他光照、水分、土壤等因子一起影响植物的发育过程，它们之间的相互作用是复杂和多方面的，在生产上要十分注意。

在生产上，为了创造生产的适宜温度条件，目前采用了许多措施控制温度。在冬季和初春，气温较低，为了提高温度，利用塑料薄膜覆盖温室、大棚等设施进行栽培，使蔬菜生产达到了反季节栽培和供应；夏季，尤其是在7月、8月温度常常太高，对蔬菜生产也不利，可以采用遮阳网、搭凉棚等措施，给蔬菜生产创造一个相对适宜的温度。

1.特种蔬菜不同种类对温度的要求

根据特种蔬菜种类对温度的要求状况，可分为五类：

(1)耐寒多年生宿根蔬菜　如黄花菜、红根韭菜等蔬菜作物。虽然地上部分能耐高温，但到了冬季地上部分枯死，而以地下宿根越冬，能耐－15～－10 ℃低温。

(2)耐寒蔬菜　如刺菠菜、独头蒜等蔬菜作物。能耐－2～－1 ℃的低温，短期内可以忍耐－10～－5 ℃的低温。

(3)半耐寒蔬菜　如紫皮水果萝卜、紫芹等蔬菜作物。这类菜抗霜，但不能长期忍耐－2～－1 ℃的低温；在17～20 ℃时光合作用最强，生长最快；超过20 ℃，光合作用减弱；超过30 ℃，光合产物全为呼吸所消耗。

(4)喜温蔬菜　如光皮黄瓜、紫番茄、五彩椒等蔬菜作物。最适温度为20～30 ℃，超过40 ℃，生长几乎停止；温度在10～15 ℃及以下时，授粉不良，引起落花。

(5)耐热蔬菜　如光皮冬瓜、巨型南瓜、黄肉西瓜、紫豇豆等蔬菜作物。它们在30 ℃左右光合作用最强，生长最快。

2.特种蔬菜不同生长发育时期对温度的要求

同一特种蔬菜的不同生长发育时期对温度的要求不同，不同蔬菜各生长发育时期的适宜温度也不尽相同。

(1)发芽期　一般蔬菜的种子出土前要求较高的温度，以促进种子的呼吸作用及各种酶的活动，有利于胚芽萌发。幼苗出土前，保持较高温度，以使快速出土。出土后发出第一片真叶前，应适当降温，温度过高时，胚轴易徒长而形成高脚苗。

(2)幼苗期　一般蔬菜幼苗生长最适温度较发芽期低，温度过高则容易徒长。但幼苗对温度的适应范围比产品形成期广，生产上可把幼苗期安排在温度较高或较低的月份。对一年生果菜类来说，其花芽分化通常在幼苗期就开始，而花芽分化的节位、数量及质量对温度的反应相当敏感。对于瓜类蔬菜来说，在花芽分化期，将夜温控制在生长适温的下限，还可促进雌花的形成。

(3)营养生长期　一般蔬菜营养生长要求的温度比幼苗期稍高。如黄心白菜等十字花科二年生蔬菜，在营养生长的后期，即叶球或肉质根等贮藏器官开始形成的时期，温度又要低些。因此，在生产上，尽可能将这类型蔬菜的产品器官形成期安排在温度适宜的月份,二年生蔬菜的产品器官形成以后,要进入休眠期,此期要求低温,以使贮藏器官的呼吸作用下降,延长保存时间。

(4)生殖生长期　在生殖生长期,无论是喜温蔬菜还是耐寒蔬菜都要求较高的温度。种子成熟时,则需更高的温度。

温度并不是一个孤立的环境因子,它还与其他环境因子如光照、水分、土壤等因子互作影响蔬菜的生长发育过程,它们之间的相互作用是复杂和多方面的,尤其是土壤温度、气温及植物体自身温度之间的关系。

(二)温周期

温周期是指自然界日夜温度的周期性变化,植物生长发育对自然界日夜温度周期性变化的反应被称为"温周期现象",表现为植物适应环境温度的昼夜和季节性周期性变化而表现出的生长节奏。一般来说,保持适当的昼夜温度能够促进植物的生长,但昼夜温差并非越大越好,而应有一定的范围。正如日温不能太高一样,夜温也不能过低。过低的夜温下生长发育迟缓,且影响花芽分化。

为此,一般采取"四段变温法"进行昼夜温度管理。一般认为白天较高的温度利于光合速率的提高,合成较多的光合产物。上午将温度迅速上升至 28～30 ℃,以促进光合作用,午后光合作用逐渐减弱,为减少呼吸作用损失,通过通风换气措施,使温度维持在 22～26 ℃。适宜的夜温有利于根的生长,使根吸收更多的矿质营养及水分,供应地上部的生长需要;较低的夜温还有利于细胞分裂素类激素的合成,起到调节生长和分化的作用,为此上半夜为促进叶片中光合产物运转,温度维持 20 ℃向 15 ℃的变化过程;后半夜为减少呼吸消耗,可使温度维持在 13～16 ℃,但在花芽分化期间应保持夜间最低气温在 13 ℃以上,如草莓、桃、番茄花芽分化期间夜温低于 12 ℃,营养运移不均衡心室发育异常,极易造成畸形果,从而严重影响果实的商品性。

此外,温度对生长的影响与光照条件也有关系。当白天光照强度低时,夜间的低温更有利于生长;白天光照强度高时,夜温可适当提高。例如:番茄茎的生长,当光照度为 13000 lx 时,最适夜温为 17 ℃,当光照度为 1600 lx 时,最适夜温为 8 ℃(图 2-8)。

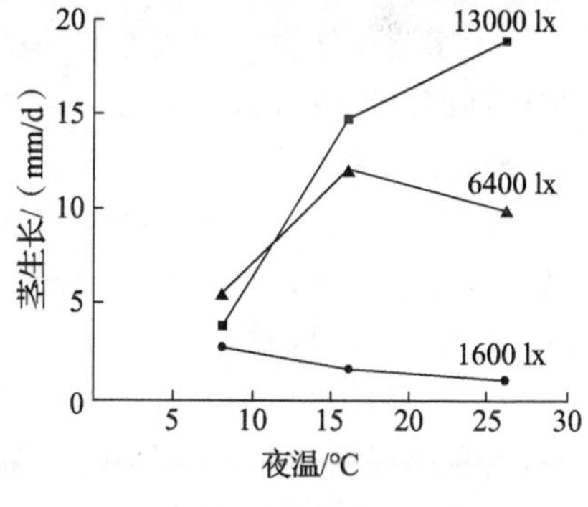

图 2-8　光照度对番茄最适夜温的影响

保持适当的昼夜温差不仅能促进蔬菜的生长,还有利于碳水化合物的积累,改善产品品质。因此,中国西部等温差大的地区所产西瓜、甜瓜的品质显著优于东部沿海地区生产的产品。另外，夜温的高低对花芽分化也有显著地影响。例如，番茄在较低的夜温下(15～20 ℃)，花芽分化往往会早一些，而每个花序的花数也比较多，第一花序着生节位也较低。

昼夜的温度变化也影响二年生蔬菜的开花与产品器官的形成。二年生蔬菜中冬性较强的品种，如中、晚熟紫甘蓝，在中国东北部、新疆、西藏高原等地，由于温差大，白天阳光充足，光合作用旺盛，夜间气温低，呼吸消耗降低。因此，叶球产量远比长江以南地区高。但对于易抽薹的萝卜品种，在昼夜温差大的高原地区栽培，往往因为每天夜间都有一定时间的低温，这种低温与连续低温对春化有相同的作用。因此，常常会使萝卜造成未熟抽薹的现象，失去商品价值。

关于低夜温对植物生长和分化有利的生理基础，一般的解释是：白天较高的温度利于光合速率的提高，合成较多的有机物；夜温低呼吸速率降低，有机物消耗减少，利于物质的积累。另外，较低的夜温有利于根的生长，使根吸收更多的矿质元素和水分供应地上部的生长需要。较低的夜温还有利于细胞分裂素类激素的合成，起到调节生长和分化的作用。

(三)贮藏器官的生长与温度

在很多情况下，温度条件可以诱导鳞茎、球茎或块茎等贮藏器官的形成。马铃薯植株生长比块茎形成的温度要高，块茎形成的适宜平均温度为 16～18 ℃，尤其是夜温对块茎形成的影响较大。当夜温低于 20 ℃时，块茎可在任何光照长度下形成，12 ℃是块茎形成的最适夜温。一定范围的昼夜变温可促进块茎形成，一般来说，块茎在日温 20 ℃、夜温 10～14 ℃时形成最好。环境温度每高于最适温度 5～9 ℃，块茎产量将下降 4%。同样，其他薯芋类蔬菜像菊芋、山药等的形成也要求相对较低的温度。

十字花科作物的形成也与环境温度有很大关系。与莲座期的温度要求相比，结球期的温度要求低一些，大白菜叶球形成的适宜平均温度为 14～15 ℃，昼夜最好要有一定的温差，以白天 20～22 ℃、夜间 10～12 ℃为宜。

低温为什么有利于这些贮藏器官的形成呢？据研究认为，植物的呼吸作用在高温条件下较强，消耗很多光合产物，温度降低，特别是夜温降低，可以降低呼吸速率，使同化物质积累。

我国南方的马铃薯、白菜类等的产量不如北方高，与栽培的气候因素有很大关系，特别是温度。北方温度较低，昼夜温差大，可能是一个重要因素。

洋葱鳞茎的形成也受到温度的影响。鳞茎形成要求比叶片生长温度高。幼苗生长的最适宜温度为 20～25 ℃，温度超过 27 ℃时，生长下降。鳞茎形成在高温下比低温下要快，但过高的温度(＞40 ℃)对鳞茎形成有阻碍作用。不同品种形成鳞茎要求的最适温度有差异，同时与当时的光照条件也有重要的关系。

大蒜鳞茎的形成也受到温度影响，在低于 25 ℃的范围内，温度升高，鳞茎形成受到促进。另外，种蒜的贮藏温度和苗期生长温度直接关系到鳞茎的形成状况。种蒜贮藏或幼苗生长在 0～10 ℃条件下 1～2 个月，有利于鳞茎的形成，如果种蒜贮藏温度或幼苗生长温度超过 25 ℃，大蒜可能不形成鳞茎。

二、春化作用

高等植物成花的诱导过程是植物个体发育的核心问题之一。与日照长度相似，低温（个别植物是高温）对许多一、二年生植物开花的诱导起着关键性作用，从而开始了对春化作用的研究。

一些二年生的植物（如芹菜、胡萝卜、白菜、芥菜等）和一些冬性一年生的植物（如小麦、黑麦等）成花主要受低温的影响，低温成为这些植物花诱导所必需的条件。在这些植物生长初期，若给予一定时期的低温处理，可大大加快其开花进程，可在当年正常结实并得到成熟的种子。低温在春化中具有完成植物生理转变和加速其发育的双重作用，如低温春化不仅是冬性小麦开花启动所必需的，还是花序正常发育和顶部及基部小穗结实不可缺少的。

春化作用的出现和休眠一样，也是植物应付恶劣环境的一种策略。植物在开花期是最脆弱的时候，如果不幸遇上低温，则很容易无法抵御而导致不开花或死亡。因此，经过长久的演化，植物本身便发展出一个适应的策略，那就是等待寒冬过去后再开花结实（即春化作用），以确保繁衍后代的目的；同时，春化作用作为一种季节性的环境刺激，塑造了碳氮的代谢新模式，由此改变细胞营养状态。

（一）春化作用的发现

春化作用（vernalization）指植物必须经历一段时间的持续低温才能由营养生长阶段转入生殖阶段生长的现象。中国农民早就有用低温处理种子的经验，如“闷麦法”就是把萌发的冬小麦种子装在罐中，放在冬季低温下 40～50 d，以便于春季播种时，获得和秋播同样的收成。春化作用是 20 世纪 20 年代，由苏联的李森科首先提出来的。后来大量的试验结果证明，对于许多一年生冬性作物（如冬小麦等）和一些二年生作物（如芹菜、胡萝卜、油菜、芥菜、红甜菜、甘蓝等），它们开花必须经历一定天数的低温诱导。如果不经过低温处理，其生长就一直保持营养生长状态，不能抽薹开花（李合生，2012）。

（二）春化作用的机理

春化作用是一个非常复杂的生理过程，是外界环境条件和内部物质条件等共同作用的结果。一般认为茎尖生长点是接受低温的部位，即正在进行细胞分裂的组织才具有感受春化的能力，并通过细胞分裂传递春化效应。近百年来对春化作用和开花诱导的研究，主要集中在成花的决定过程，特别是对“开花素”和“春化素”的研究。公认春化过程是一个漫长、复合多步骤、分阶段性的复杂过程，有阶段性和顺序性，一般在生长点发生质变。春化作用是某些重要基因在特定的条件下，按照一定的时空顺序、不断解除阻遏而得到程序性表达的遗传控制的生理生化过程(Shelon CC et al.，2000)。

1.春化作用与物质变化

春化诱导植物开花曾被认为是植物体内的一种物质所致，该物质消长与春化作用同步。春化过程中植物体内的各种可溶性小分子物质(如维生素 C、糖、脯氨酸等)大幅度的增加，但外源引入这些物质并未促进花芽分化，因而并不认为低温促进这些物质在幼苗内的积累是导致花芽分化的原因。春化作用也引起体内某些酶活性变化，如硝酸还原酶、过氧化物酶、过氧化氢酶、超氧化物歧化酶、抗坏血酸过氧化物酶，其中某些酶活性在低温的作用下增强或减弱，也无法与花芽分化联系起来。大量的研究已阐明春化低温引起的植物反应和低温适应而引起植物的应急反应存在不同的作用机制，并不能用单一的物质来阐明其作用机制。

春化作用过程中有新的 mRNA 及蛋白质的形成。低温诱导植物产生特异性蛋白中，只有较少部分与生长发育有密切关系，起控制作用，且不同植物与发育相关的特异性蛋白分子大小不一致。特异性蛋白的出现促使研究者进一步探寻春化作用是基因转录水平调控，还是翻译水平调控的结果，对这个问题回答必然使春化研究深入核酸(DNA、RNA)水平。

2.春化作用与赤霉素(GAs)

对春化作用的研究是从外部条件影响植株形态开始的，逐渐转向寻找植物内部变化规律，这是春化研究早期的主要思路。春化素的提出吸引了一批科学家参与对开花相关物质的分离与分析研究，大量研究证明赤霉素 GAs 具有代替某些植物开花所需低温的作用，促进开花。长日照植物或二年生要求低温的植物在成花诱导过程中体内赤霉素含量都增加。对郁金香鳞茎春化处理发现鳞茎中可能存在某种以温度为转移的调节机制，导致赤霉素结合状态之间的相互转化，进一步的研究发现赤霉素合成的关键酶——贝壳杉烯羟化酶是受低温诱导的，它在春化过程中起重要作用。但 Michaels 和 Amasino(2001)研究发现拟南芥赤霉酸生物合成突变体 gal-3 在春化处理后短日照下不能开花，表明 gal-3 突变体不能阻止在长、中光照条件下的春化反应，认为 GAs 没有直接作用于春化过程中，可能启动了另外的促花途径。这些结果表明，GAs 与春化相关性因物种而异，还发现不同结构的 GAs 类物质对春化的作用不同。现在已证实，赤霉素与低温春化促进植物开花的作用是通过各自独立的途径进行的。

3.春化作用过程中的代谢变化

20 世纪主要利用各种化学物质来加速或延迟春化过程的进行，即从控制代谢过程入手来研究春化作用过程中的代谢变化。汤佩松等(1963)主要采用的“差异抑制”方法，从对春化过程中不同时期所起的作用来分析春化作用的代谢机制，提出了将春化过程分成若干部分过程的可能。谭克辉等(1981)应用各种代谢抑制剂指出春化过程可划分为以糖的氧化过程为主、以核酸代谢为主以及以蛋白质代谢为主的 3 个分过程。各种代谢过程相互交替，前期为碳水化合物的氧化和能量代谢旺盛时期，中期为核酸代谢的旺盛时期，中后期为蛋白质起作用的时期(Yong et al.，2003)。但很难确定某个代谢反应在与诱导相关的代谢链中的位置，这远未阐明正在进行春化作用的细胞内的具体生化过程，仅提出了一些可能作为突破口的研究课题。

4.春化作用分子机理研究

春化作用与核酸的代谢密切相关。谭克辉(1992)用专一性的代谢抑制剂处理春化中的小麦，发现核酸代谢发生在春化处理的后期，尿嘧啶及尿苷酸显著地加快冬小麦发育；同时，也观察到 mRNA 的出现有一定的顺序，认为春化处理诱导某些基因的启动或关闭是发生在转录水平上。可以看出在关键时期低温为特定基因的顺序表达提供了合适的内部环境并启动其表达，而后对细胞内的代谢过程进一步地调节，以便为生长点分化建立必要的条件。这些研究为后来的基因克隆奠定了基础。近年来，利用 mRNA 减法杂交和差异显示技术，获得了与春化相关的 DNA 序列。

在表观遗传方面，研究发现在拟南芥营养生长时期，一类 B3 转录因子 *VAL1* 或 *VAL2* 可以识别负调控开花的关键基因 *FLC* 的顺式 DNA 元件(低温记忆元件)，并且招募 PRC2 复合体催化 *FLC* 位点组蛋白 H3 第 27 位赖氨酸的三甲基化(H3K27me3)，从而沉默 *FLC* 表达，气温上升后 VAL 蛋白“滞留”*FLC* 位点以维持其沉默。这一发现解释了在营养生长阶段拟南芥响应和记忆冬季低温信号后表观遗传机制，是如何利用长期低温(冬季)沉默开花抑制关键基因 *FLC* 的表达，并随后在常温维持其沉默(“低温记忆”)的。这一机制使植物具备了在春季开花的能力(春化作用)，揭示了开花后的胚胎发育早期擦除“低温记忆”，激活 *FLC* 基因使下一代又需经历冬季低温才能在春季开花的分子机制(潘瑞炽，2008)。该研究解析了植物如何响应冬季低温,并在春季气温上升后能“记住”其冬季低温经历、以适时开花的分子机制,具有重要的理论和实际应用价值。它可确保植物在破坏性的冬季避免开花,而在温暖的春季开花结实。

春化作用的分子与表观遗传控制机理在双子叶植物(如拟南芥)和单子叶植物(如小麦)中的模式完全不同。在小麦和大麦等温带作物中,春化促进开花途径包括多个等春化基因的调控。其中,一个基因 *VRN1* 编码一个 *MADS-box* 转录因子,在春化过程中起到至关重要的促进作用。小麦中春化作用的调控基因 *VER2* 通过改变一个 RNA 结合蛋白的亚细胞定位,解除对 *VRN1* 前体 mRNA 可变剪接的抑制作用,促进小麦开花,因此,*VRN1* 在小麦育种中有非常重要的作用(Xu et al.,2018)。

5.去甲基化与春化作用

植物春化后的信息可稳定在细胞间传递却随有性繁殖消失,这种获得性遗传现象使学者很容易联想到基因的表达调控。利用去甲基化试剂 5-氮胞苷(可降低 DNA 链上的 5-甲基化胞嘧啶水平),处理拟南芥及十字花科植物遏蓝菜萌发的种子,诱导了这些植物在非春化处理条件下开花,从而提出 DNA 甲基化阻止了某些开花基因的表达,低温春化是通过去甲基化使某些基因转录,而导致花发端的假说。也有研究认为春化途径不是必须诱导开花的非阻遏环境,只有其他途径限制,才启动春化途径,认为低温诱导开花是遗传之后形成的,支持了春化是受 DNA 甲基化调控的假说,且认为去甲基化和春化可能具有相同成花途径。诸多研究认为,DNA 去甲基化是营养生长向生殖生长转化所必需的过程,在此过程中,植物体内的蛋白质不论是种类、数量还是功能,都会发生变化(Wang et al.,2022),同时发现赤霉素生物合成途径中的一个关键酶(贝壳杉烯羟化酶)的基因,因其启动子发生甲基化而钝化,最终阻碍了开花(傅永福等,1998)。

Genger 等(2003)对具不同春化反应且 DNA 甲基化水平较低的拟南芥转反义 *METI* 基因的后代的春化研究发现,DNA 去甲基化延迟了春化不敏感的拟南芥的开花,认为基因组范围内的 DNA 去甲基化,一方面降低了 *FLC* 的表达而促进开花;另一方面可激活成花阻遏基因 *FWA* 的表达,而抑制某些遗传背景的拟南芥开花。这一研究结果进一步揭示甲基化与春化及成花作用关系,同时给甲基化与成花的研究注入了新的活力。

6.成花转变的多途径假说

春化作用机理的深入研究为植物成花转变这一大课题的研究提供了资料。目前已发现植物成花转变的过程是通过多条途径完成的。徐云远等(2001)研究发现

春化相关的基因 *VER2* 与茉莉酸诱导的信号传导途径基因部分同源，进一步研究表明，植物对春化处理的信号应答可能通过茉莉酸途径进行。Michaels 和 Amasino(2001)在拟南芥成花研究的基础上，提出了植物成花的多途径(图 2-9)。

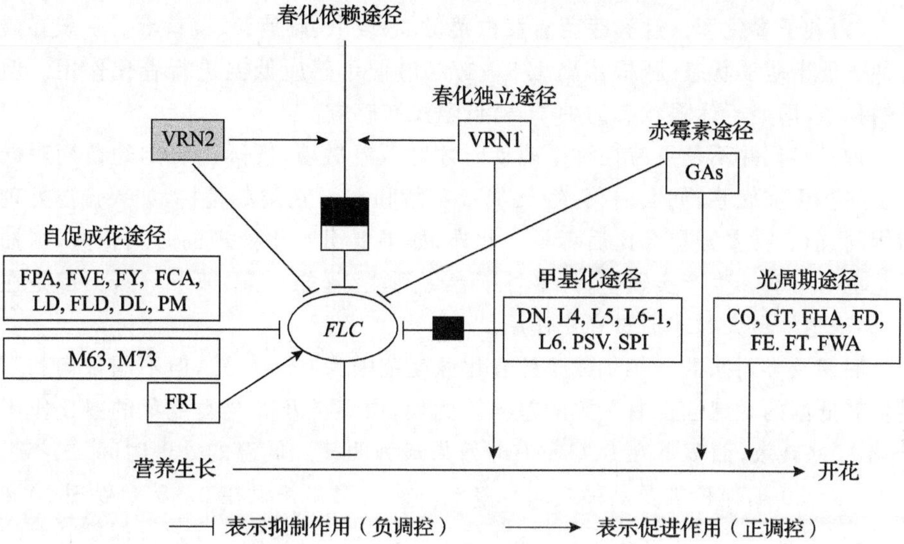

图 2-9 拟南芥开花多途径(Sheldon et al.，2000；Michaels and Amasino，2001)

小黑色模块代表晚花突变体，其基因通过低温春化与 *FLC* 相互作用，缺少低温和 5-azaC 处理，春化或甲基化途径中的步骤被阻遏。正方形中空白部分表示只有低温才能解除的阻遏；黑色部分表示通过甲基化解除的阻遏。

除了春化独立途径外，还有春化依赖途径、赤霉素途径、甲基化途径和自促成花途径之间存在着共同具有的 *FLC* 基因，它们之间相互作用，相互制约。同时，又具有一定的独立性，调控成花转变的完成。这从整体上勾勒出植物成花及春化作用网络机理，但也不排除其他的途径。

综上所述，植物成花过程是一个高度复杂而复合的、在一定遗传背景控制下的生理生化及形态发生过程，即使目前意识到春化作用是按一定的时间顺序性和特异性程序发生的，但无论是从春花作用的前体物质还是生理代谢过程等，其漫长、复合多步骤性的复杂过程，导致春化研究机理进展缓慢。现阶段只能对其进行零散的研究，今后有必要化整为零，从认识春化相关作用途径入手，对后续每个途径春化相关的物质及其转化过程和相互作用过程进行探析，推进对春化作用的生理、生化、信号及分子水平上的完整认识。

(三)影响春化作用的条件

1.感应类型

不同种类的二年生特种蔬菜通过春化的时期有所差别,可将它们分为两类:

(1)种子春化型　这类蔬菜有黄白菜、红心萝卜、刺菠菜、莴苣等。一般在最早从种子处于萌动状态(胚根露出 1/3～1/2)时便可感应低温进行春化作用。但干燥的种子(即处于休眠状态的种子)对低温没有感应。

种子春化并不是只有在种子萌动时才对低温敏感,实际上长到幼苗期对低温的反应会更加敏感,如大白菜,生长 60 d 苗龄和 20 d 苗龄的植株,如果低温处理时间相同,前者抽薹开花会比后者早。此外,如果低温春化处理的时间长些,则抽薹开花也会早些。生产实践中,许多种子春化型蔬菜(如白菜、萝卜等),大都是在苗期,甚至植株更大时才通过春化作用。

耐寒及半耐寒的二年生蔬菜的春化温度范围为 0～10 ℃,但不同种类和不同品种对低温的敏感性也有一定的差异。例如,白菜类及芥菜类蔬菜的春化作用在 0～8 ℃都有效,而萝卜在 5 ℃左右时效果最为明显。低温的处理时间,二年生蔬菜为 10～30 d,但种类及品种之间有差异。如白菜和芥菜在 0～8 ℃处理 20 d 就够了,其中有些对春化要求不严格的,如菜心、菜薹等,春化 5 d 就有促进开花的诱导效果(李曙轩和寿诚学,1954)。通常春性品种通过春化需要的时间较短,冬性品种需要的时间较长。秋播萝卜在幼苗期低温处理 3 d,就有促进抽薹的效果,如果处理9 d,则全部都会抽薹。

在人工春化处理时,先将种子消毒后浸泡,吸水后将种子放在发芽适宜的温度下,到 50%左右的种子已露出胚根时,才放入一定的低温下处理,在低温处理期间,要维持适当的湿度,供给一定的氧气。但为了使种子处于萌动状态,而又控制芽的长度,往往采用控制种子吸水量的方法。白菜、萝卜种子萌发所需要的吸水量,为种子干重的 50%～60%。如白菜类蔬菜种子的萌动是在 20～36 h,等到有一半左右的种子露出胚根时,再放入一定的低温下处理。

(2)绿体春化型　有些特种蔬菜作物不能在萌动的种子时期,而只有在幼苗长到一定大小的植株时才能感受低温诱导通过春化,称为绿体春化。如紫甘蓝、紫洋葱、红皮大蒜、沙葱、黑胡萝卜、紫芹等。特种蔬菜不同种类春化绿体的大小是不同的。如果植株没有达到一定大小,即使遇到低温也不能通过春化。这个所谓一定大小的植株,可以用日历年龄、植株茎的直径、叶数或叶面积等来表示。例如,甘蓝幼苗只有茎粗达 0.6 cm、叶宽达 5 cm 以上时才能通过春化;洋葱幼苗假茎的直茎在 1 cm 以上才能感受低温的诱导。

绿体春化的植株感受低温的部位是茎尖生长点。以紫芹为材料的研究充分说明了这一点：在温室中种植的芹菜，若茎尖给予 0 ℃的低温处理（用冷水管缠绕茎端）可以通过春化，在长日照下开花结实。如果芹菜种植在低温条件下，而茎尖却给予 25 ℃左右的高温处理，植株则不能开花。可见，植物在春化过程中感受低温的部位是分生组织或正在分裂的细胞。应当说明，在绿体春化时，须保持植株的完整性，除了具有茎尖生长点外，还要求植株带有根或叶，否则会影响春化的效果。试验表明，当对洋葱进行春化处理时，把叶片全部或大部分剪除，春化的效果下降。

绿体春化时，植株通过低温的反应形式是多种多样的。有些对植株的日历年龄要求较严，有些则主要以植株的大小为标准。芹菜在低温处理时的日历年龄比植株大小对开花的影响更为重要，若在苗期遇到低温，则植株的年龄越大，低温处理（8 ℃，4 周）对开花的促进用越大；如果植株的年龄相同，而低温处理时植株的大小不同，则其抽薹开花的时间基本相同。在另外一些蔬菜中，植株的年龄相同，而低温处理时植株的大小不同，则对抽薹与否及抽薹时期均有很大影响。而且事实上，许多能够以萌动的种子通过春化的蔬菜种类，如白菜、萝卜等，在自然条件下，大都是在苗期才通过春化作用。

2. 温度

温度对春化效果有直接影响，不同种类植物春化要求的低温不同。这种特性是该种植物在系统发育中形成的。一般而言，植物春化的温度范围为 0～15 ℃，同时，还要有一定的处理时间，处理时间的长短因品种不同，从 4 d 到 8 周。这个温度范围和处理时间的长短，与蔬菜植物的种类及品种有关，有要求严格的种类和品种，也有不严格的种类及品种。对于大多数二年生的蔬菜来说，低温范围在 0～10 ℃，处理时间通常需要 10～30 d。

十字花科类的很多特种蔬菜品种，白菜类的一般在 0～8 ℃条件下处理 20 d 就可通过春化；红心萝卜的春化，以 0～5 ℃的低温处理 10～20 d 最适合，但白花类、菜薹类的一些品种，如长江流域的“矮脚黄”小白菜、广东菜心等，对春化要求则不严格，春化 5 d 就有诱导开花的结果。而秋播的萝卜，幼苗期间低温处理 3 d，就可观察到促进抽薹的作用。此外，低温处理时间的长短还与植株的年龄有关，特别是绿体春化类型的蔬菜植物。

正在进行低温春化处理的植株，立即放置于高温条件下通常不会开花，这种现象叫脱春化作用。通常脱春化的温度在 25～30 ℃，春化时间越长，脱春化越困难。一旦植株完成了春化过程，即使放在高温下，也不会引起脱春化作用。脱春化之后，大多数可通过给予另一个低温处理再度被春化。

3. 氧气、水分和营养

除温度外，氧气、水分和营养也是春化作用的必要条件，三者缺一不可，为植物生长发育提供必要物质。春化作用中必须有充足的养分为其提供能量和物质。干种子对低温没有反应，而若养分不足，也不能完成春化作用。

4. 光照

光照是植物生长发育中的重要影响因子，可以通过制造营养物质达到促进春化作用的效果，也与植物光周期相关。对于植物生长来说，光照也是重要的环境信号，其作用方式有两种，即光量和光质（波长）。

（四）春化作用的应用

1. 引种

除了人工春化处理外，春化作用还可用于调种引种。由于温度随纬度的变化而变化，所以各地区气候差异十分显著。如我国北方高纬地区温度低，而南方低纬地区则温度高。在进行远地引种之前，要对该引种品种所需低温和该地区温度条件调查清楚。

2. 控制花期

春化作用在控制花期方面效果显著。在园艺生产中，可利用春化作用促进一些花卉开花，还可使秋播植物即使春天播种也可当年开花。除促进开花外，去春化作用还可用于限制一些植物开花，如贮藏的洋葱鳞茎需阻止其在生长期抽薹开花以延长营养生长期，从而提升洋葱的鳞茎单量。

也就是说，对植物植株或种子春化产生影响的因素，也会间接对植物开花产生影响。如对大多数需经低温才能开花的植物，1～2 ℃是最有效的春化温度，但只要低温持续时间足够长－9～－1 ℃也会引起植物开花。除了低温影响春化外，氧、水分和糖类（呼吸作用的底物）也会通过影响春化调控植物开花，如种子春化时的含水量需在 40％以上，干种子由于不能接受春化也就无法进行开花干预，与之类似的是，离体胚也是在有氧、水分和糖类的情况下，才能响应春化进而控制花期。很多二年生植物的成花，则既要经过春化，又需要长日照条件，甚至其中某些植物，春化与光周期、温度之间可以互相影响或互相代替，如甜菜开花要求春化和长日，在长日下春化有效温度的上限可以提高，甚至在连续光照条件下，12～15 ℃也可开花。

植物开花对低温的要求不同，它们可分为两类：一类是对低温的要求是绝对的，包括一年生冬性植物、二年生植物和多年生植物。一年生冬性植物和二年生植物，它们在第一个生长季节进行营养生长形成莲座状的营养体，在冬季只要经过一定时间的略高于0℃以上的低温处理，在次年的春季或夏初就会开花。已经证实，要求低温才能开花的二年生蔬菜植物包括：红甜菜、芹菜、甘蓝以及根菜类、白菜类特种蔬菜。试验表明，若不给予低温处理，结球甘蓝可保持几年的营养生长而不会开花。很多二年生植物可在低温处理之后进行长日照促进开花。

另一类是对低温的要求是相对的，它们的开花受到低温的促进，经过一定的低温处理，开花时间较早，未经低温处理，开花相对较迟，但仍可以开花，如莴苣、菠菜和豌豆的一些迟熟品种。

第三节 特种蔬菜作物的生长发育和分化

一、光周期现象

生长在地球上不同地区的植物在长期适应和进化过程中表现出生长发育的周期性变化，植物对日照长度发生反应的现象称为光周期现象。植物的开花、休眠、落叶及鳞茎、块茎、球茎等地下贮藏器官的形成都受日照长度的调节。但是，在植物的光周期现象中最为重要且研究最多的是植物成花的光周期诱导调节。

(一)光周期的发现

美国园艺学家Garner和Allard于1920年经试验后发现，日照长度是影响烟草开花的关键因素。在夏季用黑布遮盖，人为缩短日照长度，烟草就能开花；冬季在温室内用人工光照延长日照长度，则烟草保持营养状态而不开花，由此得出结论，短日照是这种烟草开花的关键条件。

光对于植物的生长发育非常重要，在为生长提供能量的同时也是重要的外界信号。植物在接收光信号后由光感受系统完成对光的有无、方向以及强度和质量的感受，并做出相应的反应。大量实验证明，许多植物的开花与昼夜的相对长度和光周期有关。植物在生长发育进程中，必须经过一定时间的适宜光周期后才能开花，否则一直处于营养生长状态。不同种类植物的开花对自然日照长短要求不同，光周期通过植物对不同光照时间的响应来调控植物的成花。

(二)植物对光周期反应的类型

根据植物开花对光周期的要求，把植物分为以下几种类型。

1.长日照植物

在24 h昼夜周期中，日照长度长于一定时数，才能成花的植物。这种开花受到长日照促进的植物叫长日照植物(long day plant,LDP)。长日照植物在较短的日照条件下,不能开花或开花延迟。属于长日照的蔬菜植物有白菜、甘蓝、萝卜、胡萝卜、芹菜、菠菜、蚕豆、莴苣、豌豆(迟熟种)、大葱、大蒜、甜瓜、芜菁、花椰菜、红甜菜、菊苣等。这类蔬菜大都在春季长日照条件下开花。

2. 短日照植物

在 24 h 昼夜周期中,日照长度短于一定时数才能成花的植物叫短日照植物(short day plant,SDP)。对这些植物适当延长黑暗或缩短光照可促进或提早开花。相反,如延长日照则推迟开花或不能成花。属于短日照的蔬菜植物有大豆(尤其迟熟种)、豇豆、扁豆、刀豆、茼蒿、苋菜、羊枝菜、紫苏、草莓等。这类蔬菜一般在秋季较短的日照条件下开花。

3. 中光性植物

成花对日照长度不敏感,只要其他条件满足,在任何长度的日照下均能开花,这类日照长短对其开花没有明显影响的植物叫中光性植物(day neutral plant,DNP)。属于中光性的蔬菜植物有:黄瓜、菜豆、番茄、茄子、辣椒、菊芋、豌豆、草莓(欧洲种)、甜玉米、洋葱、胡萝卜(野生种)、马铃薯、西瓜以及大豆的一些早熟种等。它们的开花受温度的影响较大,只要温度适宜,一年四季均可开花。但某些种类的开花还要求低温春化或受其促进,如洋葱以及胡萝卜的野生种。

以上是三种基本的光周期反应类型的植物。除此之外,还有少数种类的植物要求双重日照才能开花。

4. 长—短日照植物

这类植物要求先长日后短日的双重日照条件,如食用芦荟等。

5. 短—长日照植物

这类植物要求先短日后长日的双重日照条件,如果把这类植物一直放在长日或短日条件下,则只能进行营养生长。如紫生菜、部分菠菜品种等。

6. 中日照植物

中日照植物(intermediate-daylength plant)只有在一定中等长度的日照条件下才能开花,而在较长或较短日照下均保持营养生长状态的植物,如甘蔗要求 11.5~12.5 h 日照。

7. 两极光周期植物

与中日照植物相反,两极光周期植物(amphophotoperiodism plant)在中等日照条件下保持营养生长状态,而在较长或较短日照下才开花。

植物开花对光周期的要求是其系统发育过程中对光周期长期适应的结果。了解植物开花与光周期的关系，对于品种选育、引种栽培、高产优质都有重要意义。

(三)与光周期有关的两个问题

1.临界日长

临界日长是指植物开花所需要的极限日照长度。促进长日照植物开花的最短日长或促进短日照植物开花的最长日长就是临界日长。对于长日照植物来说，其开花所需的日照长度应当长于临界日长，光照时间越长对开花越有利。这类植物的开花并不需要暗期，可以在连续的光照条件下很好地开花。如果日照时数短于临界日长，开花反应会显著降低。例如，冬菠菜为长日照植物，当一天中光照时数短于13 h时，开花反应就会停止。只有在光照时数在13 h以上时，才能很好地开花。这个13 h就是菠菜开花的临界日长。

短日照植物开花要求日照长度短于临界日长。当日照长度长于临界日长时，则不能开花。例如，食荚大豆为短日照植物，食荚大豆晚熟品种在日照长度长于13.5～14 h时，就不能开花。而当光照时数小于这个值时，才能开花。暗期的长短对发育的影响尤为重要，光照时数越短对开花越有利。当日照长度短至2 h以下时，短日照植物也不会开花，因为光照时间太短，除了影响光合作用进行外，其他的生理过程可能也受影响。

所以，在区别长日照植物和短日照植物时，不应当只看其对日照长短绝对数值的要求，关键在于它们对临界日长的反应。显然，中光性植物没有临界日长。

2.质的光周期反应与量的光周期反应

以上我们讨论了长日照植物、短日照植物对日照长度要求的区别。事实上，只有少数植物的开花对日照长度有严格要求，它们开花有明显的临界日长，必须在日照长度长于临界日长(对长日照植物而言)或短于(对短日照植物而言)临界日长的条件下才能开花，否则不能开花，这种植物表现出质的光周期反应，称为绝对长日照植物或绝对短日照植物。如蔬菜植物中的菠菜、萝卜为绝对长日照植物，而食用大豆、紫苏为绝对短日照植物。

但大多数长日或短日蔬菜植物对光周期的反应并不是绝对的，它们开花可被长日条件(对长日照植物而言)或短日(对短日照植物而言)条件促进，但在不适宜的日照长度条件下最后也会开花。这类植物的开花没有明确的临界日长，对日照长度仅表现出梯度反应，叫相对长日照植物或相对短日照植物。例如，白菜、芥菜等蔬菜在长日照下可以很快开花，而在较短的日照条件下(8～10 h/d)也可以开花，但开花时间推迟。紫花黑子扁豆及红叶苋菜在短日照下开花较快，但在长日照条件下(14 h/d)也能开花。

利用光周期反应的这一特性，可以通过选育对光周期要求严格及不严格的早、中、晚熟品种，使蔬菜生产达到周年供应。

(四)光周期诱导的机理

1. 光周期诱导

植物在达到一定生理年龄时，经过足够日数适宜的光周期处理以后，即使处于不适宜的光周期条件下，仍然能保持这种刺激的效果而开花，这种诱导效应叫光周期诱导(photoperiodic induction)。

2. 光周期诱导中光期与暗期的作用

暗期比光期更重要，尤其是短日照植物，要求连续长黑暗，若在暗期中，哪怕是短时间的被闪光所间断，也将使暗期诱导失效。不同种类的植物通过光周期诱导的天数不同，如紫甘蓝、“沙窝”青萝卜等只需一个短日照周期；其他短日照植物，如大豆需 2～3 d，大麻需 4 d，红叶紫苏和菊花需 12 d；油菜、菠菜、白芥菜等要求一个长日照的光周期；其他长日照植物，如天仙子需 2～3 d，拟南芥需 4 d，一年生甜菜需 13～15 d，胡萝卜需 15～20 d。短于其诱导周期的最低天数时，不能诱导植物开花，而增加光周期诱导的天数则可加速花原基的发育，花的数量也增多。

临界暗期(critical dark period)：在自然条件下，一天 24 h 中是光暗交替的，即光期长度和暗期长度互补。有临界日长就会有相应的临界暗期，是指在光暗周期中，短日照植物能开花的最短暗期长度或长日照植物能开花的最长暗期长度。

在植物的光周期诱导成花中，暗期的长度是植物成花的决定因素。

3. 光周期刺激的感受和传递

感受光周期刺激的部位是成熟叶片，而发生反应的部位是芽。可见二者之间必有某种刺激信息的传导，因而有人提出了开花刺激物学说。

4. 开花刺激物的性质

迄今为止，对植物的成花是否与甾类化合物和植物激素有一定关系仍有争议。

(1)成花刺激物或成花抑制物　Chailakhyan 提出成花素的假说：①感受光周期反应的器官是叶片，经诱导后产生促进开花的物质；②叶片中产生的特殊物质可向各方向运转，到达茎生长点引起各种变化；③不同植物的成花刺激物具有相似的性质；④植株在特定条件下产生的成花素(florigen)不是基础代谢过程中产生的一般物质。虽然有大量的嫁接实验支持这一假说，肯定了植物在经过适宜的光周期诱导后，产生了可传递的成花刺激物，但是对成花素的分析与鉴定并未得到肯定的结果。

由于寻找成花刺激物的研究没有肯定的结果，人们认为也不排除植物在非诱导条件下不能开花是由于叶片中存在某种成花抑制物的可能性。例如,藜在非诱导光周期条件下不能开花,但是当去掉全部叶片时,在任何日长下都能开花。在非诱导条件下存在的成花抑制物的性质也未能确定。

有的植物似乎既存在成花刺激物,又存在成花抑制物,如短日照植物紫苏,当于长日照时,对一片叶片进行遮光短日照处理,植株并不能开花,但是如果把其他叶片去掉,仅留一片叶片进行短日照处理,则植株开花,这表明在非诱导条件下的叶片中存在成花抑制物,去除抑制物后,诱导叶片中的成花刺激物起作用而诱导开花。

(2)甾类化合物与植物的成花诱导　在植物中发现多种雌性激素、雄性激素等甾类化合物。近年来,大量研究证实甾类化合物在植物的成花诱导中起作用。例如,雌二醇能够促进甘蓝、菊苣等植物开花。在适宜的光周期条件下,短日照植物白苏、红叶藜和长日照植物天仙子的雌性激素含量都有所增加。这些都说明雌性激素与植物成花诱导过程密切相关。

外用甾类化合物处理也能促使植物开花。从经过长日处理的毒麦提取甾类化合物饲喂给培养在试管中的藜芽,可促进其开花,而从经过短日处理的毒麦中得到的提取物则无作用。分析从短日照植物菊花中得到的提取物,发现其中对菊花和苍耳的花芽形成有效的组分,类似于谷甾醇和豆甾醇。施用甾类化合物的生物合成抑制剂也能抑制花芽形成。

(3)植物激素在成花诱导中的作用　赤霉素(GA)影响成花的效应最大,GA可促进多种长日照植物在短日照条件下成花,并可代替多种植物对低温的要求。进一步研究发现,GA_4和GA_7能更有效地促进高山勿忘我草和高雪轮等植物的成花,而GA_3却没有作用。施用抗GA的矮壮素(CCC)则抑制长日照植物开花。生长素(IAA)可抑制短日照植物成花。例如,将苍耳插条浸入IAA溶液中,则其光周期诱导成花反应受到抑制,再用IAA极性运输的抑制剂三碘苯甲酸(TIBA)处理时,则又促进苍耳开花。相反,IAA促进一些长日照植物(如天仙子、毒麦等)成花。细胞分裂素能促进藜属、紫罗兰属、牵牛属和浮萍等短日照植物及拟南芥等长日照植物成花。不过紫罗兰属植物体内细胞分裂素含量的增加不是出现在光周期诱导过程中,而是在光周期诱导之后。乙烯能有效地诱导菠萝的成花。脱落酸(ABA)可代替短日照促使一些短日照植物在长日照条件下开花。如将ABA溶液喷于黑醋栗、牵牛、草莓和藜属的植物叶片,可使它们在长日照下开花。但是ABA却使菠菜等长日照植物的成花受到抑制,其中,ABA抑制成花的时间是在花发育开始之时,抑制作用的部位是在茎尖而不是在叶片。

植物的成花过程(包括花芽分化和发育)可能不是受某一种激素的单一调控,

而是受几种激素以一定的比例在空间上(激素作用的部位)和时间上(花器官诱导与发育时期)的多元调控;植物的成花过程是分段进行的,在不同的阶段,可能有不同的激素起主导作用。因此,在不同的光周期条件下,通过刺激或抑制各种植物激素之间的协调平衡来控制植物成花。在适宜的光周期诱导下或外施某种植物激素,可改变原有的激素比例关系而建立新的平衡,进而诱导与成花过程有关的基因开启,从而调节成花。

5.光敏素在成花诱导中的作用

植物的成花作用受 Pfr/fr 比值影响,短日照植物要求低的 Pfr/fr 比值,长日照植物则要求相对高的 Pfr/fr 比值。因日光中含有高比例的红光,故光期结束时植物体内 Pfr 占优势,黑暗中 Pfr 能缓慢转变成 Pr 而被破坏,因而暗期结束前 Pr 占优势,Pfr/Pr 比值增高利于长日照植物成花而抑制短日照植物成花,Pfr/Pr 比值下降则效果相反,在暗期中途或末尾以短暂红光处理,可使 Pfr 迅速增高,则促进长日照植物成花而抑制短日照植物成花,这种效应又能为随后的远红光处理所逆转。

(五)植物的地理起源和分布与光周期特性

自然界的光周期决定了植物的地理分布与生长季节,植物对光周期反应的类型是对自然光周期长期适应的结果。低纬度地区不具备长日条件,所以分布短日照植物。高纬度地区的生长季节是长日条件。所以,多分布长日照植物。中纬度地区则长短日照植物共存。在同一纬度地区,长日照植物多在日照较长的春末和夏季开花,如黑油菜等;而短日照植物则多在日照较短的秋季开花,如鲜食大豆等。

光周期现象的应用介绍如下:

(1)异地引种　要考虑两地的日照时数是否一致及作物对光周期的要求。同纬度地区间引种容易成功;不同纬度地区间引种要考虑品种的光周期特性。短日照植物:北种南引,开花期提早如收获果实和种子,应引晚熟品种;南种北引,开花期延迟,应引早熟品种。长日照植物:北种南引,开花期延迟,引早熟品种;南种北引,开花期提早,引晚熟品种。同样,若以收获营养器官为主,短日照植物南种北引,可以推迟成花、延长营养期、提高产量。

(2)育种　利用人工光照,可以调节开花期,使父母本花期相遇,便于杂交授粉。

(3)控制花期　在花卉栽培中,可用缩短或延长光照时数,来控制开花时期,使它们在需要的时节开花。

(4)调节营养生长和生殖生长。

(六)影响光周期反应的因素

1. 植物感受光周期的部位

大量的试验证明,叶片是植物感受光周期的部位,芽则是发生光周期反应的部位。植物叶片接受光周期刺激后会产生某种开花刺激物质,然后通过叶柄、茎再运输到生长点,促使花芽分化;去除全部叶片的植株,即使放在适宜开花的日照条件下也不能开花。试验证明,整个植株只要有一个叶片处于诱导的日照条件下,就能开花。叶子感受光周期的敏感性与其发育程度有关,如在一些种类植物中,叶片刚刚完全展开时,对光周期的反应最敏感;幼小的叶片和衰老的叶片敏感性较差。

2. 植株年龄

植株年龄与光周期反应也有关系,植株年龄又与植物的种类有关。大多数植物必须达到一定的大小才对光周期起反应。植株年龄越大,对光周期的反应越敏感;有时植物最后的开花并不依赖于光周期,而转变为日中性植物,如苍耳 4～5 片叶完全展开时才能对光周期有反应;竹类植物几十年才能开花。有些植物在幼苗期,甚至子叶期就可感受光周期,如白菜、萝卜,若春季出苗后即用短日照(8 h/d)处理,则在 2 片真叶期就会开花,榨菜在 2 片真叶时也可感受长日照(16 h/d)条件而抽薹开花,大豆在子叶期就对短日照有反应。

3. 温度

温度影响植物的光周期反应。有些植物开花对长日或短日条件的要求可部分地被温度替代。如低温春化可以部分取代菠菜对长日照条件的要求,低温也促进某些荷兰豆等豌豆迟熟种的春化;值得重视的是,随着春化时间的增加,豌豆叶片中保护酶(过氧化物酶,超氧化物歧化酶,过氧化氢酶)的活性均呈现逐步上升的趋势,从而有利于抵御低温等逆境威胁。红甜菜在低温条件下是绝对长日照植物,高温时成为相对长日照植物;而在高温条件下为长日照植物的莴苣、菊苣在低温条件下成为日中性植物。

植物对光周期的反应是在一定的温度条件下完成的。在温度很高时,许多长日的蔬菜植物如白菜、萝卜、菠菜和芹菜等,即使在长日条件下,也不会开花,或者开花期大为延迟。例如,长江流域夏季栽培的小白菜、夏萝卜在春季之交播种后,自然日照时数在 14 h 或更长些,也并不抽薹开花。这主要是因为高温抑制了光周期的通过,尤其是夜间温度过低,更加抑制花芽分化的进行。温度太低,即使光周期适合,由于植物的生长缓慢,也很难抽薹开花。

4. 光强及光质

光质即光的组成,其各组分对蔬菜的生长和发育都有一定影响。据测定,太阳光的可见部分占全部太阳辐射的 52%，不可见的红外线占 43%，而紫外线只占 5%。

太阳光中被叶绿素吸收最多的是红光，同时作用也最大；黄光次之，蓝紫光的同化作用效率仅为红光的 14%。在太阳散射光中，红光和黄光占 50%～60%；而在直射光中，红光和黄光最多只有 37%。因此，散射光比直射光对在弱光下生长的蔬菜有较大的效用。但由于散射光的强度总是比不上直射光，因而散射光的光合产物也不如直射光下多。

有些蔬菜产品器官的形成也与光质有关。例如，球茎甘蓝的球茎在蓝光下容易形成和膨大，而在绿光下不易形成；蓝光和近紫外光对洋葱鳞茎的形成有促进作用，而红光则起阻碍作用。

长波光下，蔬菜植物的节间较长，茎较细；短波光下，植物的节间短、茎较粗。红光能加速长日照的发育，紫光能加速短日照植物的发育。红光有利于果实着色，紫光有利于维生素 C 合成。

植物通过光周期诱导所需要的光强是很微弱的，大大低于光合作用所需要的光照强度，在 50～100 lx。在自然条件下，计算日照长度是以太阳处于地平线下 6°时为准，而不是以太阳直射光的有无为准。光质对光周期效应有很大的影响。以长日照植物为材料研究光质对整个光期的效果，结果显示，以远红光或蓝光照射可以开花，而以红光和绿光照射不能开花。大量有关暗期间断的结果表明：不论是抑制短日照植物开花还是诱导长日照植物开花，都是红光最有效，蓝光效果很差，绿光无效。在暗期中利用红光照射进行间断处理，短日照植物的开花会被抑制，而长日照植物则会开花；若在红光照射之后，立即用远红光照射，暗期间断作用消失，即远红光可以抵消红光的间断效应，而且这个反应可以反复逆转多次。总之，暗期间断对短日照植物来说，红光抑制开花，远红光促进开花；对长日照植物而言，红光促进开花，而远红光抑制开花。这种红光/远红光的生理作用是光敏素参与的过程。

在影响光周期的效应中，温度是一个重要的影响因素。在生产上应把光周期和温度结合起来考虑。在温带和亚热带地区的自然条件下，常日和高温(夏季)及短日和低温(冬季)总是伴随的；其次，对具有光周期性的许多蔬菜来说，日照条件是形成花芽的重要因素，但并不是唯一的因素。根据光周期反应来进行分类时，往往会发现有不确切的现象，这可能是由日照以外的条件影响产生的。

(七)光周期对蔬菜植物生长的影响

光周期对蔬菜生长也有显著影响，主要是影响有些蔬菜的生长习性，如叶的生长、形状、色素及贮藏器官的形成等。洋葱、大蒜在较短的日照条件下营养叶生长旺盛，在长日照条件下则促进鳞茎形成。马铃薯、菊芋、芋、荸荠等薯芋类蔬菜和水生蔬菜产品的形成要求短日照条件，洋葱、大蒜等鳞茎的形成则要求长日照条件。不同品种的蔬菜生长对光周期的反应差异很大，早熟品种对日照长短的要求相对不敏感。

蔬菜贮藏器官形成除与日照长度有关，也受温度的调节，如马铃薯块茎的形成，在适合形成块茎的温度下，短日照可促进块茎的形成。如果温度过高（>32 ℃），即使在短日照条件下，也不能形成大的块茎。因此，低温可促进马铃薯在长日照条件下形成块茎，而高温则抑制块茎的形成，降低短日照的作用。当然，所有这些地下贮藏器官的形成，也有品种间的差异。根据这些品种间的差异，人们可以选育出对日照条件不严格的品种。

需要说明的是，短日照虽然可以促进一些蔬菜地下贮藏器官的形成，但在生产上，并不是要求植物生长初期就遇到短日照。在植株生长初期，需要有较长的光照和较高的温度，以促进营养生长，扩大同化面积，然后才能转入较短日照条件下，促进块茎或块根形成。如果生长初期就遇到短日照的环境，虽然可以较早地形成块茎或块根，但由于没有足够的同化面积，贮藏器官的产量是不可能提高的。

二、光敏素

（一）光敏素的发现

光敏素（phytochrome）于 1959 年由美国科学家 Butler 等所发现，这是植物生理学在 20 世纪取得的巨大成就之一。其实，在发现光敏素之前，人们就已经注意到植物对光的不同反应以红光最有效。1935—1937 年，Flint 等在研究光质对莴苣种子萌发的影响时，促进莴苣种子萌发最有效的光是在红光区域（600～700 nm），而抑制莴苣种子萌发的光是在远红光区域（720～740 nm）。1946—1960 年，植物学家 Borthwick 和物理化学家 Hendricks 在美国马里兰州 Beltsville 美国农业部实验室装置了大型光谱仪，更精确地发现促进莴苣种子萌发最有效的光是波长约为 660 nm 的红光，抑制其萌发最有效的光是波长约 730 nm 的远红光。他们还发现，如果用红光和远红光交替照射莴苣种子，种子萌发的促进或受抑制取决于最后照射光的波长，而与交替的次数无关。1959 年，同一研究小组 Butler 等研制的双波长分光光度计发现幼苗经红光照射后，其红光区域吸收减少，而远红光区域的吸收增加。反之，幼苗经远红光照射后，其远红光区域吸收减少，而红光区域吸收增加，这种吸收光谱可以多次可逆地变化。此外，他们还提出吸收红光和远红光并且可以互相转化的光受体是具有两种存在形式的单一色素。1960 年，Borthwick 等将这种色素成功分离并命名为光敏素。

光敏素在种子发芽,茎生长以及植物开花等生长发育过程起着重要的调控作用,分布于高等植物、一些真菌和原核生物体内。高等植物的根、茎、叶、花、果实和种子中均存在光敏素。禾本科植物的胚芽鞘尖端、黄化豌豆幼苗的弯钩、各种植物的分生组织和根尖等部分的光敏素含量较多。蛋白质丰富的分生组织中含有较多的光敏素。在细胞中,胞质溶胶和细胞核中都有光敏素。黄化幼苗的光敏素含量比绿色幼苗多 20～100 倍。在黑暗中生长的植物,光敏素以 Pr 形式均匀地分散在细胞质中,而在照射红光后 Pr 即转化为 Pfr 并迅速地与质膜、内质网膜、质体膜、线粒体膜等结合在一起。光敏素在植物体内被认为至少存在两种类型:一种在黄化幼苗中含量较高,在黑暗中才能合成,而在光下不稳定,称为黄化组织光敏素(etiolate tissue phytochome,PhyⅠ);另一种以绿色组织为主,在光下相对稳定,且在光下和暗中均可合成,称为绿色组织光敏素(green tissue phytochome,PhyⅡ)。

(二)光敏素的化学性质及光化学转换

1.化学性质

光敏素是一种易溶于水的色素蛋白二聚体,每个单体均由生色团和脱辅基蛋白质组成。生色团是一个长链状的 4 个吡咯环,它以硫醚键结合到 120～127 kDa 多肽端的半胱氨酸残基上。

光敏素生色团的生物合成是在黑暗条件下进行。生色团在质体中合成后被运送到细胞质中,与脱辅基蛋白质装配形成光敏素结合蛋白。

2.光敏素的类型

光敏素有两种类型:红光吸收型(Pr)和远红光吸收型(Pfr)。二者光学特性不同,Pr 吸收高峰在 660 nm,而 Pfr 的吸收高峰在 730 nm。当 Pr 吸收 660 nm 红光后,就转变为 Pfr,而 Pfr 吸收 730 nm 远红光后,会逆转为 Pr。Pfr 是生理激活型,Pr 是生理失活型。Pr 生色团吸光后,导致生色团吡咯环 D 的 C^{15} 和 C^{16} 之间的双键旋转,进行顺反异构化,这种变化导致吡咯环构象发生变化。

$$\text{Pr} \underset{\text{远红光(730 nm)}}{\overset{\text{红光(660 nm)}}{\rightleftharpoons}} \text{Pfr}$$

当 Pr 转变为 Pfr 时,脱辅基蛋白也进行构象变化,脱辅基蛋白氨基末端暴露在分子表面,而 Pfr 则隐蔽在内部。光转化过程中,生色团一个吡咯环上的 H^+ 质子发生了转移,引起双键转移,并导致 H 原子丢失,发生了同分异构化。这一双键的转动,使生色团在蛋白中的位置发生变化,蛋白构型也发生变化(图 2-10)。

光敏素的 Pfr 在远红光下可迅速地转换为 Pr,而在黑暗中则缓慢地转换为 Pr 或被分解。研究证明,Pr 在植物体内稳定,而 Pfr 则不稳定。

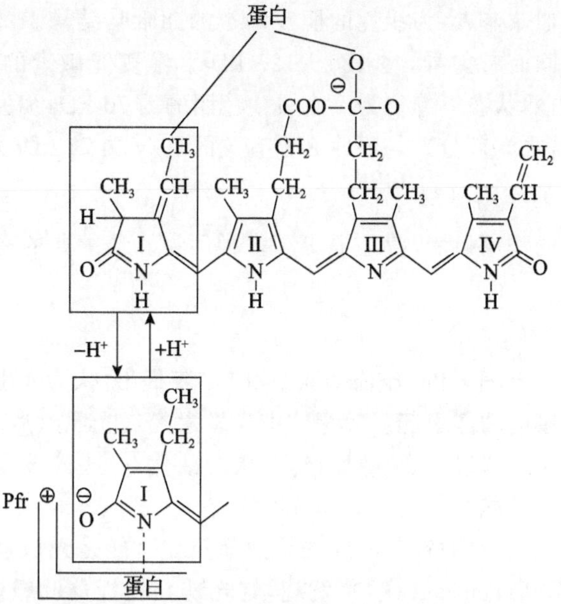

图 2-10　光敏素的光转化机制(武维华,2023)

光敏蛋白的 N 末端是与生色团连接的区域,与光敏素的光化学特性有关,C 末端与信号转导有关。在拟南芥中克隆了 5 个脱辅基蛋白基因,分别为 *PHYA*、*PHYB*、*PHYC*、*PHYD* 和 *PHYE*。*PHYA* 编码 phyⅠ光敏素,而其他 4 种基因编码 phyⅡ光敏素。*PHYA* 的表达受光的负调节,在光下其 mRNA 的合成受到抑制。而其余 4 种基因表达不受光的影响,属于组成性表达。

3.光化学转换

在一定波长的光照下,具有生理活性的 Pfr 浓度占光敏素的总浓度($c_{Ptot}=c_{Pr}+c_{Pfr}$)的比例被称为光稳定平衡值,即 $\Phi=c_{Pfr}/c_{Ptot}$。

在自然条件下,当决定植物光反应的 Φ 值为 0.01～0.05 时就可以引起显著的生理变化。Pr 比较稳定,Pfr 不稳定。在黑暗条件下,Pfr 会逆转为 Pr,使 Pfr 浓度降低,Pfr 也会被蛋白酶降解。Pfr 一旦形成,即和某些物质(*X*)反应,生成 Pfr*X* 复合物,经过一系列信号放大和转变过程,产生可观察到的生理反应。

(三)光敏素的特性

分子结构光敏素在自然条件下是以单体分子的二聚体存在的,两个单体相距 70Å,彼此在 C 端 40 kDa 的肽链上相连。一个光敏素单体分子由两部分组成:线形四吡咯生色团和脱辅基蛋白分子。生色团以硫醚键与蛋白多肽链上的半胱氨酸相连。生色团类似藻蓝素，为线性的胆三烯类的四吡咯结构。蛋白多肽的分子质量因植物种类不同而有差异，在 120～127 kDa。燕麦光敏素的多肽单体有 1128 个氨基酸残基，自然状态下缠绕为一个具生色团的约 70 kDa 氨基末端部分和一个约 55 kDa 的羧基末端部分。与吸收光谱有关的是 N 端 74 kDa 的部分。

(四)光敏素的作用机制

关于光敏素的作用机制，曾经提出了多种假说。最主要的有膜假说和基因调节假说两种。

1. 膜假说

膜假说由 Hendricks 和 Borthwick 在 1967 年提出，认为光敏素调控的快速反应是由于其改变膜的功能引起。叶绿体中光敏素经红光照射后，Pfr 增加，并引起膜 Ca^{2+} 的流动，使细胞质 Ca^{2+} 增加，钙调蛋白活化，一些酶被激活，产生运动，通过改变膜的特性或功能参与光形态建成。

红光对膜电位的影响特别快，膜的快速超极化可能是光敏素和膜直接作用产生的。Dreyer 和 Weisenseel(1979)发现，红光诱导转板藻叶绿体运动：转板藻带状叶绿体的宽面在黑暗中与细胞上表面是垂直的，从上面照射红光 30s 后，细胞内 Ca^{2+} 增加 10 倍，叶绿体的宽面就平行于细胞上表面，再照射 30s 远红光，叶绿体又与上表面垂直。

信号传递链：红光→Pfr 增多→跨膜 Ca^{2+} 流动→细胞质中 Ca^{2+} 增加→CaM 活化→肌球蛋白轻链激酶活化→肌动球蛋白收缩运动→叶绿体转动。

2. 基因调节假说

该假说由 Mohr 在 1966 年提出，光敏素吸收光后，在转录水平上调节基因的表达，已有研究证明，光可调节二磷酸核酮糖羧化酶/加氧酶、苯丙氨酸解氨酶、硝酸还原酶、NADPH、捕光叶绿素结合蛋白、核糖核酸酶等，通过调节基因的表达而参与光形态建成。如 Rubisco 小亚基的基因(*rbcs*)的表达受红光和远红光的调控，*rbcs* 基因的转录起始点上游存在与光敏素调节有关的区域，红光可诱导其mRNA 水平的提高。

总而言之，人们发现了光敏素之后，对植物的光形态建成开展了大量研究。植物个体整个生长发育过程离不开光敏素的作用。不论是宏观上的种子萌发、中胚轴生长、幼叶展开、根的生长、花芽分化及叶片衰老等，还是微观上蛋白质、核酸的合成，光合活性的调控，淀粉以及脂肪的降解，硝酸盐的还原等，都有光敏素的作用。

(五)光敏素的生物学功能

光敏素感受光信号并参与调控的生理反应包括种子萌发、幼苗去黄化、避阴作用、开花时间和昼夜节律响应等。此外，近年研究还发现，光敏素参与调控植物对非生物胁迫的抗性应答。

1.种子萌发

Borthwick 等的研究首次证明红光/远红光受体能调节种子萌发。对拟南芥突变体的研究表明，至少有 3 种光敏素(phyA、phyB、phyE)参与拟南芥种子萌发的调控。phyA 在不同波长的光照(紫外线、可见光和远红光)下调控不可逆转的极低辐照度反应(very low fluence responses，VLFR)，而 phyB 则调控红光/远红光受体的低辐照度反应(low fluence response，LFR)，上述两种反应均能促进种子萌发。此外，在连续远红光及强辐射条件下，phyA 能促进种子萌发。phyE 可能直接参与远红光的光受体响应，或协助 phyA 调控种子萌发。

2.幼苗去黄化

黑暗下生长的幼苗发生黄化，且下胚轴伸长、子叶不展开、原质体发育成白色体；光下幼苗则发生去黄化反应，植株形态正常且原质体发育为成熟的叶绿体。不同光敏素(除 phyE 外)在幼苗去黄化过程中均起到一定作用。

在白光和红光下，phyA 缺失突变体表现为野生型光形态建成表型。在连续远红光照射时，该突变体表现为暗形态建成表型，表明 phyA 是感知和调节远红光反应的主要光受体。phyB 是主要调控去黄化的光敏素。但红光处理后，phyB 缺失突变体和野生型在转录水平表达差异不显著；phyA/phyB 双突变体与 phyB 单突变体相比，下胚轴明显增长且子叶扩张减少，进一步揭示 phyA 在红光下的作用。在红光照射下，phyC 也能调控幼苗去黄化反应。但 phyC/phyD 双突变体表型与单突变体表型间无明显差异；在远红光下，phyC 则不能调控幼苗去黄化反应。此外，phyD 在红光下也能独自调控幼苗去黄化作用。phyE 在此过程中的作用则极其微弱。

3.避阴作用

植物发育的调控不仅跟光暗有关，还受光质量的影响，特别是由其他植物的阴影带来的光质量变化。因此，植物启动另一种策略即避阴反应，包括茎和叶柄的伸长、开花时间提前、顶端优势增加等。phyB 是大多数避阴反应的光受体，而 phyA 是避阴环境中光照辐照度变化的敏感感受器。对突变体的研究显示，phyD 和 phyE 帮助 phyB 参与避阴反应。

4. 光敏素的调控

目前，光信号转导途径的相关基因，根据其作用可分为 3 类：

(1)参与光敏素核内定位　光敏素入核是其发挥作用、调控光信号的关键步骤，但不同光敏素的核内定位机制各不相同。早期研究显示，持续照射红光和蓝光能有效诱导 phyB-phyE 转移到细胞核内，并可以通过远红光照射逆转。近年来，研究发现在由黑暗过渡到远红光照射时，phyB 也能快速移位至细胞核内，与早期结果矛盾，其潜在原因仍需进一步研究。与 phyB-phyE 不同，phyA 入核不仅需要光信号，还需要 2 个同源伴侣蛋白协助，即 FHY1(far-red elongated hypocotyl 1)和 FHL(FHY-LIKE)。张芳等(2011)研究发现，FHY1 是帮助 phyA 入核、转录因子互作、结合基因启动子等的辅助蛋白。

(2)参与光敏素信号输出　Lin F 等(2018)的遗传试验筛选鉴定出一个光形态建成抑制因子，这些因子的突变体在暗环境中呈现光形态建成表型。

(3)直接调节光反应　与光受体相互作用因子中，有一类重要的碱性螺旋环螺旋(basic helix-loop-helix，bHLH)类转录因子-PIFs(phytochrome-interacting factors)家族蛋白，其主要功能是调节光敏素介导的暗形态建成到光形态建成转换过程中的信号转导。

5. 光敏素在植物光形态建成方面的作用

(1)光敏素的 3 种主要反应类型　光敏素的主要反应方式可分为 3 种：极低辐照度反应(very low fluence response，VLFR)、低辐照度反应(low fluence response，LFR)和高辐照度反应(high irradiance response，HIR)。VLFR 可被1～100 nmol/(m^2 · s)的红光或远红光诱导，只有极少量的 Pr 向活化态 Pfr 转化。LFR 是典型的光敏素诱导的红光-远红光可逆反应，所需的光能量为 1～1000 μmol/(m^2 · s)，而 PhyB 是负责 R/FR 可逆的 LFR 的主要光受体。HIR 需要持续强光照[大于 10 μmol/(m^2 · s)]，光照越强或是时间越长则反应程度越大，红光反应也不能被远红光逆转，这种反应的光受体主要是 PhyA。

(2)光敏素与光周期　Garner 和 Allard 早在 1920 年即发现植物通过感受昼夜长短变化而控制开花的“光周期现象”，即生物对昼夜光暗循环格局的反应。除了植物的开花受光周期的调控外，光周期还影响着茎的形成、叶子的脱落和芽胚的休眠等一系列生理过程。1959 年，Butler 等成功地分离出红光一远红光可逆反应受体——光敏素。在此基础上，人们才逐渐从生理分子水平对植物的光周期现象有了更深层的认识。

(3)光敏素与植物基因表达的调控　随着分子生物学的发展，越来越多的科学家关注在蛋白分子水平上研究植物基因表达的调控。研究发现，作为胞内信号调控的重要组分，光敏素主要是在转录水平上对基因表达的调控；当光信号变化时，光敏素及其互作因子会调控生长激素的合成、运输和信号转导，从而将光信号和生长激素信号串联起来，调控植物生长发育（钱静洁等，2022）。事实上，从光敏素的活化到基因的表达，这一过程中存在着G蛋白、cGMP、cAMP磷脂酶IP3、Ca^{2+}等一系列的信号传导中间体。

（4）光敏素的信号转导　光敏素的功能是其分子结构的反映，它的N端与生色团相连，C端与激酶相连。因此，功能化的光敏素具有光受体和激酶的双重性质，其信号转导受到光信号转导和激酶活性共同协同调控。光敏素N端的生色团接收光信号，负责对外界光环境做出反应。PhyA和PhyB由于N端的差异导致了对光环境做出不同的反应。C末端残基在自然状态下可以聚合形成二聚体，且C端辅基蛋白具有激酶活性。

三、植物的光形态建成

植物的许多形态发生过程都与光有关。光敏素在自然条件下是一个光信号转导的受体，使植物感受环境中光的刺激后细胞内产生一系列的变化，并发生一定的生理作用。光形态建成（photomorphogenesis）是植物依赖光来控制细胞的分化、结构和功能的改变，最终汇集成组织和器官的建成，即以光控制植物发育的过程。在光形态建成过程中，光只作为一种信号去激发受体，推动细胞内一系列反应，最终表现为形态结构的变化。

光合作用与光形态建成的重要区别：

（1）光合作用　①光能转化为化学能贮藏在有机物中；②光对代谢活动有影响；③要求光能较高；④光的受体是叶绿体色素。

（2）光形态建成　①光作为信号激发受体，推动系列反应引起形态变化；②光对形态变化有影响；③要求光能较低；④光的受体是光敏素、隐花色素、向光素和UV-B受体。

光受体是从环境中吸收光能转变成其他能量形式，在生物体内完成一定功能的物质总称。目前已知至少存在3种光受体：①光敏素，感受红光及远红光区域的光；②隐花色素，感受蓝光和近紫外光区域的光；③UV-B受体，感受紫外光B区域的光。

（一）自然光与光敏素的“强光反应”

自然界中与植物发育进程有关的光有三种，即日光（太阳高度位于地平线10°

以上)、曙光(黄昏光,太阳高度位于地平线的—10°～10°)和遮阴光(植物群落下的光)。这三种光的光质不同,它们的F∶FR光量子比率分别如下:①日光,0.99～1.32;②曙光、黄昏光,0.7～1.0;③遮阴光,0.2～0.74。

我们知道,光敏素具有光转化性,且在很弱的红光照射下就产生反应,又可被远红光照射所逆转。实际上,除此之外,光敏素还表现有"强光反应"的特性,即在白天日光的连续高强度照射下(由红光、远红光、蓝光等组成),光敏素的吸收峰在远红光区(730 nm)。这一结果使植株长时间保持一定的Pfr水平,而且Pr和Pfr的光转化达到一个"光平衡状态"(光静止状态),即Φ=Pfr/Ptot。

光质对植物光敏素的Φ值影响很大,Φ值与光谱中F∶FR的关系如图2-11所示。可以看出,在自然条件下值对在0～1的光谱变化(F∶FR)最敏感,即植物的光敏素平衡态Φ对于叶冠层和自然植被中光质的变化有最大的反应。据测算,在自然光照下,植物的Φ值约为0.6。

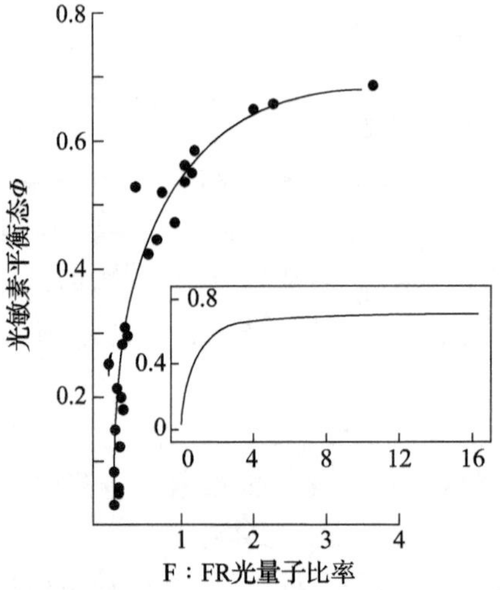

图2-11 光敏素平衡态与不同光照条件下光量子比率的关系

(二)光形态建成的实例

1.光与种子萌发

人类很早就意识到了光对种子萌发的影响,直到21世纪初才进行了深入的研究。大多数的种子萌发对光照没有特别的要求,在光下和黑暗中均可萌发,如白菜、甘蓝、萝卜以及豆类等特种蔬菜的种子;种子萌发过程中有的需要光的种子叫需光种子,又称喜光种子,如莴苣、烟草和拟南芥的种子,喜光种子都比较小。有的种子萌发时对光不敏感，称为需暗种子，需暗种子一般都比较大。有些种子的萌发被光照抑制，称为嫌光种子，如紫芹、樱桃番茄的种子。

光对种子萌发的影响是受光敏素控制的。红光照射后形成光敏素的活性形式Pfr，引起GA、细胞分裂素合成，或破坏ABA，从而破除种子的休眠，促进种子萌发。例如，需光种子的萌发也可用GA促使其萌发。不同植物促进萌发对水平的要求不一样，即需光种子要求较高的Pfr水平，而嫌光种子萌发需要较低的Pfr水平。种子萌发过程中，吸收水分和适宜的温度主要是促进Pr转化为Pfr，因为干种子的Pr很稳定，形成足够的Pfr后，种子就会萌发。种子萌发是否需要光则取决于种子成熟期间形成的Pfr的多少，形成的Pfr多，就不需要光，反之，则需要光。

种子萌发需光与否有重要的生物学意义。阳光经过植物叶冠层后，光谱性质发生了变化，大部分红光被吸收，主要由远红光组成，由于种子成熟后，都散落到叶片之下，使种子中Pfr转化为Pr，不会立即萌发，只有当叶片脱落，红光照射时，才可萌发，这利于种子的传播和抵抗不良环境。当然，是否能萌发还与温度、水分等有关。

2.光与营养生长——控制分枝

许多证据表明，植物茎的伸长、顶端优势等很多的生长持性都是由光敏素感受了遮光的变化后引起的。植物在遮阴条件下，伸长生长加快、节间变长、分枝减少，使植物向接受阳光的冠层顶端生长。这种作用被认为是由于植物光敏素感受了自然光的光质变化（遮阴光中的远红光）之后Φ值降低所致。

在蔬菜栽培上，可以用人工或化学方法去除侧芽，或者通过栽培密度的改变来调节光的供应，进而控制分枝或分蘖的发生。生产上分布在群体外部的植株往往比生长在里面的植株分枝多，过密的群体的侧枝生长会被抑制。通过调节合适的栽植密度，使植物群体的侧枝数量、大小及空间位置都比较合理，对获得群体的较高生产力有重要意义。

3.光与类黄酮物质的合成

植物在特殊的细胞中合成类黄酮物质花青素苷的过程往往是光促进的，如茄子果实照光一侧易着色，秋季植株受光一侧容易红叶等。花青素苷合成过程中有光敏素和隐花色素的参与。黄酮生物合成的关键酶之一苯丙氨酸解氨酶（PAL）的活性受紫外光调节。中波紫外线UV-B对植物细胞有一定程度的伤害作用，花青素苷和黄酮类物质能够吸收UV-B。

4.光与叶绿体的向光性反应

光可以调节叶绿体在细胞内的移动。当外界光照强度很强时，细胞中的叶绿体能在径向细胞壁上排列，并将窄面朝向阳光，使叶绿体受光面变得最小，从而防止强光伤害。

5.光与地下贮藏器官的生长

蔬菜植物一些食用贮藏器官的形成都需要一定的光周期条件。例如，各种马铃薯和菊芋的块茎，洋葱及大蒜的鳞茎，木薯、甘薯的块根，荸荠、慈姑、芋的球茎，生姜的根状茎以及萝卜和胡萝卜的肉质根等，它们的形成均受到光周期的调节。

一般而言，鳞茎类蔬菜如洋葱、大蒜的鳞茎形成受到长日照的促进，而红皮马铃薯、白菊芋、紫甘薯等上述其他贮藏器官的形成需要短日照，但品种之间也有差异。对一些早熟种而言，对光周期的要求较不严格。

洋葱鳞茎的形成受长日照促进，要求日照长度 12 h 以上才形成鳞茎，但不同品种要求日照长度的差异较大。大蒜的鳞茎形成与洋葱相似，也要求长日照的条件，但 0～10 ℃的低温处理 30～60 d，可加速长日照条件下的鳞茎形成。

马铃薯块茎形成受短日照的诱导，但光照条件下对块茎诱导受到温度的影响。有些品种在温度低于 20 ℃的长日照条件下形成块茎。

6.光与气孔开启

光是影响气孔开闭最重要的外界因子。光诱导的气孔反应依赖于保卫细胞中 3 种光受体：叶绿素、隐花色素和光敏素的共同作用。30 s 蓝闪光[250 μmoL/(m^2 · s)]可立即引起气孔导度增加，15 min 后达最大值。

7.光周期反应

光周期对植物的花诱导有着极为显著的影响。除此之外，光周期也影响着植物其他的许多生长发育过程，如块根、块茎的形成；同时，光周期对茎伸长的影响也很明显，许多蔬菜植物如白菜、萝卜等，其茎伸长生长、抽薹可被长光照促进。番茄节间茎的长度在长日条件下较短日条件下长。同样，长日照抑制分枝的发生，而短日照则促进分枝发生，如短日照的豆类蔬菜长豇豆、刀豆等，在缩短的日照条件下，蔓性的可以变为矮生性，且分枝增多。

8.促进幼苗生长——去黄化作用

从地下萌发的种子或幼芽上长出的幼苗在出土前由于没有接受过阳光，幼苗叶片小，茎伸长很快，生长点带有弯曲钩。种苗中的光敏素以 Pr 形成存在，这种生长方式有重要的生态意义，它可以使幼苗快速地接受阳光，不在无光条件下形成没有光合能力的叶片。幼苗出土后，光敏素会转化为 Pfr，叶片扩大、变绿，茎伸长速度减慢。如大豆幼苗在红光下的叶片稍微比黑暗条件下大，但一旦转移到日光下，叶片生长的细胞扩大速度大增。光对叶片生长的促进作用是和“强光反应”有关的，幼苗在阳光照射下形成一个低的 Φ 值，抑制胚轴的伸长(图 2-12)。

在蔬菜生产上，利用光对生长影响的这一特性，可以进行黄化栽培和生产芽菜。如用培土、布或塑料薄膜遮光，可使韭菜、大蒜的幼苗黄化生长期延长，生产出优质的韭黄、蒜黄。

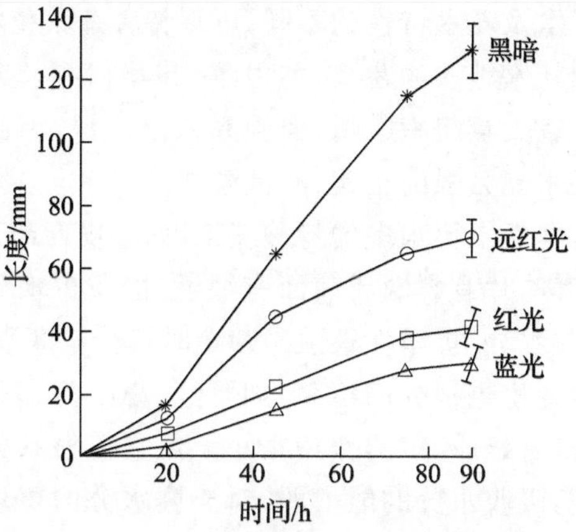

图 2-12　不同波长对黄瓜下胚轴伸长的影响

9.光照与性别表现

光照不仅影响植物的生长、开花等生理过程，还能调控性别表现。瓜类作物的雌雄性别的比例直接影响产量形成的优劣。日照长短不能单一地促进雄花或雌花的形成，而与植物的种类有关。长日照促进长日照植物多开雌花、短日照植物多开雄花；而短日照则促进短日照植物多开雌花、长日照植物多开雄花。如黄瓜，若给予连续光照条件，雄花数大增，而雌花数量大减。光周期对菠菜雌雄花发生的影响更大。菠菜为雌雄异株的长日照植物，经长日照诱导后，给予短日照，可使雌株上形成雄花。此外，光通过光敏素产生的性别调控，作用还与叶片衰老、芽休眠以及色素(花青苷、叶绿素)的合成有直接的关系。

四、特种蔬菜生长发育与水分条件

水是植物的主要组成成分，适于植物需要的水分保证了植物新陈代谢的正常进行。水是光合作用的原料，是植物体内各种物质进行运输的载体。细胞含有大量水分，保持细胞的膨胀度，才能保持植物枝叶挺立以及维持植株体温的相对稳定。

(一)不同种类蔬菜的需水特点

水分是作物进行光合作用和维持整个生长发育过程最主要的原料之一。各类特种蔬菜由于自身特性、生长习性、立地环境的不同，其水分需求量也不同，叶面积大、生长速度快、根系发达的特种蔬菜需水量大，反之则较小；同时，不同品种之间也存在差异，耐旱和早熟品种需水量相对较少。

1.吸水和耗水特点

根据特种蔬菜吸水及耗水特性的不同，可将特种蔬菜植物分为5类：

(1)吸水力弱，但耗水很多的蔬菜，如白菜、芥菜、甘蓝、绿叶菜、黄瓜等特种蔬菜。这些蔬菜叶面积较大且组织柔嫩，但根系入土不深，因此，要求较高的土壤湿度。栽培时应选择保水能力强的土壤，经常灌溉。

(2)吸水能力强，但耗水不很多的特种蔬菜，如金皮西葫芦、特种南瓜等。这些蔬菜的叶子虽大，但其叶片有裂缺或表面有绒毛，能减少水分的蒸腾，并有强大的根系，能深入土中吸收水分，抗旱性很强。栽培时可少量灌溉或不灌溉。

(3)吸水力很弱，耗水也很少的蔬菜，如野葱、小根蒜、石刁柏等。这些蔬菜的叶面积很小，而叶表皮有蜡质，蒸腾作用很小。但它们根系分布范围小，入土浅且几乎没有根毛。因此，吸收水分的能力弱，对土壤水分的要求也比较严格，要求较高的土壤湿度。

(4)吸水力和耗水力均中等的茄果类、根菜类、豆类等特种蔬菜。这些蔬菜的叶面积比白菜类、绿叶菜类小，组织较硬，且叶面常有绒毛，因此水分消耗量较少；而根系比白菜类发达，又不如西瓜、甜瓜根系强，故抗旱性不是很强。栽培上要求中等程度的灌溉。

(5)吸水力很弱，而耗水很快的藕、荸荠、茭白等特种蔬菜。这些蔬菜的茎叶柔嫩，在高温下蒸腾作用旺盛，但它们的根系不发达，根毛退化，吸水的能力很弱。因此，植物的全部或大部分都需浸在水中才能生活，需在水田内进行栽培。

2.对空气湿度的要求特点

除土壤湿度外，空气湿度对特种蔬菜生长发育也有很大影响。按照对空气湿度的要求可将特种蔬菜大体分为4类。

(1)喜湿润性特种蔬菜，如白菜类、绿叶菜类和水生蔬菜类等。适宜的空气相对湿度为85%～90%。

(2)喜半湿润性特种蔬菜，如紫马铃薯、水果黄瓜、红色或紫色根菜类等。适宜的空气相对湿度为70%～80%。

(3)喜半干燥性特种蔬菜，如茄果类、豆类等。适宜的空气相对湿度为55%～65%。

(4)喜干燥性特种蔬菜，如黄秋葵、网纹甜瓜、巨型南瓜和各类栽培型、野生型葱蒜类蔬菜等。适宜的空气相对湿度为45%～55%。

(二)特种蔬菜不同生育期的需水特点

特种蔬菜不同生育期有不同的生长发育特点,因而对土壤水分的要求也不同。大多数特种蔬菜对水分的需求规律,是幼苗期和生育后期需水量较少,生长旺期需水量较多,需水临界期发生在特种蔬菜开花、结果或块根块茎膨大阶段。

1.种子发芽期

此期要求充足的水分,以供种子吸水膨胀,促进萌发和出土。如土壤水分不足,播种后种子较难萌发,或虽能萌发,但胚轴不能伸长而影响及时出苗。

2.幼苗期

此期叶面积小,蒸腾量也小,蓄水量不多,但根系分布浅,且表层土壤不稳定,易受干旱的影响,栽培上应保持稳定的土壤湿度。

3.营养生长旺盛期和养分积累期

此期是根、茎、叶菜类同化器官和产品器官旺盛生长的时期,也是一生中需水量最多的时期,栽培上应尽量满足其水分需求。但值得注意的是,该期需水多并不意味着供水多,在产品器官开始形成前水分不能供应过多,以抑制茎叶徒长,促进根系向土壤深处纵向扎根,为后续产品器官的形成和发育打下基础。

4.开花结果期

开花期对水分要求严格,水分过多,易使茎叶徒长而引起落花落果;水分过少,植物体内水分重新分配,水分由吸水力弱的器官(如幼芽、幼枝、花和幼果等)会大量流入吸水力强的叶子,也会导致落花落果。因此,在开花期应适当控制灌水。如樱桃番茄、抱子甘蓝等结果期或膨大期,需水量急剧增加,达最大需水量,应供水充足,使果实迅速膨大;同时,应避免忽干忽湿导致果实剧烈吸水而裂果。

(三)水分逆境

影响特种蔬菜生长发育的水分逆境包括干旱(drought)和水涝(waterlogged)。

1.旱害

干旱缺水是特种蔬菜生产中最常见的环境限制性因子,也是对特种蔬菜生产特性影响最大的水分逆境。干旱因导致植物水分散失超过水分吸收,植物组织含水量下降,膨压降低,正常代谢失调,逐渐萎蔫,严重干旱甚至导致蔬菜永久萎蔫而死亡。在植物水分亏缺时,反应最快的是细胞伸长生长受抑制,因为细胞膨压降低就是细胞伸长生长受阻,因而叶片较小,光和面积减小;随着胁迫的加剧,水势明显降低，细胞内脱落酸（ABA）含量提高，净光合率随之下降。另外，水分亏缺时细胞合成过程减弱而水亏缺初期由于细胞内淀粉、蛋白质等水解产物增加，促进了呼吸，持续的水分亏缺则因呼吸底物消耗过多而降低呼吸速率，且因氧化磷酸化解联，形成无效呼吸，导致正常代谢进程紊乱、失调。干旱胁迫影响植株叶片的气体交换和光响应过程。杨凤军等（2017）研究表明：PEG6000 溶液模拟的干旱胁迫使叶绿体结构受损，导致小果型“辽园红玛瑙”等番茄叶片叶绿素含量、光合速率、气孔导度、胞间 CO_2 浓度、蒸腾效率降低，气孔限制值升高。

生长变化是作物对干旱胁迫的宏观响应，不同蔬菜及同一蔬菜的不同品种对水分逆境的敏感性不同，因而受其影响也不同。耐旱蔬菜一般具有强大的根系等吸收器官、发达的角质层等保护组织，以及气孔夜开昼闭等控制水分散失的生理机制。

由于适度缺水可以提高产品器官中可溶性固形物及营养成分含量，人们在番茄、黄瓜等蔬菜作物上研究并开发了调亏灌溉（regulated deficit irrigation，RDI）、滴灌、水肥一体化等技术，在提高产量的基础上提高蔬菜品质，上述技术也被应用于特种蔬菜生产中，可以更好地提高产品的风味，提升特种蔬菜产品的附加值。

蔬菜的抗旱性由多基因性状控制，具有复杂性，抗旱性鉴定虽有一定进展，但抗旱机制尚不清楚，抗旱性鉴定指标体系复杂而多变，需要根据研究目的确定和筛选适宜指标。

2. 水涝

水涝使蔬菜根系或全株的有氧呼吸受到限制，影响水分的吸收甚至蒸腾，导致细胞缺水失去膨压、植株萎蔫，长时间水涝会导致蔬菜窒息缺氧死亡。

除了茭白、水芹、慈姑、荸荠等水生蔬菜外，大部分蔬菜都不耐涝，尤其是大多数瓜豆类和五彩椒等茄果类蔬菜。据观察，大部分水淹数日甚至一日就可造成严重伤害，瓜类中光皮的水果黄瓜虽较喜欢潮湿的环境条件，但根系呼吸强度大，需氧多，在积水的条件下易缺氧而烂根。除丝瓜较耐湿外，其他瓜类均不耐涝，尤其西瓜和甜瓜稍有积水则全株死亡；茄果类、豆类和叶菜类蔬菜在积水时根系也容易死亡，并感染多种病害。除了莲藕、菱、莼菜等深水蔬菜外，即使是茭白、慈姑等水生蔬菜也耐涝，但长时间水淹没过顶也不能生存。

五、特种蔬菜生长发育与气体条件

与特种蔬菜生长发育关系密切的气体主要是二氧化碳、氧气及一些有害气体。

(一)二氧化碳

二氧化碳(CO_2)是光合作用制造碳水化合物的主要原料。在一定强度的光照范围内,植物净光合速率随着 CO_2 的增加而增加,但到一定程度后再增加 CO_2 浓度,光合速率却不再增加,此时环境中的 CO_2 浓度为 CO_2 饱和点。CO_2 饱和点因特种蔬菜种类、环境温度和光照而异。

CO_2 作用原理如下:

(1)显著提高植物的光合速率　高浓度 CO_2 可以增加 RuBP 羧化的底物,提高 RuBP 羧化酶的活性,减少 O_2 对 RuBP 的竞争氧化,从而增加叶片的光合速率。当 CO_2 浓度从 0.03%增加到 0.09%时,黄瓜叶片的光合速率几乎呈直线上升;在高 CO_2 浓度条件时,要有长、强光照配合,光合效率才能充分提高;而在高光合效率下,要有较高的温度才能增强呼吸作用,加快叶片内光合产物向果实及根等器官运转,从而最终获得优质、高产的果实。

保护地种植的特种蔬菜因为面积相对较小,水分和肥料供应容易满足,CO_2 浓度低成为影响特种蔬菜高产的限制因子。在保护地进行 CO_2 施肥可以促进植物生长,提高作物的光合速率,有利于植物光合产物的积累。

(2)改变叶片 CO_2 吸收结构　保护地 CO_2 施肥可以改变叶片的内部结构,使叶片伸展,叶色浓绿,降低叶片表皮的角质化程度,明显提高植物的叶面积系数,有利于植物吸收并同化 CO_2。

(3)促进花芽分化　花芽分化是指植物从花原基的发生到花或花序的形成过程。保护地 CO_2 施肥可以促进花芽分化,有利于雌花的形成。在中牟县大雍村对大棚西瓜的试验表明,施 CO_2 气肥可使西瓜茎蔓粗壮、叶柄长、叶片挺拔、叶色浓绿、雌花分化多、单株结果大。增施 CO_2 气肥可以诱导花芽分化,加速西瓜的发育进程,促进西瓜早熟 4~5 d,可提早上市。

绝大多数特种蔬菜生长最适的 CO_2 浓度为 0.08%~0.10%,而正常大气中 CO_2 浓度在 0.032%~0.034%。设施内夜间土壤微生物呼吸、有机质分解以及作物呼吸作用,会释放出大量的 CO_2,日出前 CO_2 浓度会达到 0.08%~0.09%;日出之后,特种蔬菜作物进行光合作用而导致室内 CO_2 浓度很快降至 0.025%以下,但由于设施环境相对密闭,室外 CO_2 无法有效补充进入室内,CO_2 浓度随光合作用的进行而持续降低至 0.01%以下,光合作用速率只有 CO_2 浓度 0.03%时的 25%~30%,严重影响作物的生长和发育,完全不能满足植物生长的需要。因此,设施内特种蔬菜栽培过程中有必要进行 CO_2 施肥。

增加设施栽培内空气 CO_2 浓度,可显著提高光合作用强度,增加产量。尤其在特种蔬菜生长旺盛期，植株封行时，植株间空气流动缓慢，会出现 CO_2 的补充速度赶不上光合作用的需要，影响中下部叶片的光合作用。在栽培上常采取合理密植、摘除老叶、整枝打杈、搭架、高矮植株间套作等措施来改善通风条件，加速植株间的空气流动，及时补充 CO_2，有利于提高作物的产量和品质。据研究，增施 CO_2 肥后黄瓜等瓜类的增产幅度在 20%～30%，早期产量增加更为显著，而在后期有时反而会引起产量下降。试验表明，大多数蔬菜适宜的 CO_2 浓度为 0.08%～0.12%，浓度过高会引起气孔开度减少而使气孔阻力增大，一些植株还会发生 CO_2"中毒"和早衰现象。CO_2 施肥必须在光强和温度适宜的前提下进行，所以设施蔬菜增施 CO_2 最好在晴天上午施用，通风前半小时左右停止。

(二)氧气

空气中的氧气(O_2)浓度相对稳定，因此地上部的生长影响不大。但土壤中 O_2 浓度的变化则较大。所以，在生产上要防止供 O_2 不足而发生根部缺 O_2 的现象。种子发芽需要充足的 O_2，种子直播时要求土壤疏松。如果土壤排水不良、土温低，缺 O_2，对种子发芽及根的生长都不利。在水培中要通过充 O_2 等手段来提高培养液中的溶氧量。另外，土壤中的多种有益微生物是好气性的，土壤空气中 O_2 充足时，有益微生物活动旺盛，有机质被分解缓慢且不彻底，常积累中间产物(如 H_2S 等)对蔬菜生长不利。减少土壤积水、中耕土可以改善土壤通气条件，对作物根系有力。

(三)有害气体

有时空气以及根际中存在着一定数量的有害气体，如氨、二氧化氮、二氧化硫、一氧化碳、乙烯、氯、氟化氢、臭氧等。其中，一些气体是由于不合理施肥所产生的，如氨；有些是由一些农用生产资料如塑料薄膜等带来的，如乙烯；也有一些是由设施加热的燃料释放的，如一氧化碳；还有一些是城市工业化发展造成大气污染产生的，如氟化氢。

这些有害气体主要通过气孔或根部进入植物体。其危害程度，一方面取决于其浓度；另一方面取决于植物本身的表面保护组织及气孔张开程度、细胞中和气体的能力及原生质的抵抗力等。设施栽培中，要注意通风换气，排除有害气体。

六、特种蔬菜生长发育与土壤营养条件

(一)特种蔬菜作物需肥的共性特点

特种蔬菜种类繁多，对养分的需求各异，在营养和需肥方面有以下特点：

1. 产量高、吸肥能力强、养分供应要求全面

特种蔬菜生物量相对较大，养分含量高，复种指数高，养分移出量大，所以对土壤肥力要求高，单位土地面积需肥量大。茄果类特种蔬菜的氮、磷、钾含量，比水稻、小麦、玉米要高得多。根据生物产量计算，在同等单位土地面积下总体上看，各种特种蔬菜养分吸收量平均值与小麦养分吸收量相比，特种蔬菜吸氮量比小麦高4.4倍，吸磷量高0.2倍，吸钾量高1.92倍，吸钙量高4.3倍，吸镁量高0.54倍。

此外，对于一些以花蕾、花茎为主要食用部位的特种蔬菜，如西蓝花、紫菜薹等，对于硼、锌、钾等元素需求量较大，以满足特种蔬菜在产品颜色、产品质量和品质上的特色要求。

2. 根系阳离子代换量相对较高

大多数特种蔬菜作物的根系阳离子代换量相对较高，吸收养分的能力强。根对阳离子的吸附能力用每千克干物重所吸收的盐基厘摩尔(cmol)来表示。大多数特种蔬菜作物根系的盐基代换量为40～60 cmol/kg(干根)，如水果黄瓜、莴苣、茼蒿、鸭儿芹等；盐基代换量低于40 cmol/kg(干根)的有洋葱和葱，而禾谷类作物根系的盐基代换量都比较低。

一般来说，盐基代换量高的根系吸收能力较强，而且较多地吸收钙、镁等二价阳离子，更有利于发挥特种蔬菜的产品特色优势；盐基代换量低的根系吸收养分能力也较低，而且较多的吸收钾、铵等一价阳离子。特种蔬菜作物吸收营养元素的一些特点取决于植物的基因型，但是也不能排除奢侈吸收情况的存在。所谓奢侈吸收是指作物对某种养分的吸收量超过了本身生长发育所需要的数量，是一种非必需的吸收。过多地强调特种蔬菜是多肥性作物，过量施肥反而造成土壤盐类浓度过高，形成次生盐渍化，使特种蔬菜的产量和品质下降。

当然，不同种类特种蔬菜的需肥量也有很大差别。按生产1 t产品(可食部分鲜重)计算，以紫花椰菜吸收量最大，吸收N 13.40 kg、P_2O_5 3.93 kg、K_2O 9.59 kg，氮、磷、钾养分吸收总量为26.92 kg，相当于400 kg谷类作物谷实的养分吸收量；其次为红豇豆，每吨产品氮、磷、钾养分吸收总量为16.08 kg，再次为水果黄瓜、五彩甜椒和红皮马铃薯，氮、磷、钾养分吸收总量在12 kg/t左右。各种白菜类、芹菜类和番茄类的特种蔬菜，氮、磷、钾养分吸收总量为6～9 kg/t。

3. 氮肥需求形式

多数特种蔬菜喜硝态氮多数农作物能同时利用铵态氮和硝态氮，但特种蔬菜对硝态氮特别偏爱，铵态氮过多，会产生严重的生育障碍。在硝态氮和铵态氮比例上，硝态氮为100%时大多数特种蔬菜生育良好；随着铵态氮比例增加，生育指数

往往呈下降趋势;100%铵态氮的处理,生育指数下降到15左右。葛晓光(1982)在水培条件下研究认为,番茄类蔬菜栽培介质中的铵态氮比例不宜超过30%,尤其在低温时施用铵态氮肥更易出现氨害。特种蔬菜作物在完全以铵态氮为氮源时生长不良的原因有两点;一是铵态氮促进植物吸收土壤中阴离子,消耗有机酸,导致蔬菜不能忍受土壤pH降低以及由此引起的对钙离子吸收困难;二是植物是不能够直接吸收氨态肥,需要经过土壤硝化细菌转化成硝态氮后才能被吸收,因此特种蔬菜耐氨性差,而尿素态氮的作用则介于两者之间。

当然,在土壤栽培中,施到土壤中的铵态氮肥,除土温极低或土壤渍水导致硝化作用减弱外,总是处在不断的硝化过程之中,因此并非特种蔬菜不能施用铵态氮肥。如果过量施用硝态氮肥,特种蔬菜体内易积累大量硝酸盐,硝酸盐过量的特种蔬菜被食用后会转化成亚硝酸盐,不仅影响产品外观、特色风味和营养价值,而且危害人体健康。如果过量施用铵态氮肥(如硫酸铵、碳酸氢铵、氯化铵),也会引起严重的生育障碍。所以,特种蔬菜栽培中应注意各种形态氮肥的搭配施用;一般来说,铵态氮肥不宜超过氮肥总施肥量的1/4～1/3,且尽可能与腐熟有机肥配合施用提高特种蔬菜产品的特色优势。

4.根系呼吸需氧量高

土壤同期状况的好坏,影响特种蔬菜根系对不同形态养分的吸收功能。土壤氧气含量在10%以上,有利于土壤的硝化作用,铵态氮含量增加,也会促进各种元素的吸收,各种元素受促进的顺序为K＞N＞Ca＞Mg。中耕是特种蔬菜栽培上调解土壤通气性的重要技术。

5.需钙量高

特种蔬菜作物需钙多。据测定,红心萝卜、紫甘蓝的吸钙量分别比小麦高10倍和25倍,番茄类的特种蔬菜各器官中的含钙量比水稻高10倍以上。陈佐忠等对北京地区的22种作物含钙量测定表明:蔬菜作物的平均含钙量比禾谷类作物高12倍以上。蔬菜作物体内含钙量高的原因有两点:一是与根系阳离子代换量有关,因为阳离子代换量高的作物,其吸钙量也高;二是与蔬菜作物喜硝态氮有关,因为蔬菜吸收大量硝态氮后,体内形成的草酸就多,这时如果钙丰富,就能使草酸形成草酸钙而积蓄在叶内,不致引起草酸危害。当体内的钙不足以中和大量草酸时,就会引起植株或果实顶端受害,这种症状一般出现在蔬菜生长旺盛的部位,特征是引起生长点萎缩。樱桃番茄、五彩甜椒的脐腐病,羽衣甘蓝、紫甘蓝等甘蓝类,以及甘蓝类、白菜类特种蔬菜的干烧心病,均是特种蔬菜常见的缺钙生理性病害。

6.需硼量高

特种蔬菜作物硼含量较高,是禾本科作物的几倍至几十倍(小麦地上部硼含量

3.3 mg/kg、大麦 2.3 mg/kg、玉米 5.0 mg/kg)；特别是根菜类，如胡萝卜地上部硼含量为 25.0 mg/kg，甘蓝 37.1 mg/kg，萝卜 64.5 mg/kg，甜菜 75.6 mg/kg。结球白菜开始缺硼时的含硼量，已足够油菜、啤酒大麦正常生长的需要。

由于特种蔬菜植物体内难溶性硼含量高，硼的再利用率低，易产生缺硼症。抱子甘蓝、紫/黄花椰菜的褐腐病，红心萝卜和红甜菜的黑心病，紫芹菜的茎裂病，黑马铃薯卷叶病、芜菁和紫甘蓝的褐腐病等都是缺硼引起的生理性病害。

(二)不同种类特种蔬菜的需肥特点

不同种类特种蔬菜的生物学特性和食用器官不同，其需肥特点也不同，而且同类特种蔬菜需肥也有共性。

1. 花果菜类特种蔬菜需肥特点

以果实为产品器官的蔬菜，如茄果类蔬菜、瓜果蔬菜和豆类蔬菜，需肥总体上以 N、P、K 肥为主，但不同生育时期对各种元素的需要重点不同。在苗期营养生长开始的不久即开始生殖生长，进行花芽分化；进入结果期后，茎叶生长、开花坐果和果实发育同步进行，平衡营养生长和生殖生长的需肥矛盾是施肥管理的关键。这类蔬菜，幼苗期需氮较多，对磷、钾的需求量较少；进入开花期后对磷、钾肥的需求量逐渐增多，而氮的需求量则略减；前期氮不足则植株矮小，后期磷、钾不足则花期推迟，产量也受到影响。果菜类特种蔬菜每 100 kg 产量吸收的钾和氮量比例为 2∶1。

2. 普通叶菜类特种蔬菜需肥特点

绿叶为产品器官的叶菜类蔬菜，如黑油菜、紫生菜、蕹菜、茼蒿等，生长速率快，生长期短，种植密度大，肥水管理需要集中充足供应，全生育期需肥量以氮多而磷钾次之。氮不足则植株矮小，组织老化，产量低而品质差。

叶菜类三要素养分吸收中以氮、钾为最高，每 100 kg 产量吸收的钾和氮量比例为 2∶1。

3. 变态营养器官类特种蔬菜的需肥特点

以变态的营养器官为产品的蔬菜，如白菜类、甘蓝类、根菜类等，其叶片生长期长，是营养供应的主要时期，并且叶片生长后期和养分积累前期要均衡施肥。这类蔬菜虽然需氮也多，但主要是在苗期和莲座初期，进入生长旺盛期则需增施磷肥和钾肥。幼苗期需要较多的氮、适量的磷和少量的钾；产品形成时期，需要较多的钾、适量的磷和氮。若前期氮不足，生长势较弱或过早进入营养积累时期，会影响叶片面积的扩展及其光合作用，最终影响产品器官(叶球、肉质根、肉质茎等)的发育和产量形成；若后期氮素过多，磷、钾不足，则茎叶贪长，延缓成熟期，也会影响产量和品质。

(三)不同种类特种蔬菜的吸肥特点

1.吸肥量

由于系统发育与遗传上的原因,不同特种蔬菜种类的吸肥量不同。一般来说,生产期较长的、产量较高的特种蔬菜,对土壤营养元素的吸收量相对较大,如红甜菜、紫薯等;而生长期较短、水分含量高的奶油白菜(小白菜的一种)、红丁萝卜等,对土壤营养元素的吸收量相对较小。对于一些因为产品食用部位特殊的特种蔬菜而言,则对土壤肥力质量要求较高,如白菊芋要求土壤疏松透气且营养全面,以便有利块茎的形成,且块茎耐贮藏;尤其是一些以花器为食用部分的蔬菜种类,则对硼及促进硼吸收、转运的钾需求量相对较大。

同时,特种蔬菜吸肥量也与根系特性、产量、生长期长短、生长速率、土壤营养元素含量等因素有关。

(1)吸肥量与根系特性的关系　一般而言,根系分布深而广、分枝多、根毛发达的,与土壤接触面大,能吸收营养元素量多;而根量小、吸收力弱的,吸肥量也少。例如,胡萝卜根系比洋葱根系长 3～4 倍,宽 1 倍,胡萝卜根系的吸收面积则比洋葱大 19 倍。因此,胡萝卜的根系吸收能力要比洋葱强得多。

(2)吸肥量与产量的关系　高产量的特种蔬菜吸收营养元素的总量比低产量蔬菜多。同一种特种蔬菜,当产量提高时,从单位面积土壤中吸收的营养元素的数量也有所增加,但其单位产量所需的营养元素数量则相对减少。因此,单位面积的产量越多,肥料的生产效率越高。

(3)吸肥量与生长期长短和生长速率的关系　一般情况下,特种蔬菜生长期越长,生长速率越快,吸收的营养元素越多。栽培时间长的蔬菜种类,生长发育速率往往比较缓慢,单位时间内吸收的营养物质反而比生长期短的种类少;早熟品种的生长发育速率往往比较快,吸收营养物质的数量要比晚熟品种在相同时期内多。

(4)吸肥量与土壤营养元素含量的关系　一种特种蔬菜对土壤营养元素的吸收量是相对稳定的,但是就一种特种蔬菜的个体而言,在营养元素含量高的肥沃土壤上吸收量会稍有增加,而在瘠薄土壤上营养元素的吸收总量可能稍少。

2.吸肥能力

不同特种蔬菜利用矿质营养的能力不同。总的来说,紫甘蓝最能利用氮,红甜菜最能利用磷,水果黄瓜对三要素的需要量大,各种番茄类特种蔬菜对磷的能力均较弱,但对大量磷无不良反应。

一般来说,根系强大、根毛发达、根系活力强的特种蔬菜,如无籽西瓜、巨型南瓜、黑皮冬瓜等，吸肥能力强；而根系弱小、根毛不发达、根系活力弱的特种蔬菜，如水生西瓜、葱蒜类蔬菜，吸肥能力也弱。

不同特种蔬菜的吸肥能力不同，所以吸收量大的特种蔬菜不一定要求土壤营养元素含量高；吸收量小的蔬菜也不一定要求土壤营养元素含量低。例如，南瓜类蔬菜具有强大的根系，因根系吸收面积大，既能吸收表层土壤中的营养物质，又能吸收深层土壤的营养物质，对土壤肥力的要求不高，施肥量大易导致徒长；又如，水果黄瓜吸收营养元素虽然少，但根系分布浅，且吸收能力弱，只有表层土壤肥沃才能吸收足够的营养元素，施肥也要遵循少量多次的原则。

3.特种蔬菜对不同元素的吸收比例

特种蔬菜对各种营养元素的吸收常常有一个近似的比例，一般为 K_2O ∶ N ∶ P_2O_5 ∶ Ca ∶ B ∶ Mo＝10 ∶ 6 ∶ 2 ∶ (5～8) ∶ 0.0025 ∶ 0.00025。

4.特种蔬菜对主要营养元素的吸收特点

叶菜类和果菜类特种蔬菜的养分吸收是随着生育进程而增加。根菜类特种蔬菜的养分吸收则在植株生育中期达到最高，以后吸收量减少，养分从叶部向根部转移，促进根系的膨大。果菜在苗期需氮较多，磷、钾的相对吸收较少。进入生殖生长期后对磷的需要量激增，而对氮的吸收量则略减。如果后期氮过多而磷不足，则茎叶徒长，影响结果。前期氮不足则植株小，磷、钾不足则花期推迟，产量和品质也随之降低。

绝大多数果菜类特种蔬菜都吸收大量钾，若按吸收量大小排列，其次序一般为：钾＞氮＞钙＞磷＞镁。由于是多次采收的作物，果实中所含养分随采收而不断被携出。因此，果菜类作物的养分吸收到生育后期仍然很旺盛，茎叶中的养分到末期仍在继续增加。

(四)特种蔬菜不同生育时期的吸肥特点

特种蔬菜不同生育期由于生长量和生长速率不同，需肥、吸肥量也不相同。就整个生长发育时期而言，生长发育快的时期，吸肥量多，而生长发育慢的时期，吸肥量少。幼苗期生长量小，吸收营养元素较少。例如，甘蓝苗期吸收营养元素仅为成株的 1/6～1/5，但幼苗期相对生长速率快，要求肥料成分全、浓度低但数量多。随着植株生长，吸肥量逐渐加大，到产品器官形成时，生长量达到峰值，吸肥和需肥量也最多。一般成株比幼苗忍耐土壤溶液浓度能力大 2～2.5 倍。葱类特种蔬菜在移栽缓苗期，天气炎热，根系不发达，叶的生长量小，需氮不多，吸收量占全吸收量的 13％；8 月下旬绿叶生长量加大，吸收量占全吸收量的 16.2％；9 月底吸收量占全吸收量的 50％；10 月底占总吸收量的 87.7％；11 月上旬植株含氮量达到高峰；

到11月中旬回落至80.7%。磷吸收积累比较缓和,9月上旬前基本稳定在总吸收量的12.5%~18.7%;9月中旬后开始递增到占总吸收量的34.9%;10月底达总吸收量的86%;11上旬达到高峰后,逐渐回落。钾在8月中旬前吸收不多;9月中旬后激剧增加,占总吸收量的34.85%;至10月吸收量占总吸收量的86.1%;随着植株产品的形成,11月上旬吸收量达到高峰,11月中旬回落至80.7%。

特种蔬菜不同生育期对肥料种类的要求也不同,一般生长全期均需要氮,尤其是叶菜类特种蔬菜,氮肥供应充足时营养生长好,茎叶内叶绿素含量较高,叶色深而功能期长。生长全期也需要磷,尤其是果菜类特种蔬菜苗期进行花芽分化时,对提高花芽分化的数量和质量都有很好的效果。

七、特种蔬菜生长发育与生物条件

植物生长环境是一个复杂的生态系统,其中任何一种植物都不可避免地受到系统内的其他植物、动物和微生物的影响。总体来说,影响特种蔬菜生长发育的有土壤微生物、病虫害、草害等。

(一)土壤微生物

在植物根际周围(受根系生长影响的土体),存在着由土壤、植物、微生物三者相互作用的微生态系统。植物和微生物共居在这个微生态系统中,它们既相互依存又相互制约,植物影响根际微生物的数量、组成和活性,根际微生物对植物也产生多种影响。其中,根际微生物大量聚集在植物根际周围,在促进无机磷的溶解、增加植物的氮素供应等改善植物营养方面,起到很大的作用。

某些根际微生物能产生维生素、氨基酸或生长激素,这些物质不但能够刺激其他一些根际微生物的生长,而且对植物的生长具有促进作用。根际微生物能分泌抗生素类物质,这类物质有助于作物避免土著性病原的侵染,增强植物对某些病原菌的抵抗力。此外,一些根际微生物还可以在缺失铁胁迫条件下产生一些特殊的、对微量三价铁离子具有超强络合力的有机化合物。这些根际微生物在与有害微生物竞争铁时占优势,从而可以抑制这些有害微生物的生长繁殖,保护植物免受病菌的侵害,从而改善植物对铁的吸收,促进植株生长。但是,这些根际微生物也会对植物的生长产生不利的影响,比如和植物竞争有限的养分,在连作的条件下导致病原菌在植物的根际大量聚集,某些有害微生物产生有毒物质抑制种子发芽、幼苗生长和根系伸长等。由此可见,我们必须在充分认识根际微生物及其相互作用的基础上,利用根际微生物之间的互利共栖或拮抗关系,调控根际微生态系统的结构与功能,改善根际微环境,促进植物生长。此外,也可以通过对植物或根际微生物的遗传改良来调控根际效应。

(二)病虫害

病虫害对特种蔬菜生长发育及产量和品质的影响极大,是特种蔬菜生产的主要威胁之一。目前蔬菜生产中常发病虫害100余种,病害的危害往往比虫害更普遍更严重。

1.病害

特种蔬菜病害有真菌性病害、细菌性病害、病毒病、线虫病等,真菌性病害最多,以病毒危害最广。有气流传播的病害、土壤传播的病害和种子传播的病害。常见特种蔬菜病害如瓜类的枯萎病、霜霉病、炭疽病、细菌性角斑病;番茄类蔬菜的叶霉病、早疫病、晚疫病;辣椒类蔬菜的疫病、炭疽病、细菌性斑点病;茄子类蔬菜的褐纹病、黄萎病、绵疫病,菜豆类蔬菜的炭疽病、锈病;各种特种蔬菜幼苗的立枯病、猝倒病等。

病害主要是由于病原物进入蔬菜组织,在病原物繁殖过程中产生代谢产物(常称为毒素)而干扰或破坏蔬菜正常生理代谢,导致蔬菜发病甚至死亡。

2.虫害

特种蔬菜生产中常年发生的害虫有50多种,最主要的如蚜虫、白粉虱、斑潜蝇、红蜘蛛、菜青虫、蛴螬、地老虎等,受害的特种蔬菜种类广泛。

害虫通过取食蔬菜而对特种蔬菜生长发育,和特殊的产品特性造成直接影响,有的害虫在取食时还向植物体内释放一些分泌物或排泄物,干扰或毒害特种蔬菜正常的生理代谢。

在特种蔬菜生产中,应采取植物检疫栽培措施、物理(机械)措施、生态措施、生物措施和化学措施相结合的综合防治技术控制病虫害的发生。

(三)草害

杂草是指生长在人类生存和活动场地的有害植物,一般是非栽培的野生植物。菜田杂草是生长在菜田,对特种蔬菜生长发育或产量品质有不良影响的非栽培植物,主要为草本植物,也有部分小灌木、蕨类及藻类。杂草一般具有较强的适应性和繁殖能力,可以在人工环境中不断繁衍。

按照形态学分类,杂草大致可分为禾草类、莎草类、阔叶草类3大类。禾草类主要包括禾本科杂草,莎草类主要包括莎草科杂草,阔叶草类包括所有的双子叶植物杂草及部分单子叶植物杂草。按照生活型和生长习性可将杂草分为一年生杂草、二年生杂草和多年生杂草。

杂草对各类蔬菜的危害,主要体现在杂草与蔬菜竞争生态位空间,包括生长空间、光照、气体及土壤中的营养、水分、有益生物等。有的杂草还可能通过化感作用影响周围生长的蔬菜作物,有的甚至通过寄生而直接从植株体内获取营养。

特种蔬菜生产中应采取植物检疫、人工除草、机械除草、物理除草、生态除草、生物除草、化学除草等综合措施,控制杂草对蔬菜的不良影响。

第四节　特种蔬菜的产量形成

一、产量的概念

产量有两个方面的含义,即生物产量(biological yield)和经济产量(economic yield)。每一种特种蔬菜在它的一生中由光合作用所合成的生物产量(占 90%～95%)和根系所吸收的物质(占 5%～10%)的积累总量,包括根、茎、叶、花、果实、种子等所有器官,这个产量称为生物产量。但就一种特种蔬菜来说,它一生中所形成的生物产量,并非都有经济价值,有经济价值的只是其中一部分。例如,果菜类的果实、大白菜和甘蓝类的叶球、马铃薯类的块茎、胡萝卜和萝卜类的肉质根、花椰菜类的花球等。因此,我们通常将有经济价值部分的产量,称为经济产量。

大多数情况下,生物产量与经济产量之间,有一定的相关或比例。经济产量与生物产量的比例,称为经济系数(K)。

$$K=\frac{\text{经济产量}}{\text{生物产量}}$$

特种蔬菜种类不同,其 K 值差异很大。绿叶菜的 K 值最高,可达 90%～95%及以上。有少数菜如菠菜、苋菜、小白菜等,它们的生物产量,几乎就等于经济产量,只有少量的根和老叶不能食用。薯芋类的 K 值也较高,为 55%～75%。果菜类的 K 值最小,为 25%～35%。遗传基因影响 K 值大小,同一种蔬菜不同品种,其 K 值也不同,如果菜类中早熟品种的 K 值要大于晚熟品种。栽培技术和外界环境对 K 值有很大的影响,如进行植株调整的比放任生长的 K 值要大;果菜类秧果关系协调的,K 值比徒长株的要大;在北方阳光充足、昼夜温差大、干燥地区生长的果菜,K 值比在南方高温、潮湿、弱光地区生长的果菜要大。

一般来讲,生物产量高,经济产量也高;生物产量低,经济产量也低。因此,想要获得根菜类肉质根的高产,则必须使其地上部的莲座叶生长旺盛;要使果菜类的果实产量高,则茎叶的生长就要旺盛。只有在徒长的情况下,即茎叶生长过旺时,果实的产量才会受到影响，经济产量降低。

需要指出的是，产量一般应该用干物重来表示，但生产上计算产量的鲜物重则更方便。就每一种蔬菜来讲，它们的干物质含量通常有一定的范围，所以知道鲜物重量以后，就可以估算其干物产量。

二、特种蔬菜产量构成的特点

特种蔬菜的产品器官有其特殊性，如特殊花色、外形、营养价值等，其产量统计一般以食物部位来计算，可以果重或株重，或以鳞茎、块茎、叶球等来计算，直接计算或换算成单位面积的产量。

对于果菜类特种蔬菜：单位面积产量＝单位面积株数×平均单株果数×平均单果重，其中，单株果数＝开花数×坐果数×商品果率。

对于根菜类特种蔬菜：单位面积产量＝单位面积株数×平均单株肉质根重×商品率。

对于普通叶菜特种蔬菜：如菠菜、芹菜，单位面积产量＝单位面积株数×平均单株重。

对于结球叶菜特种蔬菜：单位面积产量＝单位面积株数×平均单球重×商品球率。

构成产量的每个因素，在产量形成过程中都是变动的。如果单位面积株数增加，单株结果数可能会减少；如果单株结果数增多，单果重就会减少。因此，在生产上要有一个合理的群体、合理的坐果数，才能获得较高的产量。

除了遗传因素外，影响单果重的因素取决于果实发育的质量和营养条件，包括土壤矿质营养及同化物质的合成与积累。在开花数、坐果率、商品果率之间有一个营养物质的分配与生长中心的转移问题。在影响营养物质分配的因素中，与不同器官之间和不同部位之间的激素含量有关。幼嫩的叶片、发育中的幼果是有机营养主要运转的地方。而环境条件、肥水管理、植株调整等都会影响物质运转的速率和数量。

叶是特种蔬菜之物光合作用的主要器官，是物质生产的“源”光合产物由叶运转到块茎、球茎、果实、种子等贮藏器官，这些器官是物质贮藏的“库”。由“源”运转到“库”的途径、速度及数量，与“源”和“库”的大小有关。在生产上，增加“源”的数量，往往是增加产量的主要因素。但“库”的大小也影响到“源”的强度，在一定范围内，“库”的增大会促进“源”光合作用的提高，同等情况下，一些未结果植株的叶片光合作用强度低于已结果实植株的叶片光合作用强度。以番茄类蔬菜作物为例，在栽培上，摘除花序，也就是减少将来成为“库”(果实)的数量，会影响叶的净同化率。在自然状态下，净同化率为 7.52 g/(m^2 · d)；摘除部分叶后，剩余叶的净同化率可提高至 10.35～10.88 g/(m^2 · d)。相反，摘除全部花序，其净同化率则下降至 4.01 g/(m^2 · d)，说明光合作用强弱也受“库”大小的调节。因此，要提高产量，一方面是提高光合作用，形成更多的光合产物；另一方面要使更多的光合产物向产品器官运转和分配。

三、蔬菜产量形成的生理基础及影响因素

植物的 90%～95%干物质是通过光合作用形成的，因此在栽培生产中，特种蔬菜产量的形成最终取决于光合作用的规模和效率。光合作用的多少取决于光合作用面积、光合速率与光合时间 3 个因素，光合产物的积累量还和光合产物的消耗(即净同化率)有关。而产品器官的产量即经济产量，在生物产量中所占的比例，取决于经济系数的高低，也就是光合产物分配和利用的情况。构成产量的生理因素有 5 个：光合面积、光合速率、光合产物的消耗、光合时间和光合产物的分配及利用，这 5 个方面统称为光合性能。光合性能是决定特种蔬菜产量高低和光能利用率的关键。光合性能除受遗传的影响以外，还受外界条件的影响。如何最大限度地利用太阳辐射进行光合作用，以及更有效地促进光合产物向产品器官运输和分配对于产量的形成非常重要。

(一)光合面积

植物体所有的绿色部分，包括叶片、茎、果实等都可以进行光合作用，但叶片是主要的光合场所。在一定范围内，叶面积和产量呈正相关关系。扩大叶面积是增加产量的基本保证。从个体叶片分析，叶面积增加扩大了光合面积，而群体叶面积大小与光合强度之间的关系比较复杂，不能用单叶面积的大小衡量群体的光合强度。群体的叶面积用叶面积指数(left area index, LAI)来表示。

$$\text{LAI}=\frac{\text{叶片面积}(\text{m}^2)}{\text{土地面积}(\text{m}^2)}$$

通常，我们将光合生产效率最大时的叶面积指数称为最适叶面积指数。特种蔬菜每个种类都有其最适 LAI 值，这个数值的大小及增长动态，与植株密度、栽培措施和环境条件有关。一个群体的栽培密度越大，叶面积指数的增加越快，达到 LAI 最大值的时间也就越早；稀植的群体，LAI 增加缓慢，达到最大值的时间也较迟。一些蔓性瓜类蔬菜，如冬瓜，无支架栽培时，LAI 值一般为 2，但在有支架栽培时，可达 4～6，一般的果蔬类如番茄、茄子等，LAI 在 3～4，而支架栽培的可达 5～6，在这一范围内，LAI 增加，产量也增加。但当 LAI 增加超过某一范围时，由于叶

层的相互遮阴,植株下部叶层的光照强度就会下降。影响叶面积生长的因素主要有光照强度、水分、土壤肥力及栽培管理技术等。

要取得高产,必须在生长初期,使叶面迅速生长,叶面积指数较快达到该作物的最适叶面积指数,然后稳定下来,维持尽可能长的同化时期,以达到最大的光合势,并使这个最大叶面积生长在最适宜的季节里。当然,叶面积增加,叶片的呼吸作用也增加。因此,叶面积指数越大,呼吸消耗的物质越多,这也是 LAI 达到一定数值以后净同化率会降低的一个原因。

(二)光合速率

光合速率是反应光合能力的主要指标,种类不同差异很大。一般光合速率高的特种蔬菜,光饱和点也较高,利用强光的能力强,如茄果类、黄瓜类、甘蓝类、白菜类、萝卜类等作物;光合速率低的特种蔬菜,光饱和点也较低,利用弱光的能力较强,如莴笋、结球莴笋、大部分叶菜类作物、葱姜蒜类作物等。同一类特种蔬菜的不同品种间,光合能力也有差异。在生产上,可以利用这些差异,选育出耐弱光的保护地专用品种,弥补淡季市场供应需要。

除了遗传因素外,影响光合速率的因素比较复杂,有植株本身的内部因素,又有外部的环境因素。内部因素包括叶片年龄、叶片受光角度、叶片生长方向、植株吸水能力,以及物质转运库源关系等,外部因素则包括光强、温度、水分、二氧化碳、水分及矿质营养等。

1.光强

光合速率的大小,受光照强度的影响很大。在光照比较弱的时候,光合速率随着光强的增加而增加,达到一定光强后,光合速率不再随着光强增强,此时的光照强度,称为光饱和点。因此,光合速率与光强不呈直线关系,而是双曲线关系。

$$P=\frac{ABI}{A+BI}$$

式中:P 为光合速率;I 为光照强度;A、B 对于作物来说是常数,A 为光合速率最大值,即饱和光照强度,B 为弱光下光合速率的光强系数,即每增加一个单位的光强时光合速率增加的数值。从上式看出,当光照较弱时,分母中的 BI 值很小,可以忽略不计,则 $P\propto BI$,即光合速率与光强呈正比;当光照强度很强时,分母中的 BI 值很大,A 值相对较小,可以忽略不计。此时,$P\propto A$,即光合速率达到极限时,光合速率不再随着光强的增加而增加。

在田间作物群体的光饱和点比单叶的大许多,因为当光强不再增加时,上层叶片虽然已达到光饱和点，光合速率不能再增加，但处于下层遮阴处的叶片，却能因此不断增加光合速率。所以从群体出发，增加光照强度，一般来说对增加光合速率有好处。但生产中又常因强光伴随高温，反而会降低光合速率，所以实际情况比较复杂。

2.温度

在一定范围内温度与光合速率呈正相关，超过一定范围后，光合速率便不随温度升高而增加，反而降低。

不同种类的特种蔬菜光合速率的适温不同，黄瓜和番茄的光合作用适温为28～33 ℃。即使同一种类不同品种的光合适温也不同，耐热品种的光合适温较高，而热敏品种光合适温较低。在生产上，对一个栽培作物来说，强调通风透气，除了能改善光照条件外，降低棵间温度也是一个重要方面。在温室栽培中，更应该注意对光合和呼吸的双重作用，所以白天温度可以适当高一些，晚上则需要降低温度，减少呼吸消耗，有利于光合产物的积累。

3.二氧化碳

CO_2是光合作用的重要原料。在一定范围内，田间CO_2浓度与光合速率呈正相关。一般情况下，空气中的CO_2浓度对作物光合作用来说略为偏低，尤其在设施中作物光合作用旺盛时，空气中CO_2浓度则成为光合速率的限制因素。因此，提高空气中的CO_2的含量可增加光合作用的强度，促进更多的光合产物积累，为高产打下基础。在空气中CO_2浓度降低的情况下，叶片光合吸收与呼吸释放的CO_2达到动态平衡时的CO_2浓度，称为CO_2补偿点。当空气中CO_2浓度超过补偿点后，叶片开始吸收CO_2；外界CO_2浓度越高，叶片吸收的速率越快，光合强度也越大。但当CO_2浓度继续上升时，CO_2的吸收量会越来越少，最后停留在一定水平上，此时的CO_2浓度称为CO_2饱和点。

作物的CO_2饱和点和补偿点因种类而异，饱和点为1300～1622 mg/L，补偿点为42～69 mg/L。在饱和点时，不同特种蔬菜的光合速率差别比较大，此时光合速率较高的特种蔬菜，利用CO_2能力较强；在保护地栽培中增加CO_2浓度利于提高产量。需要强调的是增加田间CO_2浓度，还可弥补光强不足、温度过低造成的光合能力下降问题。

4.水分

水分是植物光合作用的原料之一，水分的多少直接影响到光合速率。植株轻度缺水，就能引起光合速率的降低。而缺水对光合的影响要远远大于对呼吸的影响。

水分对光合的影响与植株的蒸腾密切相关。当水分缺少时，植株随蒸腾失水，膨压降低，导致气孔张开度减少，光合强度降低。此外，叶片中水分含量的变化，也直接影响叶绿体的水分含量，进而影响叶绿体膜的结构，缺水会导致叶绿体光化学活性明显降低。

当轻度缺水时，供水能使光合能力在较短的时间内恢复到原来的水平。此时，光合的变化与叶片水势的变化大体平行。当严重缺水时，供水虽然能使叶片水势得到恢复，但光合能力却恢复不到原来的水平。由此可见，保持水分的正常供应是保证光合作用正常进行的必要条件。

5.*矿质营养*

许多矿质营养是光合系统酶的组成部分，或是光合器官生长的重要营养，矿质营养供应不足时，叶片的光合作用就会下降。

氮是核酸、蛋白质、叶绿素等有机物质的组成部分，对光合作用的影响很大。许多研究认为，叶片中含氮量与光合作用呈正相关。植株缺氮时，首先引起叶绿体结构、光合电子传递链、色素等发生变化。同时，氮供应不足还会降低植株的光饱和点。磷参与光合作用的暗反应，通过光合磷酸化作用将光能转化为化学能。叶片中钾含量高，可以促进气孔开放和物质转运，增强希尔反应和光合磷酸化活性，从而促进光合作用。当植株缺钾时，希尔反应和光合磷酸化活性降低，叶片中光合产物的转运受阻，有机物积存于叶片中，叶片加速老化，光合能力降低。缺钾还会使叶片中 RuBP 羧化酶的活性降低，进而使光合强度减弱。镁是叶绿素的组成成分，镁含量的多少与叶绿素含量和活性密切相关。据研究，叶片中含镁量为 50～200 μg/g，光合速率随镁含量的增加而提高。镁还是一些参与光合作用重要酶的活化剂，如 1,5-二磷酸核酮糖羧化酶等。因此。植株体内镁含量高，光合速率就高。此外，光合作用还与锰、钼、硼等微量元素有关。

(三)光合产物的消耗

光合产物的消耗主要包括呼吸消耗和病虫消耗等。据研究，在一昼夜内整个植株(包括光合组织和非光合组织)的呼吸消耗占 20%～30%或者更多。如果环境条件良好，肥水充足，昼夜温差大，呼吸消耗的量还会少些。呼吸作用的适温(30～40 ℃)比光合作用的适温(25 ℃左右)高，所以在保护地生产中减少消耗的主要措施是根据天气情况调节温度。当冬季和阴雨天光合作用不能顺利进行以及夜间不进行光合时，温度不可过高。露地栽培时注意通风透光，如密度过大，通风不良，夜间散热，群体内温度偏高，也会增加呼吸的消耗。

作物除了一般的正常呼吸(也称暗呼吸)以外，还有光呼吸。光呼吸是一个氧化过程，被氧化的底物是乙醇酸，它把叶绿体在光合过程中形成的乙醇酸氧化分解成二氧化碳释放出去，把光合中刚刚同化的产物又消耗了一部分。光呼吸释放二氧化碳量占光合固定二氧化碳量的 20%～30%，也就是把光合作用固定的 1/4 左右的碳又变成二氧化碳释放出去。

(四)光合时间

其他条件相同时，适当延长光合时间会增加光合产物，对增产有利，光合时间与内外条件相关。在外界条件中，光合时间主要取决于一天中光照时间和生长期的长短。在蔬菜生产中，掌握适宜的播种期，采用育苗移栽技术使产品器官的形成期处于适宜的生态条件下，以及秋延后栽培技术等，延长作物的生育期，都是行之有效的措施。为了充分利用一天中的有效光合时间，生产中要注意畦的方向和形式。保护地栽培中当阳光不足或日照时间过短时，还可以利用人工补光，延长光合时间，增产效果显著。

从作物本身考虑，光合时间与叶片寿命(特别是壮龄叶的寿命)密切相关。因此生产上防止生育后期叶片早衰也是延长光合时间的有效措施。

(五)光合产物分配和利用

光合产物分配与经济产量关系密切。在有较多光合产物积累的基础上，改善光合产物的分配利用，是提高经济产量的重要途径和最经济的途径。影响光合产物分配的内因主要包括作物遗传性、叶位、“库”大小等；外因主要包括温度、水分、光照、栽培措施等。

1. 作物遗传性

光合产物的合理分配与经济系数相关，而同一作物不同品种的经济系数也不同。育种工作应将经济系数作为选育高产品种的重要指标之一。果菜类蔬菜中，如该品种连续坐果性能好、坐果率高，通常都是光合产物的分配比较合理，有较多的光合产物分配到果实中去的结果。

2. 叶位

植株不同叶位的叶片，在碳水化合物的分配与运输中起着不同的作用。研究表明，番茄靠近花序的叶片，其同化产物主要运输到花序中。其他果菜类也有类似的研究报道。

3. “库”大小

果菜类特种蔬菜果实发育时，对光合产物的分配有明显的影响，如茄果类特种蔬菜结果后，随着果实生长速率加快，茎、叶的生长速率则降低。如田间管理不当，一则肥水过大可能引起植株茎叶徒长，造成落花落果；二则肥水不足，结果后引起坠秧。

4.温度

在一定的温度范围内，非同化器官(C)与同化器官(F)的比值 C/F，一般随温度的升高呈减小的趋势，随温度的降低呈增加的趋势。这是因为在较高的温度下，光合产物向叶片的分配率高，叶面积迅速扩大，随着叶面积的继续增大及呼吸的增强，光合产物的生产量逐渐降低，所以在生育初期适当提高温度，使 C/F 减少，对光合产物的生产有利。但当叶面积扩大到一定的程度后，适当降低温度，延迟叶片的衰老，有利于光合产物的再生产。温度过高时，分配到地上部的物质大部分消耗在叶柄和茎的伸长上，使植株徒长。

在保护地生产中，如果温度尤其是夜温过高，则分配到非同化器官茎和叶柄中的光合产物相对增多，造成徒长。如果植株处于刚开始坐果期，温度过高，光合产物大量分配到非同化器官中去，就会形成茎秆粗壮的徒长并造成大量落果。

5.栽培措施

栽培措施对光合产物的分配影响表现在很多方面。例如，过度密植使得群体内光照减弱，茎和叶柄伸长，对于物质积累不利。果菜类特种蔬菜的打杈、摘心等整枝措施，可减少幼嫩器官发育的消耗，延长了壮龄叶的寿命并使光合产物更多地分配到产品器官。支架形式和绑蔓方法都影响叶片的受光状态，进而影响干物质的生产和分配，特别是植株下部叶片的受光状态，关系到根系分配干物质的多少。

水分同样影响干物质的分配和再生产，如开花期与块茎膨大期遭遇干旱胁迫会使植物叶片气孔导度、净光合速率显著降低，叶片光系统Ⅱ的光化学猝灭系数、光能转换率显著降低，而非光化学猝灭系数显著升高，叶片生长过程产生抑制，光合产物降低，最终导致干物质积累量下降(王立为等，2023)，根与茎的木质化程度加重(尹能文等，2017)。

生产中氮肥施用过多，分配到地上部的光合产物比地下部多，影响根系发育，增施钾肥促使分配到地下部的物质增多。磷不足时妨碍新叶的发生，也会造成同化物质分配上的改变。果实是磷的重要“库”，在施用充足磷肥的基础上增施氮肥，可促进磷向果实及枝叶中运输并增加磷的总吸收量。

综上所述，光合作用是取得丰产的主要生理基础，一切增产措施都要从改善光合性能上着眼。上述光合性能的五个方面是相互联系的。在分析光合性能时，既要全面考虑、综合研究，又要分析在不同条件下影响产量的主次因素，以解决关键问题。在光合性能分析要防止表面性。从经济产量与光合性能之间的关系上看，光合面积、光合能力、光合时间和光合产物的分配利用，与产量呈正相关，彼此之间也是相辅相成的。

第三章　特种蔬菜的种子和育苗

种子是重要的生产资料，育苗是包括特种蔬菜在内的各种蔬菜生产重要环节。特种蔬菜作为蔬菜大类的一个组成本分，从种子及育苗这个尺度来说，除了种子表型性状等微小差异外，与一般蔬菜差异极其有限。因此，本章从一般蔬菜的种子和育苗角度出发进行阐述，仅对于特种蔬菜的个别特异之处进行单独描述。

第一节　特种蔬菜种子质量鉴定

蔬菜种子的概念、种子质量构成要素、各种蔬菜种子的发芽特性及幼苗生长特性是蔬菜栽培的基础知识，蔬菜种子播前处理技术和蔬菜各种育苗技术，是蔬菜栽培的基础技术。

一、蔬菜种子的概念和类别

特种蔬菜种子是用于生产蔬菜的种子，分为常规种子和杂交种子。蔬菜常规种子是本身通过自然规律多代选种繁育出来的，而蔬菜杂交种子是两个不同的亲本杂交所产生的种子，品种特性发生了改变。种子是整个植物界从低等的菌藻植物到高等的种子植物长期系统演化的产物。种子这种繁殖器官对植物的繁衍和传播具有特殊的优越性，所以能保证种子植物种群在各种不同的生态位下广泛地分布和长期生存。

(一)蔬菜作物种子的重要性

蔬菜种子是农业生产中有生命的最基本的生产资料，是种植业赖以延续的基础。在长期的生产实践中，人们创造了选种技术，选出了大量的优良品种，它们是人类文明的宝贵遗产，正是依靠种子，各种种植活动才能年而复始地得以进行。

蔬菜种子是农业科技的重要载体，是蔬菜增产优质的内因。在农业生产中施肥、灌水、田间管理等增产措施，都必须通过良种才能发挥作用。除种子外，各种增产措施的运用总有一定的局限性。如施肥量、灌水次数与数量、农药的喷洒等都是有限量的，唯独品种改良具有巨大的增产潜力。

优质蔬菜种子是培育壮苗，获得高产优质蔬菜的前提，也是扩大再生产的基础和前提。种子发芽是植株生长发育和分化的起点，从种子吸水吸胀开始，经种胚生长、露出胚根，直至长出胚芽或幼苗。发芽的好坏取决于种子的活力，以及发芽过程中种子内部的生理生化状态和环境条件等。

(二)蔬菜作物种子的概念和类别

种子的概念有狭义和广义之分。

狭义的种子即植物学上的种子，是指由胚珠发育形成的有性繁殖器官，是植物繁殖的最高形式。为适应传播与繁殖的需要，种子通常由种皮、胚与胚乳 3 部分组成。种皮是包被在种子外面的保护组织；胚乳(或子叶)是供种子萌发时利用的营养物质的贮藏库；胚是期待发育的植物原始体，是遗传信息的贮存机构，像一部极完备的微型电脑自动控制系统，在环境条件适宜时萌发、生长、发育、开花结实——形成新的种子。

广义的种子泛指农业生产中的各种播种材料，是最基本的生产资料。为了区别于植物学上的种子，应称为“农业种子”。在习惯上，农业工作者为了方便起见，统称为种子。世界各国所栽培的作物，包括农作物、园艺作物、牧草和森林树木等种类，播种材料种类繁多，蔬菜播种材料有真种子、果实、营养器官、菌丝或孢子、人工种子 5 类。

1.真种子

真种子(true seed)即植物学上所指的种子。如豆类蔬菜中的豇豆、菜豆、大豆，白菜类的大白菜、甘蓝，瓜类的西瓜、黄瓜，茄果类的番茄、茄子、辣椒等的种子。

2.果实

果实(fruit)由胚珠与子房形成，作为播种材料的果实是类似种子的干果。某些作物的干果，成熟后不开裂，可以直接用果实作为播种材料。如藜科的菠菜、叶恭菜，菊科的莴苣、茼蒿，伞形科胡萝卜和芹菜的双悬果等。其中，菊科和伞形科的果实在外形上和真种子也很类似。

3.营养器官

许多根茎类作物具有自然无性繁殖器官。如甘薯的块根、马铃薯和菊芋的块茎、芋和慈姑的球茎、葱和蒜的鳞茎等。这些作物有的虽也能开花结实，但在生产上一般均利用其营养器官(vegetative organ)种植,以发挥其特殊的优越性。只有在进行杂交育种等少数情况下,才直接用种子作为播种材料。

4.菌丝或孢子

蘑菇、香菇、平菇等食用菌可以通过组织分离或孢子分离方法获得纯菌丝体(mycelium)或孢子(spore)进行菌种扩大繁殖,然后用于栽培生产。孢子也是蕨类蔬菜的繁殖体。

5.人工种子

人工种子(artificial seed)是指将植物离体培养中产生的胚状体,主要指体细胞胚,包裹在含有养分和具有保护功能的物质中而形成,在适宜条件下能够发芽出苗,长成正常植株的颗粒状。人工种子也可称为合成种子、人造种子或无性种子。由于人工种子与天然种子非常相似,都是由具有活力的胚胎与具有营养和保护功能的外部构造(相当于胚乳和种皮)而构成适于播种或繁殖的颗粒体,因而得名为人工种子。由于天然种子的繁殖和生产受到气候季节的限制,并且在遗传上会发生天然杂交和分离现象,而人工种子在本质上属于无性繁殖,因此具有许多优点:它可用于自然条件下不结实或种子很昂贵的特种植物的快速繁殖;其繁殖速率快,如:用一个体积为12 L的发酵罐生产胡萝卜体细胞胚,可在20 d制作1000万粒人工种子,供几十公顷地种植;通过人工种子途径还可固定杂种优势,使F_1代杂交种多代使用等。

二、蔬菜种子的形态与结构

种子的形态结构是鉴别蔬菜种类和品种的重要依据,与蔬菜种子清选、分级及安全贮藏有密切关系。种子的大小、整齐度和饱满度与播种品质有一定关系,可以根据蔬菜作物种子的千粒重推算田间播种量。因此,掌握各种蔬菜种子形态特征的基本知识,具有十分重要的现实意义。

(一)种子的外部形态特征

1.种子的形状

常见的蔬菜种子的形状有球形(如豌豆)、椭圆形(如大豆)、肾脏形(如菜豆);还有扁卵形、齿形和盾形等。此外,还有细小如鱼卵的苋菜种子,带坚刺如菱角的菠菜种子。

2.种子的表面特征

蔬菜种子的表面常有一定的特征,如光洁度、沟、棱、毛刺、网纹、蜡质、突起物等。例如,菜豆种子的表面有光泽,番茄种子表面有银色的茸毛,洋葱种子表面凹凸不平,苦瓜种子有浮雕状花纹等。这些特征都是可靠的可遗传性状,可以用来进行蔬菜种类的鉴别。

3.种子的颜色

种子的颜色指种皮或果皮色泽。种子因含有各种不同的色素,往往呈现不同的颜色,有黄、褐、黑、灰、紫、红、白、杂色等。

4.种子的大小

种子的大小常用籽粒的平均长、宽、厚或千粒重来表示。生产上用千粒重作为衡量种子品质的主要指标之一,它与播种量、播种方法、种子的播种前处理及幼苗生长密切相关。不同蔬菜种子大小的差异悬殊,通常分为很大粒、大粒、中粒、小粒、很小粒等级别。很大粒种子的千粒重大于1 kg,如佛手瓜、大刀豆、蚕豆、莲子等;大粒种子的千粒重在100～1000 g,如扁豆、菜豆、豌豆、豇豆、印度南瓜、中国南瓜、美洲南瓜、苦瓜、普通丝瓜等;中粒种子的千粒重在10～99.8 g,如黄瓜、普通甜瓜、瓠子、青皮冬瓜、网纹甜瓜、落葵、芦笋、牛蒡、蕹菜根用甜菜,叶用甜菜等;小粒种子的千粒重在1～9.9 g,如甜椒、番茄、茄子、芜菁、结球甘蓝、萝卜、花椰菜、大白菜、芥菜、球茎甘蓝、大葱、韭葱、洋葱、韭菜、小茴香、莴苣、胡萝卜等;很小粒种子的千粒重小于1 g,如芥菜、苋菜、马铃薯、芹菜、荠菜、豆瓣菜。

同一蔬菜种类不同品种间千粒重存在差异,种子千粒重的范围,番茄为2.5～3.4 g,黄瓜为16～30 g,花椰菜为2.5～4 g,甜(辣)椒为4.5～7.5 g,结球甘蓝为3.3～4.5 g,芹菜为0.4～0.5 g,茄子为3.5～7 g,白菜类为2.5～4 g。

5.主要蔬菜种子的主要形态特征

(1)十字花科　十字花科蔬菜种子系弯生胚珠发育而成,种子大小中等或较小,形状可自扁球形、球形至椭圆形不等,色泽有紫、红褐、深紫至黑色,种皮表面有极细的网纹结构,无胚乳,胚呈镰刀状,子叶呈肾形,每片子叶呈折叠状,分列于胚芽两侧。

(2)葫芦科　葫芦科蔬菜种子系倒生胚珠发育而成,属于大粒或较大粒种子。形状自纺锤形、卵形、椭圆形至广椭圆形,色泽自纯白、淡黄、红褐直至黑色,为单色或杂色。发芽孔与脐相邻合点在脐的相对方向,有明显的种喙,喙平或倾斜。种子边缘有翼或无种翼,胚直形,无胚乳,子叶肥大,富含油脂。

(3)茄科　茄科蔬菜种子系弯生胚珠发育而成。种子扁平,形状自圆形至肾形不等,色泽自黄褐至红褐,种皮光滑或被茸毛,胚乳发达,胚埋在胚乳中间,卷曲成涡状,胚根突出于种子边缘。

(4)豆科　豆科蔬菜种子系倒生胚珠发育而成,属大粒种子,形状有球形、卵形、肾形及短柱形,种皮坚韧光滑或皱缩,种皮颜色因品种而异,有纯白、乳黄、淡红、紫红、浅绿、深绿及墨绿等各种颜色,单色或杂色,具斑纹,无胚乳,胚直形或稍弯曲,有两枚肥大子叶,富含蛋白质和脂肪。

(5)百合科　百合科蔬菜种子系倒生胚珠发育而成,形状为球形、盾形或三角锥形,种皮黑色,坚硬、平滑或有皱纹,单子叶,有胚乳,胚呈棒状或弯曲呈涡状,埋藏在胚孔中。

(6)伞形科　伞形科蔬菜种子属双悬果,由两个单果组成。果实背面有肋状突起,称作果棱。棱下有油腺,各种伞形科种子都有特殊芳香油,每一单果含种子一粒,胚位于种子尖端,种子内胚乳发达,双悬果为椭圆体,黄褐色。

(7)黎科　黎科蔬菜的果实,在蔬菜栽培学上通称为种子。黎科蔬菜果实外披坚厚的果皮,花萼宿存或部分果皮细胞突起,成为果实表面的刺棱。果实为多角形、菱形、球形等,果实较大,每一果实内有一粒种子,系有胚乳种子,胚弯曲成环状,周围被胚乳所填充,外胚乳发达。其中,有刺菠菜,果实为单果,较大,近菱形或多角形,灰褐色,果实表面有刺,果皮硬。无刺菠菜,不规则形或球形,灰褐色,果皮硬;菜用根甜菜:聚合果,一般由三个果实结合成球状,表面多皱褶,灰褐色。

(8)菊科　菊科蔬菜种子在植物学上属于瘦果,栽培学上以果实作为种子使用。菊科蔬菜种子较小,果皮坚韧,果实扁平,形状自梯形、纺锤形至披针形。果实表面有纵行果棱若干条,基部有明显的果脐。每一瘦果内含一粒种子,种皮膜质、极薄,容易与果皮分离,无胚乳或仅少量胚乳,种子系直生胚珠发育而成,子叶肥厚。

(9)苋科　苋菜种子为扁卵形至圆形,边缘有脊状突起,种皮黑色具强光泽,在解剖镜下观察,种皮上有不规则的斑点,有胚乳,胚弯曲成环状,中间及周围被胚乳所填充。

(10)番杏科　番杏,近棱锥形,底面为菱形,其上四角隆起,灰褐色。

(11)落葵科　落葵,壶状,种面具密浅皱,黑色,具硬壳。

(12)锦葵科　锦葵科蔬菜种子呈桃形或肾形,种皮坚硬,呈灰褐色、红色或黑褐色,有茸毛或无茸毛,无胚,有胚乳,胚部有子叶一对,但很薄呈多层褶叠状。其中,黄秋葵种子呈短肾形,种皮坚硬,蓝黑色,脐面黑色呈纺锤状且与种子同一平面,通常因脐面尚有珠柄残余留存而致使脐面部分突起,种子内二片子叶相互重叠,胚轴和胚芽全部被子叶包裹,种子内还有胚乳残余,即在子叶褶叠的间隙及子叶的外面有一层薄膜及局部突起填充其间;冬寒菜种子呈肾形,种皮黄灰色,种子侧面呈楔形，一边厚，另一边薄，轮廓明显，每一侧面上有发芽孔发出的放射线状种棱10条，脐面有脐冠，种子内有胚乳残余物。

(13)旋花科　蕹菜，四分之一球形，褐色，表面被白色茸毛，光泽暗。

(14)禾本科　禾本科蔬菜的种子实际上是一种果实，称为颖果。其果皮与种皮附着在一起，不易分离。胚位于颖果基部向外稃的一面，呈圆形或卵形凹陷。如甜玉米，形状似普通玉米，但多皱褶，半透明。

(二)种子的基本结构

种子是由种皮和胚组成的，种皮具有保护作用，而胚是由胚根、胚芽、胚轴和子叶组成(图3-1)。在种子萌发的过程中，胚根发育成植物的根，胚芽发育成植物的茎和叶，胚轴伸长发育成连接茎和叶的部分，所以植物体是由植物的种子的胚发育成的，胚是种子最重要的部分。

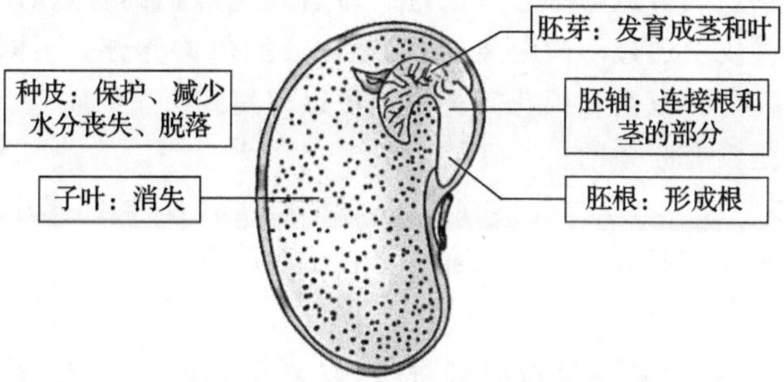

图3-1　种子的结构组成

1.种被

种被由果皮和种皮组成，起保护作用，成熟后细胞死亡，内含物消失，只留下细胞壁。种皮(果皮)是包围在胚和胚乳外部的保护组织，它们的薄厚、结构的致密程度、细胞壁的加厚程度及所含的各种化学物质(单宁、色素等)，都会影响到种子的休眠、寿命、萌发和干燥。果皮和种皮的表面特征，如光滑程度、有无表皮毛、花纹、颜色等，是种子鉴别、清洗和加工的依据。

果皮是由子房壁发育而来，分内、中、外3层。种皮分内、外两层，内种皮由内珠被发育而来，往往较薄，外种皮则由外珠被发育而来，往往厚而坚韧，保护功能强，但有时也会妨碍萌发，故播种硬壳种子时，常需人工破坏种皮以促进萌发。种皮是一些无原生质的死细胞，细胞间有许多孔隙，使种皮形成多孔结构。种皮外表的蜡质、角质、表皮毛等结构加强了种皮的保护功能。种皮上常常有如下可分辨的结构：

（1）种脐　是种子成熟后从珠柄上脱落所留下的疤痕。其颜色和种皮不同，形状、大小亦因植物种类而异。种脐的性状是鉴定和区别品种的重要依据。有些种子实际上是植物学上的干果，如禾本科的颖果、菊科和蓼科的瘦果，只能看到果脐。豆类植物的种脐最为明显，是鉴别种子的重要依据。

（2）种孔　即胚珠时代的珠孔。种子发芽时，种孔是水分进入种子的主要通道，也是胚根、胚芽伸出种皮的通道，故又叫发芽孔，它的位置正好位于种皮下面的胚根尖端。当种子发芽时，水分首先从这个小孔进入种子内部，胚根细胞很快吸水膨胀，就从这个小孔伸出。豆类植物吸胀后，用手挤压，可见有水从种孔渗出，非常明显。

（3）种脊　又称脐条或种脉，有些种子在种皮上能明显看到自种脐到胚珠基部有一条隆起的脊状棱即种脊，其内含有一条缠绕种子的细长维管束，它是倒生或半倒生胚珠从珠柄通到合点的维管束遗迹。维管束从珠柄到合点时，不直接进入种子内部而先在种皮上通过一段距离，然后至珠心层供给养分。不同类型植物的种子，其脐条长短不同；豆类和棉花等种皮上可以观察到明显的脐条。由直生胚珠发育而来的种子是没有脐条的。

（4）脐褥或脐冠　有些植物的种子，从珠柄脱落时，珠柄的残片附着在脐上，这种附着物称为脐褥或脐冠，如蚕豆、扁豆等种子有脐褥。

2.胚

胚（embryo）是种子内最重要的部分，是新植物的原始体，它由受精卵发育而成。

（1）胚的形态　植物的胚在种子内存在的形态也往往不同，可分为以下几种类型：①直立型。胚轴、胚根和子叶与种子纵轴平行，如葫芦科的黄瓜、西瓜等，菊科植物的莴苣、菊苣等。②弯曲型。胚根和胚芽弯曲呈钩状，如豆科植物的豇豆、菜豆等。③螺旋型。子叶与胚盘卷成螺旋形，如茄科植物的番茄。④环型。胚细而长，且沿种皮内层绕一周呈环状，如藜科的菠菜、苋科的苋菜。⑤折叠型。子叶发达，折叠数层，充满于种皮内部，如锦葵科的冬寒菜。⑥偏在型。胚较小，位于胚乳的侧面或背面的基部，如禾本科的笋、玉米等。

（2）胚的结构　无论胚在种子内存在的形态如何，都由胚芽、胚轴、胚根和子叶4部分组成。①胚芽。胚芽长成地上部分，它是叶、茎的原始体，位于胚轴的上端，它的顶部就是茎的生长点。在种子萌发前，胚芽的分化程度是不同的，有的在生长点基部已形成一片或数片初生叶，有的仅仅是一团分生细胞。②胚轴。又称胚茎，是连接胚芽和胚根的过渡部分。双子叶植物子叶着生点和胚根之间的部分，称为下胚轴；子叶着生点以上称为上胚轴。有些种子萌发时，随着幼根和幼芽的生长，其下胚轴也迅速伸长，因而把子叶和幼芽顶出土面，如大豆、番茄等，这种幼苗出土方式称为子叶出土型。有的在发芽时，胚芽显著生长，下胚轴仍很短，且子叶残留在土中，如蚕豆，豌豆等，这种幼苗出土方式称为子叶留土型。③胚根。胚根长成地下部分，又称幼根，在胚轴下面，为植物未发育的初生根，有一条或多条。在胚根中已经可以区分出根的初生组织与根冠部分；在根尖有分生细胞，当种子萌发时，这些分生细胞进行迅速生长和分化而产生根部的次生组织。④子叶。即种胚的幼叶，具一片（单子叶植物称内子叶、子叶盘或盾片）、两片（双子叶植物）或多片（裸子植物）。子叶和真叶是不同的，子叶常较真叶厚，叶脉一般不明显。双子叶植物种子的胚芽着生于两片子叶之间，子叶起保护作用。出土的绿色子叶又是幼苗最初的同化器官。子叶贮藏营养物质，供发芽用。

3.胚乳

胚乳（endosperm）是由受精的极核发育而来的，为三倍体，又称为内胚乳，如番茄种子的胚乳包裹在胚的外面，贮藏有丰富的营养物质，对幼苗健壮程度有着直接的影响。有些植物的种子还有外胚乳的存在，它是由珠心层细胞直接发育而来，如生姜、菠菜就具有发达的外胚乳，与内胚乳同时存在。

有些植物的胚乳在种子发育过程中被胚吸收而消耗殆尽，仅留下一层薄膜，因而成为无胚乳种子。在无胚乳种子中，营养物质主要贮藏在胚内，尤其是子叶中，如豆科、葫芦科、蔷薇科及菊科植物种子。一般根据种子在成熟时有无胚乳可将种子分为有胚乳种子和无胚乳种子两类。胚乳中贮藏的营养物质主要是蛋白质、淀粉和脂类，根据这些主要成分又可将种子分为蛋白质类、淀粉类和脂类种子。

（三）种子的寿命

蔬菜种子的寿命是指种子能保持其生命力的年限。种子寿命的长短，取决于本身的遗传特性，包括果皮和种皮的组织结构和化学成分、种子个体生理成熟度及完整度；同时也受贮藏环境的空气相对湿度、温度、种子堆内氧气状况、微生物等条件的影响。例如，番茄种子在室内贮藏3～4年后的发芽率只有85%，而在含水量为5%的情况下，密闭贮藏5年后的发芽率仍有89%。

种子寿命与它在农业生产上的使用年限有密切关系。同时，不同类型种子之间其寿命和使用年限存在较大差异（表3-1）。种子使用年限是指种子能保持80%以上发芽率的年限。蔬菜种子的寿命越长，生产的利用年限也越长。

表 3-1　一般贮藏条件下蔬菜种子的寿命及使用年限　　年

蔬菜	寿命	使用年限	蔬菜	寿命	使用年限
大白菜	4～5	1～2	番茄	4	2～3
结球甘蓝	5	1～2	辣椒	4	2～3
球茎甘蓝	5	1～2	茄子	5	2～3
花椰菜	5	1～2	黄瓜	5	2～3
芥菜	4～5	2	南瓜	4～5	2～3
萝卜	5	1～2	冬瓜	4	1～2
芜菁	3～4	1～2	瓠瓜	2	1～2
根芥菜	4	1～2	丝瓜	5	2～3
菠菜	5～6	1～2	西瓜	5	2～3
芹菜	6	2～3	甜瓜	5	2～3
胡萝卜	5～6	2～3	菜豆	3	1～2
莴苣	5	2～3	豇豆	5	1～2
洋葱	2	1	豌豆	3	1～2
韭菜	2	1	蚕豆	3	2

种子在以下贮藏条件下使用年限较长：一是种子在充分成熟后收获，收获后及时干燥；二是种子必须保存在干燥、低温、干净的贮藏环境，常年室温变化较小；三是种子贮藏时一定要达到安全水分；四是贮藏容器以密封的铁桶、缸、钵最好，内加一定量的干燥剂。

三、蔬菜种子的发芽特性

风干后具有生命力的种子的一切生理活动都很微弱，生长几乎完全停止或处于休眠状态，但当造成休眠的因素解除之后，种子的胚由休眠状态转为活动状态，开始生长进而突破种皮，发育成为新个体，这个过程称为种子萌发或种子发芽。从形态上来讲，发芽指种胚开始生长，胚根、胚芽突破种皮向外伸长的现象。

(一)种子的发芽条件

种子萌发是指种子从吸胀作用开始的一系列有序的生理过程和形态发生过程。种子萌发首先必须具备一些内在条件，如要种子发育完全，种子已通过休眠阶段，种子本身要完好，无霉烂破损。具备了这些内在条件的种子再在适宜的外界条件下，就能顺利萌发长成幼苗。影响种子萌发的主要外因有水分、温度、氧气、光照等。

1.水分

水分是种子萌发的关键因子，是种子萌发的第一条件。水分不足是健全种子不能萌发的主要原因，水分的作用是种子吸水使种皮膨胀软化，增加物质透性，氧可透过种皮，进入种子内部，从而保证幼胚进行强烈呼吸，利于胚根、胚芽突破种皮。种子细胞内自由水含量上升，使原生质从凝胶转化为溶胶，使酶活化，细胞器结构恢复，呼吸、物质转化与运输等新陈代谢加强，加速萌发进行。风干种子虽然含有5%～13%的水分，但是这些水分都属于被蛋白质等亲水胶体吸附住的束缚水，不能作为反应的介质。只有吸水后，种子细胞中的原生质胶体才能由凝胶转化为溶胶，使细胞器结构恢复、基因活化、转录萌发所需要mRNA并合成蛋白质。水参与复杂贮藏物质分解，并可促使可溶性物质输送到胚中，为幼芽、幼根生长，为形成新细胞，提供足够物质与能量。

种子吸水的程度和速率与种子成分、环境中温度及水分的有效性相关。含蛋白质较多的种子，因蛋白质具强烈的亲水性，吸水要超过干种子的重量时才能发芽，如大豆萌发时吸水量较多。一般淀粉和油料种子吸水达风干重的30%～70%即可发芽。脂肪是疏水性物质，所以含脂肪多的种子其吸水量也较少，如油菜、花生等。种皮透水容易的有十字花科、豆科、番茄、黄瓜等蔬菜种子；透水困难的蔬菜种子有伞形科、茄子、辣椒、西瓜、冬瓜、苦瓜、葱、菠菜等蔬菜种子。另外，种子萌发所需的吸水量，也与各种植物长期对某种环境的适应性及遗传性有关。

为加速种子萌发，在农业生产中播种前一般进行浸种催芽，播种后覆盖保持土壤湿润，以保证有充足的水分来促进种子的萌发。但是浸种时间长短依种子本身特点及外界条件而定。但在高温和土壤干旱时，不要轻易浸种，以免播种后吸胀种子水分向外倒渗而伤害种子。土壤中有效水含量高时有利于种子的吸胀吸水，而土壤干旱或在盐碱地中，种子不易吸水萌发。土壤水分过多，会使土温下降、氧气缺乏，致使种子进行无氧呼吸，产生二氧化碳和酒精而中毒，对种子萌发不利，甚至引起烂种、烂根和烂芽现象。种子在土壤中萌发所需要的水分条件以土壤饱和含水量的60%～70%为宜，这样的土壤用手握可以成团，掉下来可以散开。播种前整地、耙地，可调节土壤水气关系，使种子顺利萌发。

2.温度

种子的萌发是由一系列酶催化的生化反应引起的，因而种子萌发需要合适的温度。温度影响种子内部生理生化的酶反应，影响种子吸水和气体交换过程。

种子萌发对温度的需求表现出最低、最高、最适的温度三基点。它们依植物种类及原产地的不同而有很大的差异。多数植物种子萌发所需的最低温度为0～5 ℃,低于此温度则不能萌发;最高温度为35～40 ℃,温度过高也不能萌发;最适温度为25～30 ℃。一般来说,原产南方的蔬菜需要的温度较高一些,原产北方的蔬菜萌发要求的温度较低一些,这是植物长期适应环境,产生的酶系统有所不同的缘故。

种子萌发的最高、最低温是农业上决定播种期的主要依据,在最低温度时,种子能萌发,但所需时间长,发芽不整齐,易烂种;种子萌发的最适温度是在最短的时间范围内萌发率最高的温度。高于最适温度,虽然萌发速率很快,但发芽率低。低于最低温度或高于最高温度,种子都不能萌发。春播作物应选在温度高于最低温度播种,夏秋播种则应选在温度低于最高温度时播种。冬天播种时,气温低,可选用地膜覆盖来保温。不过也不能选在最适萌发温度时播种,因为在最适温播种时,种胚呼吸强烈,消耗大量养分,致使供给胚生长营养少,幼苗瘦弱,抗逆性差,故应注意选用比萌发最适温略低的温度,使幼苗生长快且健壮。

变温比恒温更有利于种子萌发。自然界中种子都是变温情况下萌发的,因为变温有利于某些基因活化及抑制物质浓度的降低或清除,有利于种皮胀缩与气体的内外交换。变温处理除了可促进种子萌发外,还起抗寒锻炼的作用。

3.氧气

休眠种子的呼吸作用很弱,需氧量很少,但种子萌发时,由于呼吸作用旺盛,就需要足够的氧气。一般氧浓度需要在10%以上,蔬菜种子才能正常萌发,当氧浓度在5%以下时,很多蔬菜种子就不能萌发。尤其是含脂肪较多的种子在萌发时需氧更多,如大豆、花生等种子。因此,这类种子宜浅播。一般土壤空气含氧量常在20%以上,但土壤黏重、积水、板结和土层过深时会出现供氧不足。因此,在蔬菜生产上,播种前要耕地、耙田、松土。播种后要浅灌、勤灌,这样才能保持土壤湿润,满足幼苗对水、氧的要求。若播后遇雨,要及时松土排水,改善土壤的通气条件,否则会引起烂种。

4.光照

对多数蔬菜作物的种子来说,如番茄、菜豆、黄瓜等,只要水分、温度、氧气等条件满足就能够萌发,萌发不受有无光照的影响,这类种子称为中光种子。中光种子的特性与人类长期选择有关。但有些植物种子,如莴苣、紫苏、芹菜、胡萝卜等,它们在有光条件下萌发良好,在黑暗中则不能发芽或发芽不好,这类种子称为需光种子。而另一类种子如葱、韭菜、苋菜、番茄、茄子、南瓜等在黑暗中反而发芽更好,这类种子称喜暗(或嫌光)种子。

光线对种子萌发的影响与光的波长有关。例如，吸水后莴苣种子的萌发可被 560～690 nm 的红光（R）促进；其中最大促进波长为 660 nm。而被 690～780 nm 的远红光（FR）抑制，其中最大抑制波长为 730 nm。当对莴苣种子用 R（600～660 nm）和 FR（700～750 nm）交替照射，且每次照射后取出一部分种子放在暗处发芽，发现其萌发情况决定于最后一次照射的光谱成分。如最后照射的是红光则促进种子萌发，最后照射的是远红光则抑制种子萌发。这一现象与光敏素有关，光敏素吸收了红光或远红光后，分子结构上就发生可逆变化，从而引起相应的生理生化反应。

（二）种子的发芽过程

种子萌发的过程可以分为吸胀、萌动、发芽和幼苗形态建成 4 个生长阶段。

1. 吸胀

吸胀（imbibition）即吸水膨胀，是种子萌发的基础阶段，直到吸水饱和，体积达最大。从一定意义上讲，种子吸胀是物理现象而非生理作用，因为死种子可以吸胀，活种子有时反而不能吸胀。所以，种子能否吸胀不能指示种子有无生命力。死种子吸胀常伴有水肿和假发芽现象。

干燥种子细胞液浓度高，细胞呈不规则状态。当种子浸入水中之后，很快吸水而膨胀，以前在细胞内已缩小的液泡，其体积增大，原生质水合程度增加。

根据种子吸收水分的过程可分为两个阶段：第一阶段为急剧吸水阶段，这一过程为 2～3 h；第二阶段为缓慢吸水阶段，这一过程为 5～10 h。经过后一阶段，种子吸水达到饱和状态。

吸胀后的种子，酶活性增强。在酶的作用下，贮藏物质水解为简单的化合物供胚吸收，内部的新陈代谢作用加强，细胞开始分裂。吸胀后的种子，其种皮或果皮软化，增强了通透性，使氧气能够进入胚或胚乳。

不过吸胀速度过快容易造成细胞机械损伤而使胞内物质大量流失，为此通过种子引发人为控制种子的吸胀速度。种子引发的原理是指控制种子缓慢吸水，使其停留在吸胀的第二阶段，即发芽前的状态，使得种子进行发芽前的生理生化代谢和修复准备（包括促进细胞膜、细胞器、DNA 的修复和酶的活化），但应防止胚根的伸出。种子引发有多种形式：如液体引发、基质引发、鼓式滚筒引发、生物引发、膜引发等。水引发一般是指先将种子在水中预浸，然后将种子放在相对湿度（RH）为 100％的密闭容器内培养。种子发芽前在高湿度空气中缓慢吸水而提高其水分，细胞膜、细胞器、DNA 等得到充分修复，生物酶充分活化，而促进了种子的生长发育，提高了种子活力。水引发方法实际就是“浸润-晾干”处理，依据“水合-脱水”

处理原理改良而来，有助于提高种子发芽势等各项种子萌发指标。

2. 萌动

萌动(protrusion)指胚根、胚芽向外突破种皮的现象，俗称“破嘴”或“露白”。萌动期间种子内部的生理生化变化开始旺盛，吸胀后种子酶活性增强，在酶的作用下，贮藏物质水解为简单的化合物以供胚吸收；内部的新陈代谢作用增强，细胞开始分裂。

进入萌动状态的种子，对外界条件的反应极为敏感。当外界条件发生了变化，或受到各种理化因素的刺激，某种生理过程就会失调，导致萌发停止或迫使进入第二次休眠。由于这个阶段的种子其内部生物化学变化已开始，故又称种子萌动阶段为生物化学阶段。

3. 发芽

种子萌动后，胚根胚芽迅速生长，当胚根胚芽伸长达一定长度时，称为发芽(germination)。过去传统习惯把胚根与种子等长、胚芽为根长一半的作为发芽标准。我国实施的《农作物种子检验规程　发芽试验》(GB/T 3543.4—1995)认定的发芽标准是萌发长成正常幼苗，已与国际标准接轨。

种子萌动后，胚细胞的分裂速率急剧加快，胚的体积迅速增大，最后胚根尖端突破种皮，顺着发芽孔外伸，开始生长。胚根微露时，种子吸水会再次增加，随着幼根的生长，种皮从发芽孔处裂开，露出弯折的胚轴，最后子叶顶端从种子长出展开，露出胚芽。此时，主根也已伸长，并有侧根发生。由于子叶的出现而发育成含有叶绿素的组织，依靠绿色的子叶开始进行光合作用，并从根部吸收无机营养，进入自养阶段，完成发芽全过程。种子进入这个阶段时，呼吸作用旺盛，新陈代谢活力达到盛期，释放的大量能量是幼苗出土的动力，此时种子已开始旺盛的生理活动，故这一阶段又称为生理阶段。

4. 幼苗形态建成

种子植物的幼苗是由种子中的胚发育来的。一粒种子除了胚之外，还有种皮，有些种子还有胚乳。胚乳是种子中的营养组织，是胚发育过程中可利用的营养物质。种子成熟时，如果胚乳只是部分被利用，这样的种子就是有胚乳种子，如胡萝卜、辣椒、葱等。裸子植物的种子绝大多数是有胚乳的。如果胚乳全部被消耗，这样的种子则为无胚乳种子，它的营养物质多贮存在子叶中，如各种豆类、瓜类等。一粒种子中成熟的胚包括子叶、胚轴(下胚轴)、胚芽、胚根四个部分。在适宜的条件下，便开始萌发，首先是胚根突破种皮，从种孔伸出后伸入土中，形成幼苗的主根系统。接着下胚轴伸长，把子叶带出土面，这称为出土萌发。如果下胚轴不伸长，子叶则留在土里，这称为留土萌发。最后胚芽萌动，产生地上茎叶系统。这样，一粒种子中成熟的胚就发育成为一株植物的幼苗。

种子发芽后，进入幼苗形态建设(morphochoresis)阶段。依据子叶发展趋向分为子叶出土型和子叶留土型。子叶出土型的子叶能保护幼芽，并进行光合作用，但顶土力弱，子叶受损，影响幼苗生长甚至开花结实，如白菜类、瓜类、根菜类、绿叶菜类、茄果类、豆类中的豇豆、菜豆等。子叶留土型蔬菜幼苗顶土力强，易出苗，如豆类中的蚕豆、豌豆。

四、蔬菜种子的质量及其鉴定

种子是重要的农业生产资料，种子质量优劣不仅影响农作物的产量，还影响农作物的品质。只有优良的种子配合适宜的栽培技术，才能发挥良种的优势，获得高产、稳产和优质的农产品。种子质量是决定种植业收成的关键，无生活力的种子只能是有种无收，浪费人力和物力。劣质种子给予的条件再优越也难以获得丰产。中国加入世贸组织后国际国内的竞争加剧，种子质量是企业在市场竞争中取胜的重要因素。与一般商品质量相比，种子质量影响更长久、更深远、更广泛。亲本或原种质量不高往往造成连续数年种子质量的低下，并造成减产。种子质量的影响往往要到收获时才表现，会影响到农民今后持续一年的生活和经济效益。种子质量不高，往往是一大批，影响面较广，直接关系到社会的稳定和人民的生活。因此，应充分认识种子质量的重要性。

蔬菜种子的质量及其鉴定是指采用科学的技术和方法、按照一定的标准、运用一定的仪器设备，对种子质量进行分析测定，判断其优劣，评价其种用价值。这个质量控制过程贯穿于蔬菜种子的生产、加工、销售各环节。收购时主要检验种子纯度、净度、发芽率、水分及健籽率等。种子精选入库后，还需检验千粒重、病虫害等。播种前主要检验种子发芽率。种子检验的作用是保证种子质量，增加作物产量；防止病虫、有害杂草的传播蔓延；保证种子贮藏、运输的安全；提高种子信誉，提高竞争能力；贯彻优质优价政策。检验的具体方法应按国家标准，即《农作物种子检验规程》(GB/T 3543－1995)进行，该规程由7个标准构成，分别是：总则、扦样、净度分析、发芽试验、真实性和品种纯度鉴定、水分测定、其他项目检验。其内容可分为扦样、检测和结果报告3大部分。

种子品质(seed quality)是由种子不同特性综合而成的概念，包括品种品质和播种品质两方面内容。品种品质(genetic quality)是指与遗传特征有关的品质，即种子内在品质，可用真、纯两个字概括。“真”是指种子真实可靠的程度，可用真实性表示，如果种子失去真实性，不是原来所需要的优良品种，其危害小则不能获得丰收，大则会延误农时，甚至颗粒无收。“纯”是指品种典型一致的程度，可用品种纯度表示。品种纯度高的种子因具有该品种的优良特性而可获得丰收。相反，品种纯度低的种子由于其混杂退化而明显减产。

播种品质(seeding quality)是指种子播种后与田间出苗有关的品质，即种子外在品质，可用“净、壮、饱、健、干、强”6 个字概括。“净”是指种子清洁干净的程度，可用净度表示。种子净度高，表明种子中杂质(无生命杂质及其他作物和杂草种子)含量少，可利用的种子数量多。净度是计算种子用价的指标之一。“壮”是指种子发芽齐壮的程度，可用发芽力、生活力、活力表示。发芽力、生活力高的种子发芽出苗整齐，幼苗健壮，可以适当减少单位面积的播种量。“饱”是指种子充实饱满的程度，可用千粒重和容重表示。种子结实饱满表明种子中贮藏物质丰富，有利于种子发芽和幼苗生长。种子千粒重也是种子活力指标之一。“健”是指种子健全完善的程度，通常用病虫感染率表示。种子病虫害直接影响种子发芽率和田间出苗率，并影响作物的生长发育和产量。“干”是指种子干燥耐藏的程度，可用种子含水百分率表示。种子水分低，有利于种子安全贮藏和保持种子的发芽力和活力。因此，种子水分与种子质量密切相关。“强”是指种子强健、抗逆性强、增产潜力大、产品质量优、经济效益高。

综上所述，种子检验的内容包括种子真实性、品种纯度、净度、发芽率(生活力)、活力、千粒重、种子水分和健康状况等。其中，纯度、净度、发芽率和水分 4 项指标为种子质量分级的主要标准，是种子收购、种子贸易和经营分级定价的依据。

所谓优质种子就是指种子具有本品种的特征、特性，且种子饱满、健壮，具有较强的生活能力。具体地说，优质种子应达到“五高”标准，即纯度高、净度高、饱满度高、发芽率高、发芽势高。

纯度高就是要求种子播种后，长出来的植株不仅要求各种性状符合本品种特征，还要求植株群体整齐一致。纯度是对种子最关键的要求。蔬菜品种一部分为常规品种，另一部分为 F_1代杂交种。F_1代尤其应具有较高的整齐度，否则既影响田间管理、收获换茬等，又影响产量和产值，甚至造成很大损失。

净度高是指种子中无破籽、烂籽、变质籽以及杂草种子和沙砾、土块等杂质。净度高不仅有利于降低购种成本，还有利于精量播种，保证发芽率。

饱满度高，即指优质种子应为粒大而饱满，无秕籽、瘦籽、小籽。因为这些秕籽、瘦籽、小籽往往胚胎发育不健全，有的不发芽，有的即使能发芽，出苗后也长势弱，抗性差，很易感病或发育迟缓。

发芽率高是指种子在适宜发芽的条件下，发芽种子数占全部供试种子数的百分率。发芽率高体现了种子使用价值高，这是判断种子是否合格、优良的最起码标志。

发芽势不同于发芽率，是指种子在具备发芽条件的情况下，在一定的天数内整齐发芽种子的百分比。发芽势高反映了种子健康、代谢旺盛、生命力强，是幼苗健壮整齐地生长的基础，也是优质种子的一个很重要指标。

随着蔬菜生产的高度集约化，蔬菜播种育苗的机械化、自动化的实现，优质种子显得越来越重要，它是实现精量播种、精准农业、高效农业的重要前提条件。

其计算公式如下：

纯度＝(样本总重－杂种子重量－杂质重量)/样本总重
净度＝(样本重－杂质重量)/样本总重
饱满度＝千粒重(每克种子粒数)
发芽率＝发芽种子粒数/总供试种子粒数
发芽势＝规定天数内发芽种子粒数/总供试种子粒数

(一)品种纯度检验

品种纯度和种子真实性是鉴定种子质量的首要指标。种子真实性是指一批种子所属种类品种与所附文件的说明是否一致。如不进行种子真实性检验，投入生产的不是所需种类、品种，往往会给农业生产带来不可弥补的损失。如蔬菜生产中，错将弱冬性的甘蓝品种当强冬性品种用作春甘蓝栽培，就很易发生未熟抽薹，严重的将会使整个生产损失殆尽。

品种纯度是指品种典型一致的程度，即样品中本品种的种子数(或植株数)占供检样品种子总粒数(或总株数)的百分率。品种纯度高的种子，保证了群体优良特性的一致性，能充分发挥品种的遗传潜力，得到高产优质的产品；而品种纯度低，则常常表现为植株生长不整齐，既减少优质产品的产量又延误农时。

品种纯度检验的方法有田间检验和室内检验两种。目前，纯度的检验仍以田间检验为主，室内检验为辅。

1.田间检验

田间检验应在品种特征表现最明显的时期进行，一般一年生作物分为苗期、开花期、果实成熟期3个阶段；二年生作物可分为苗期、食用部分发育初期、食用部分成熟期、抽薹期和开花期5个阶段。绝大多数蔬菜作物的食用部分成熟期是田间检验的关键时期，这些食用部分(器官)的形状、大小、色泽及其他特征特性是鉴别的主要性状。可计算本品种、异品种、异作物、有害杂草、感染病虫株数的百分率。

2.室内检验

品种纯度的室内检验，对保证原种和良种的质量也是很重要的。因为在原种的繁殖过程中，虽然逐株进行了鉴定，保证了原种是高纯度的，但是隔离条件、收获、脱粒、贮藏等方面，都不易得到绝对的保证。良种虽然直接用于商品生产，不影响下一代，但如果在良种采收或采收后的一系列过程中，发生了生物学混杂和机械混杂而未及时检验出来，同样会给生产带来不可估量的损失。

(1)传统鉴定技术　包括种子形态鉴定，用肉眼或借助放大镜观察种子的形状、大小、色泽、花纹和种皮表面结构特征(光滑与粗糙，有无突起，有无脊及多少，有无刺毛及多少等)。鉴定时须有标准品种种子彩色图谱及描述作依据。一般可以鉴定至种，少数可以鉴定至变种，个别的也可鉴定至品种。幼苗形态鉴定可利用幼苗形态鉴定法进行品种纯度检验。十字花科可利用子叶形态、真叶形状和茸毛以及颜色等性状。鉴定时，随机取 100 粒种子，2～4 次重复进行光照下发芽培养，待幼苗出现固有色泽和特征时，鉴定和计算品种浓度。此外，还有解剖鉴定，各种作物不同种或品种类型的种子，其种皮细胞结构、形态和大小等均有不同，据此可采用解剖法加以鉴别。例如，豆类种子可从种皮栅状细胞大小鉴别品种；十字花科芸薹属可根据纵切片和横切片细胞形状和大小鉴别不同的种；萝卜可根据第一层表皮细胞的形状、大小鉴别品种；葱类可根据表皮细胞的纹饰鉴别不同的种。

(2)现代鉴定技术　包括化学鉴定、荧光鉴定、电泳鉴定、高效液相色谱鉴定、分子生物学鉴定。

化学鉴定包括石炭酸染色法和愈创木酚法。石炭酸染色的原理是单酚、双酚、多酚在酚酶的作用下氧化成为黑素，由于每个品种皮壳内酚酶活性不同，在石炭酸作用下呈现深浅不同的颜色。该法主要适用于小麦和水稻。愈创木酚法的原理是豆类种子的种皮内有过氧化物酶，能使过氧化物分解而放出氧，使愈创木酚氧化而产生红棕色的 4-邻甲氧基酚，由于不同品种过氧化物酶的活性不同，溶液颜色也有深浅之分。碱液处理可用于十字花科种子真实性鉴定。取试样两份，各 100 粒，分别放在直径 8mm 的小试管中，加入 10%的 NaOH 或 KOH 溶液 3 滴，使种子浸泡在溶液中，然后将试管放在 25～28 ℃、2 h 后会显出不同的颜色，根据标准品种的显色情况统计本品种种子数，并计算品种纯度。

荧光鉴定的原理是利用紫外线具有光激发现象，即紫外线照射物体后将不可见的短光波转变为可见的长光波。其发光的持久性有两种类型：一种叫荧光现象，紫外光连续照射后物体能发光，当停止照射时，被激发的光也随着停止；另一种叫磷光现象，当紫外线停止照射后，激发生成的光在或长或短时期内可继续发光。由于不同种类或品种种子的组织结构和化学成分的不同，紫外线照射时发出可见光的颜色和紫外线停止后可见光持续的时间是不同的，可以用此原理来判断种子的品种纯度。

电泳鉴定最初采用淀粉凝胶电泳(SGE)。近年来发展到利用聚丙烯酰胺凝胶电泳(PAGE)以及等电聚焦(IEF)电泳技术。电泳法的基本原理是利用不同带电质点在一定电场中迁移速度不同进行分离。凝胶电泳除电荷效应外,还有分子筛效应,颗粒小、形状为圆球形的分子移动快,颗粒大、形状不规则的分子不易通过凝胶孔洞而移动缓慢。因此,不同大小、形状的分子就固定在支持物(凝胶)的不同部位,形成了一定的谱带。用电泳法鉴定品种纯度的关键是要找到本品种典型的标志谱带。

高效液相色谱鉴定电泳技术在多种作物纯度检测中得到广泛应用。对于那些亲缘关系较近的品种之间,如大白菜的一些品种,电泳法较难得到满意结果,而利用高效液相色谱法可得到理想结果。其原理是使具有一定遗传特性的品种蛋白质,在色谱上形成了保留时间和大小不同的峰构成的指纹,不同品种间遗传特性差异使其具有不同的图谱,从而把品种区分开来。

分子生物学鉴定技术的发展使种子纯度鉴定进入了基因水平,它以种子的DNA片段(基因)直接作为检测对象,有较高的准确性、稳定性和重复性。其中RFLP、PCR、PAPD、单克隆抗体等实验技术有较好的应用前景。

(二)种子播种品质检验

1.种子净度分析

种子净度(purity in weight)是指样品中除去杂质和其他植物种子后,留下的本作物(种)净种子重量占种子样品重量的百分率。

种子的净度是种子播种品质的重要指标之一,是种子分级的依据。净度分析的目的首先是要了解一批种子的真实质量,为计算种子用价(种子用价=净度×发芽率)提供一项指标;其次是了解一批种子中其他植物种子及无生命杂质的种类和含量,以便采取适当的清理方法,提高种子批的播种品质。

分析时,将试验样品分为3种成分:净种子、其他植物种子和杂质,并分别测定各成分的重量百分率。

2.种子发芽力、生命力和千粒重检验

种子发芽力、生活力、活力均是种子生命状况的表现,千粒重则间接地反映了种子的生命状况,发芽力高,生命力、活力强的种子一般千粒重也高。

(1)种子发芽力检验　种子发芽力是指种子在适宜条件下发芽并长成正常植株的能力,是测定种子批的最大发芽潜力,通常用发芽势(germination power)和发芽率(germination rate)表示。发芽势是指发芽试验初期(规定日期内)正常发芽的种子数占供试种子数的百分率。种子发芽率是指发芽试验终期(通常也有规定日期,但理论上是无日期限定的)全部正常发芽种子数占供试种子数的百分率。种子发芽势高,表示种子活力强、发芽整齐、田间出苗一致。种子发芽率高,表示有活力的种子多,播种后出苗率可能多。发芽试验还可以比较不同种子批的质量,估测田间播种价值。

发芽试验须用经净度分析后的净种子,在适宜水分和规定的发芽技术条件下进行试验,到幼苗适宜评价阶段后,按结果报告要求检查每个重复,并计数不同类型的幼苗。蔬菜种子发芽率和发芽势的测定条件和规定天数,见表 3-2。

表 3-2 发芽率和发芽势的测定条件和规定天数

蔬菜类别	发芽温度/ ℃	光线	规定天数/d	
			发芽势	发芽率
番茄	25～30	黑暗	4	8
辣椒	20～30	黑暗	4	8
茄子	20～30	黑暗	6	10
黄瓜	30	黑暗	3	5
甘蓝	20～30	黑暗	3	5
花椰菜	20～25	黑暗	3	5
芹菜	21	黑暗	7	12
莴苣	15～20	黑暗、散射光	5	10
西瓜	35	黑暗	4	10
甜瓜	32	黑暗	3	8
菜豆	20～25	黑暗	4	8
白菜	20～30	黑暗	3	5
葱类	18～25	黑暗	5	10

(2)种子生活力检验　种子生活力(viability)是指种子发芽的潜在能力或种胚所具有的生命力。一般情况下,种子生活力可以通过发芽力表示。但是由于低温潮湿条件下收获的某些作物(如黄瓜、甜瓜等类作物)往往未达生理成熟,还处于生理休眠状态,某些作物种子的种被或稃壳不透气(如禾本科)和种皮不透水(如小粒豆科种子),使得在一般发芽条件下具有生命力的种子也不能及时发芽。因此,在短期内急需了解种子发芽率或当某些样品在发芽末期尚有较多的休眠种子时,可应用生命力的生化法快速估测种子生活力。

种子生活力检验主要采用四唑染色法。2,3,5-三苯基氯化四氮唑(简称四唑、TTC 或 TZ)无色溶液作为一种指示剂,这种指示剂被种子活组织吸收后,接受活细胞脱氢酶中的氢,被还原成一种红色的、稳定的、不会扩散的和不溶于水的物质。

四唑为白色或淡黄色的粉剂，有微毒，对光敏感，容易被光分解，故应用棕色瓶盛，并用黑纸包装。无生活力的种子则无此反应而不染色。由此可按胚组织的染色情况区别有生活力和无生活力的种子。

(3)千粒重测定　千粒重是指含有规定水分的1000粒种子的重量，单位为g。千粒重是种子充实、饱满、大小、均匀度的综合表现。千粒重可用于计算单位重量粒数和播种量等。从净种子中数取一定数量的种子，称重，计算其1000粒种子的重量，并换算成国家种子质量标准水分条件的重量。

3.种子水分和种子健康测定

(1)种子水分测定　种子水分又叫种子含水量，是指种子样品中所含水分的重量占样品重量的百分率，为种子安全贮藏、运输等提供依据。种子含水量与种子有效贮藏年限有直接的关系，超过安全含水量的种子在贮藏期间，会因呼吸旺盛而消耗养分，造成发芽，同时因为发热使微生物大量繁殖，导致种子霉变等。因此，必须将种子含水量控制在安全范围内，大多数蔬菜种子的安全含水量在7%～11%。种子水分的测定方法很多，低恒温烘干法适用葱属、芸薹属、辣椒属、大豆、萝卜、茄子等。高温烘干法适用于芹菜、石刁柏、甜菜、西瓜、甜瓜、南瓜、胡萝卜、莴苣、番茄、菜豆、豌豆、菠菜等。

(2)种子健康测定　种子健康测定的目的是了解种子样品的健康状况，并由此推知种子批的健康状况，比较不同种子批的使用价值，同时可采取措施，弥补发芽试验的不足，有目的地控制危害性病虫的蔓延。一般根据送验者的要求测定样品是否存在病原体、害虫，尽可能选用适宜的方法，估计受感染的种子数，计算病害感染率、虫害种子百分率及每千克种子中害虫的头数。

五、蔬菜种子播种前的处理技术

在蔬菜生产中，播种后都应力争使种子早发芽，达到早出苗、早齐苗的要求，才能培育成壮苗，为早熟、丰产打下稳定的基础。为达此目的，一个极其重要的农艺措施就是播种前种子的处理，通过不同的方法处理达到种子消毒、促进种子发芽、出苗整齐、迅速、增强种子幼胚和秧苗的抗性、减少病虫害发生的目的。

(一)选种

在确定优良的品种后，首先对种子播种的品质进行室内检验，然后进行选种。选种时可根据不同作物的种子大小，采用筛选法或水洗法。筛选法可采用适当大小网眼的竹筛或铁筛进行。水洗法可结合浸种催芽进行，捞去水面干瘪、不饱满的种子与杂物，如辣椒，先水浸10～15 min，再除去不沉水的瘪籽。

(二)浸种

浸种(soaking)是保证种子在有利吸水的温度条件下,在短时间内吸足从种子萌动出苗所需的全部水量的主要措施。有些种子由于种皮厚或具角质层,吸水困难或较慢,为提高出苗率,需用水浸种。根据浸泡水温可分为温汤浸种,热水烫种和一般浸种,水温高低及时间长短取决于种子种皮厚薄及吸水的难易。浸种一定要浸透,使种子充分吸水。但是要防止水温过高烫死种子,或浸种时间过长导致种子内部养分外渗,甚至缺氧死亡。

1.普通浸种

普通浸种(common seed soak)的水温为室温(25～30 ℃),浸种时间依不同种类的吸水快慢而定。适用于种皮薄、吸水较快的种类,如甘蓝、花椰菜、菜豆等。普通浸种对种子只起供水作用,没有消毒种子和促进种子吸水的作用。

2.温汤浸种

温汤浸种(hot water dip)的水温为50～55 ℃,在15～20 min恒温处理期间不断搅拌,然后使水温降低到一定温度(喜凉类蔬菜种子为20～22 ℃,喜温类蔬菜种子为25～28 ℃)后继续浸种至种子吸胀。浸种时间茄果类蔬菜,以及黄瓜、南瓜、甜瓜、丝瓜、冬瓜、西葫芦等蔬菜种子为8～12 h;西瓜、苦瓜、芹菜、胡萝卜、菠菜等种子为24 h;莴苣种子为7～8 h;十字花科类蔬菜种子为4～5 h;豆类种子为1～2 h。由于55 ℃是大多数病菌的致死温度,10 min是在致死温度下的致死时间。因此,温汤浸种对种子具有消毒作用,但促进吸水效果仍不明显,还需要继续进行一般浸种。温汤浸种适用于种皮较薄、吸水快的种子。

3.热水烫种

热水烫种(scalding in hot water)的水温为70～80 ℃,一般用在种皮厚、硬、吸水难的冬瓜、丝瓜、蛇瓜等种子。热水烫种技术要点是水量不超过种子量的5倍,种子要经过充分干燥。烫种时要用两个容器,使热水来回颠倒。最初几次倾倒的动作要求快和猛,使热气散发并提供氧气。一直倾倒至水温降到55 ℃时再改为不断的搅动,并保持这样的水温7～8 min,待水温降至30 ℃或40 ℃时停止搅拌,继续浸种。

种皮易生黏液的茄子、黄瓜、西葫芦等种子浸种时应在清水中搓洗,将黏液洗净,否则会影响发芽期间通气性,造成种子发芽不整齐,甚至生霉、烂种。

(三)消毒处理

许多病害是种子带菌传播的,如黄瓜炭疽病、枯萎病,白菜黑斑病,茄子黄萎病、褐纹病、猝倒病,马铃薯病毒病、环腐病等。因此,播种前进行种子消毒处理

(sterilization)是一项重要的农业综合防治措施。常用的消毒方法有以下几种：

1.温汤浸种

温汤浸种可杀灭附在种子表面及潜伏在种子内部的病菌。多用50～55 ℃热水,时间为15～20 min,可结合浸种、催种、催芽时进行。

2.药剂消毒

药剂消毒种子分药粉拌种和药水浸种两种方法。

(1)药粉拌种　方法简易,一般取种子重量的0.3%～0.4%杀虫剂和杀菌剂,在浸种后将药粉与种子充分拌匀即可。也可与干种子混合均匀,把干种子与药粉混合装入罐子或瓶子内,充分摇动5 min以上,让药粉均匀沾在种子上。常用杀菌剂有70%的敌克松、50%的福美锌、50%的二氯苯醌、50%的退菌特等;杀虫剂有90%的敌百虫粉等。拌过药粉的种子不宜浸种、催芽,应直接播种,也可贮藏起来,待条件适宜时再播种。

(2)药水浸种　浸种前一般先把种子在清水中浸泡5～6 h,然后浸入药水中,按规定时间消毒。捞出后,立即用清水冲洗种子。药水浸种常用药剂有100倍福尔马林(40%的甲醛)、1%的硫酸铜、10%的磷酸三钠、2%的氢氧化钠。

(四)化学处理和物理处理

1.化学处理

(1)浸种法

①微量元素浸种。利用一些微量元素溶液浸种,可提高种子内一些酶的活性,增强种子的呼吸作用及其他生理活性,从而促进秧苗的生长发育。常用的微量元素有硼酸、硫酸锰、硫酸锌、钼酸铵等500～1000 mg/kg溶液。例如,黄瓜和辣椒多用500～700 mg/kg处理,番茄和茄子可用700～1000 mg/kg处理;黄瓜浸种12～18 h,茄果类蔬菜浸种6～10 h。处理后可提高秧苗质量,缩短苗期。同时,对促进黄瓜根系生长,加快辣椒、茄子、番茄地上部生长,提早花芽分化等方面均有良好的作用。

②生长调节剂浸种。生长调节剂,如赤霉素、细胞分裂素等应用于种子处理的研究较多。试验表明,用100 mg/kg激动素溶液或500 mg/kg乙烯利溶液浸泡莴苣种子,可促进种子在高温季节发芽。赤霉素是常用种子处理的生长调节剂,能有效打破休眠,促进种子萌发。硝酸钾也有类似的效果。番茄种子用硝酸钾处理后,可促进番茄齐苗、壮苗,提高早期产量。用0.2%硝酸钾溶液处理芥菜、甘蓝、芜菁、辣椒、番茄、菊苣、芹菜、苋菜均可以明显促进发芽。此外,用小苏打液、碘化钾、尿素等溶液浸种,亦可促进发芽、加速幼苗的生长。

③渗调处理。渗调是将种子用高渗溶液浸泡处理，通过调节吸水进程，达到促进种子萌发、齐苗及增强幼苗生长势的效果。目前，常用的渗透剂是聚乙二醇(PEG)，以浓度 20%～30%处理蔬菜种子、温度 10～15 ℃为宜。在渗透液中加入赤霉素、激动素等可提高渗调效果。PEG 处理在菠菜、豌豆、番茄、胡萝卜、芹菜上效果良好。另外，交联型聚丙烯酸钠(SPP)处理效果也很好。但由于 PEG、SPP 价格较高，目前仅用于小粒种子与名贵花卉种子的播前处理。

(2)拌种法　拌种法就是将一定数量和规格的拌种药剂与种子按照比例进行混合，使被处理种子外面都均匀覆盖一层药剂，形成药剂保护层的种子处理方法。20 世纪 50 年代，我国开始推广拌种技术用于防治地下害虫，保护种子的正常生长发育。拌种处理又可以分为干拌和湿拌。

①干拌。干拌药剂必须为粉状的，使用干燥的药剂和种子有利于所有的种子表面均匀黏附上药粉。例如，采用粉状的杀真菌剂(甲霜灵、苯菌灵、福美双等)与蔬菜干种子进行拌种，可以有效防除种子上的土传病害(丝核属、腐霉属等)。其中，甲霜灵对腐霉属真菌有特效。

②湿拌。湿拌药剂一般为胶悬剂、乳油和可湿性粉剂。湿拌是目前应用更为普遍的拌种方法。具体方法：先根据种子量用适量的水将药剂稀释，再用喷雾器械将药剂均匀喷施在种子表面，同时不断搅拌。与浸种法不同，湿拌后种子不必马上播种，可以晾干后贮存一段时间再进行播种。

(3)闷种法　闷种法是将一定量的药液均匀喷洒在播种前的种子上，待种子吸收药液后堆在一起并加盖覆盖物堆闷一定时间，来防止病虫危害的种子处理方法。闷种法实际上是介于浸种法与拌种法之间的一种种子处理方法，又称作半干法。它既不需要像浸种法使用大量的药液，也不需要像拌种法需要专门的拌药设备才能达到理想的效果，只需要将药剂兑水配制成浓度稍高的药液与种子混合并覆盖一定时间即可，操作简便，效率高。同浸种法类似，闷种法处理后的种子晾干即可播种，不宜久贮。

闷种法使用药液的具体浓度主要根据药剂特性和种子情况决定，一般按照规定，定量加入药剂稀释液。对于闷种的具体时间，要根据使用药液的浓度、作物种类和防治对象来定，主要原则也是在保证不出现药害的前提下达到最好的防治效果。例如，水稻种子用 2%的福尔马林溶液闷种，时间为 3 h；小麦种子用 0.1% 萎锈灵溶液闷种，时间为 4 h。

(4)种子包衣　种子包衣是将种衣剂包覆在种子表面形成一层牢固种衣的种子处理方法，也是一项把防病、治虫、消毒、促生长融为一体的种子处理技术。种衣剂中通常含有杀虫剂、杀菌剂、生长调节剂、微肥和微生物等有效成分及一些非活性组分。其中，在玉米、棉花、谷物、甜菜等作物上目前使用最广泛的3种杀虫剂为吡虫啉、灭虫威和硫双威；常用的杀菌剂为戊唑醇、三唑类和氟喹唑等。种衣剂还可以调整种子的形状、大小，利于减少种子使用量，以满足精播要求。常见的包衣类型有基础包衣（质量增加0.2%～2.0%）、完全薄膜包衣（质量增加3%～20%）、硬壳化包衣（质量增加1～5倍）、迷你丸（质量增加10～25倍）、标准丸（质量增加15～100倍）5种。

种衣剂在土壤中遇水膨胀透气而不被溶解，从而使种子正常发芽、使农药化肥缓慢释放，具有杀灭地下害虫、防治种子上携带的病菌、提高种子发芽率、减少种子使用量、促进植物生长发育等作用。种衣剂紧贴种子，药力集中，利用率高，因而比喷雾、土壤处理和毒土等施药方法省药、省工、省种；种衣剂隐蔽使用，对大气无污染，不伤天敌，对环境比较安全；种衣剂包覆种子后，农药一般不易迅速向周边扩散，不受日晒雨淋和高温影响，播种后药剂再缓慢释放，维持较长时间的防病作用，甚至可以转运到地上部防治气传病害。

由于当前种传病害的多样性和复杂性，种子处理不是单单某一种方法就可以解决的，它可能需要两种，甚至多种方法的联合使用，才能最终保证种子处理的效果更好、更持久。种子处理从以前简单的保护种子，到今天的广谱地防治病虫危害，同时又要保证种子的高活力和营养需求，增加种子的抗逆能力，确保处理后种子拥有更高的品质，这些都需要更多的技术创新和方法改进，需要更大的投入和研究。

2.物理处理

如阳光辐照处理、激光处理、静电处理和磁化处理，可不同程度提高发芽率、发芽势、秧苗吸水肥能力和光合能力，提早成熟，而且增产10%～20%。

在寒冷地区或低温季节采收的种子通常不够成熟或成熟度不一致，可进行干热处理，处理时将种子放在较高的温度（50～60 ℃）环境下，经过10～20 min再进行浸种催芽，可提高种子的发芽率。

（五）催芽

催芽（germination hastening）是在保证种子吸足水分后，促使种子的养分迅速分解运转，供给幼胚生长的重要措施。保水可采取多层潮湿的纱布、麻袋布、毛巾等包裹种子。催芽期间每4～5 h松动包内种子换位。种子量大时，每20～24 h用温热水洗种子一次，排净黏液，以利种皮进行气体交换。当有75%左右种子破嘴或露根时，即停止催芽，等待播种。催芽所需时间，白菜类、黄瓜12 h；莴苣16 h；甜瓜、丝瓜7～20 h；番茄48～55 h；冬瓜72 h左右；茄子、辣椒80 h左右。十字花科种子小，以胚根突破种皮为宜；茄果类种子以不超过种子长度为宜；瓜类种子催芽以催 0.5 cm 短芽为宜。催芽过程中，采用低温处理和变温处理有利于提高幼苗的抗寒性和提高种子的发芽整齐度。

1. 低温处理

将浸胀后即将萌芽的种子放在 0 ℃左右的低温环境中 1～2 d，再置适温中催芽，可促进发芽，增强秧苗的抗寒性。此方法常用于茄果类、瓜类蔬菜播种前的种子处理。实践表明，有些种子（如莴苣、芹菜）发芽的适温范围较窄，种子经过一段时间低温处理后有利于发芽，如莴苣种子浸种后于 5～10 ℃处理 1～2 d 再播种，可明显促进发芽。

2. 变温处理

变温处理大大有利于发芽率提高，这可能是因为变温处理可促进种子的气体交换作用。将催芽的种子进行较高温度（25～32 ℃）与较低温度（1～5 ℃）下变换处理12～16 h，反复数天，直至出芽，可大大提高发芽率，增强秧苗的抗寒力，并可加快生长发育速率。此处理对茄果类与瓜类种子有明显效果。一般种子浸种催芽的适宜温度与时间见表 3-3。

表 3-3　一般种子浸种催芽的适宜温度与时间

蔬菜种类	浸种		催芽	
	水温/ ℃	时间/h	温度/ ℃	天数/d
黄瓜	25～30	8～12	25～30	1～1.5
西葫芦	25～30	8～12	25～30	2
番茄	25～30	10～12	25～30	2～3
辣椒	25～30	10～12	25～30	4～5
茄子	30	20～24	28～30	6～7
甘蓝	20	3～4	18～20	1.5
花椰菜	20	3～4	18～20	1.5
芹菜	20	24	20～22	2～3
菠菜	20	24	15～20	2～3
冬瓜	25～30	12＋12*	28～30	3～4

* 第一次浸种后晾 12 h 再浸第二次。

第二节　蔬菜作物育苗的方式和壮苗生理

一、育苗技术的发展和育苗的意义

(一)中国育苗技术的历史和发展

中国是最早运用育苗技术的国家之一。早在北魏贾思勰的《齐民要术》中已有关于茄子育苗移栽的记载,“著四五叶,雨时合泥移栽之。若旱无雨,浇水令彻泽,夜栽之,白日以席盖,勿令见日”。《陈敷农书》中详细论述了育苗要重视根系的充分发育,移栽后才能健壮生长。北宋《本草衍义》及元代鲁明善著的《农桑衣食撮要》中已提到应用粪秽发酵提高温度,进行茄子及瓜类育苗,这可看作简单保护地温床育苗技术的开端。

20 世纪初,一些大城市郊区出现了阳畦育苗,主要以芦苇苫、油纸等为覆盖物,后来出现了玻璃覆盖,在严寒的冬季、春季可以培育出耐寒性、喜温性作物的健壮秧苗,从而使育苗技术前进了一大步。

20 世纪 60 年代以来,随着塑料工业兴起与发展,农用塑料薄膜价格便宜、使用方便,逐渐代替了玻璃,为大面积发展风障阳畦育苗提供了条件。同时,酿热温床育苗技术也发展很快,利用马粪、作物秸秆等为发酵材料产生热量,提高苗床温度,从而极大地促进了喜温作物秧苗培育技术的发展。随着生产区酿热物日趋紧缺,有些地区建造了火道温床,通过燃烧有机物来发生烟火,烟火经火道进入烟囱,进而将畦土加热,基本可以达到人工控制床温,但建造成本较高。

随着生产的发展,电热温床的推广范围在不断扩大。由于其操作方便、保温性能好、温度可控,大大地促进了育苗工作的开展,在许多地区的蔬菜早春育苗中广泛使用。

随着大棚、温室与日光温室的发展,保护地育苗面积不断扩大。由于棚室环境可操作性强,能大大提高秧苗质量,因而品种范围也进一步扩大。

目前,中国各地冬春育苗技术水平差异较大。农村自给性菜地多是进行露地育苗,少数采用冷床育苗或塑料薄膜覆盖育苗,大中城市郊区商品蔬菜生产基地的育苗设施较完善,形式多样,有冷床、酿热温床、火道温床、电热温床、塑料棚、温室等,在规模较大的蔬菜生产区常采用温室或大棚中套小棚、棚室加电热线等多种设施相结合的多种育苗方式。

(二)蔬菜育苗的意义

育苗是农业生活实践中一个极其关键的环节,俗话说"有苗三分收"指的就是育苗的重要性。育苗(seedling raising)是指移植栽培的蔬菜在苗床中从播种到定植时的全部作业过程,即把播种材料播于能够满足秧苗生长发育要求的苗床或容器里,当其生长达到生产上所要求的一定标准时,再栽植到生产田里。它涉及苗床的准备、种子的播前处理、播种、移植、浇水、施肥等一系列的管理,一直到秧苗定植时为止。目前,多数蔬菜作物都采用育苗移栽,除了根菜类(如萝卜、胡萝卜等)、一部分豆类和绿叶菜类(如小白菜、菠菜、空心菜等)、薯芋类(如马铃薯等)进行直接播种外,其余大多数都是采用先育苗后移栽的方法。农作物中的棉花、油菜、水稻、甘蔗也常用育苗移栽。

育苗的实质是提前进行蔬菜的生长发育,即由于气候或茬口等或为了增加复种茬次而无法在大田(定植的地块)按计划栽培的情况下,创造可以提前或按时栽培的条件,以达到提早栽培或正常栽培的目的。

育苗是根据生产的需要,育成数量充足且质量良好的秧苗,即所谓壮苗。秧苗处于植物生长发育的幼年阶段,组织柔嫩,易受到外界环境影响,抗逆性差,故只有通过育苗人工创造较为适宜的温度、湿度、光照与营养条件,才能提供健壮的秧苗,为农业生产的高产、优质打下基础。与直播相比,育苗具有许多优势。当前蔬菜生产中育苗成为常态,蔬菜育苗既便于苗期集中管理,利于防御自然灾害。同时,因减少种子使用量,降低生产投入,还能够节约用工等。绿色、有机、无公害蔬菜安全生产是当前人们最基本的生活需求,在整个蔬菜生产过程中减少施用各类农药成为首要需求。培育根系发达、叶片肥厚、茎秆粗壮的健壮秧苗,有利于降低花果脱落率,降低病虫发生概率,缓苗快,生产能力强,增产潜力大。

1.有利于获得早熟、优质、高产类蔬菜

如番茄、黄瓜等形成早期产量的花芽在苗期就已分化,因而秧苗的生长状况与生理素质会直接影响到花芽质量、坐果数目及果实发育。对于甘蓝、白菜等叶菜类蔬菜,秧苗好坏对定植后的缓苗、生长进度、叶球的产量与品质影响很大,苗期管理不当,有时甚至会引起先期抽薹。

2.提高土地利用率

提高土地利用率,确保周年均衡供应。通过人为创造有利条件,可以提早播种育苗,缩短蔬菜在大田环境中的生长时间,即在大田环境栽培中省略了苗期,提高了土地的利用率;还解决了生育期长与无霜期短的矛盾,能够增加茬次,提高土地利用率。

可以根据市场需要，错开播种期，分期育苗，进行早熟栽培、延后栽培。因此，育苗在蔬菜周年生产中起着重要作用。

3.便于集约化管理

便于集约化管理，保证丰产、稳产。有些蔬菜，如大葱、洋葱、芹菜等幼苗生长缓慢，苗期长，进行育苗便于集中管理，利于培育壮苗，为丰产打下基础。同时，育苗的集中管理，面积较小，便于留优去劣，在苗床内拔除杂苗、劣苗，以保证质量与品种特性。另外，也便于苗期病虫害的防治。由于蔬菜育苗中采用护根等措施，秧苗不仅可以移动，有些种类的蔬菜秧苗还可以长距离运输。因此，地区间可以进行秧苗调剂，不误生产。

4.减少作物占地时间

减少作物占地时间，便于茬口合理安排。通过育苗移栽，可以在上茬作物未收获前提早育苗，前茬收获后即时定植，从而增加茬次，提高土地复种指数，增加土地利用率。在人工创造的防寒、保温或防雨、遮阴的苗床中育苗，一旦大田或设施环境适合该蔬菜作物生长，就可将秧苗定植，从而延长作物最适宜生长的时期，使提早采收、提高产量成为可能。通过育苗，将秧苗在土壤盐渍化比较严重的温室、大棚等设施中栽培，可克服直播不易出苗或幼苗生长缓慢等问题。

5.节约种子用量

节约种子用量，降低成本。通过集中育苗，种子播种量比大田直播可节省1/3～1/2。由于目前许多杂交品种种子价格很高，因而可以大大节约成本。苗期病虫害集中防治，也可有效节约用工与农药成本。

此外，育苗还可以充分利用异地资源优势，有利于蔬菜产业化生产的实现，并且刺激和带动一些有关产业的兴起。例如，育苗设施与设备的生产，床土(基质)原料的生产，种苗运输业的发展等。

二、蔬菜作物育苗的方式和应用

(一)育苗方式

育苗的方式有很多，根据育苗的材料可分为种子育苗、组织培养育苗、扦插育苗及嫁接育苗等；根据育苗的场地可分为露地育苗、设施育苗和工厂化育苗等；按苗床形式可分为冷床(阳畦)育苗、改良阳畦育苗、火道温床育苗、酿热温床育苗及电热温床育苗；按床土类型或育苗机制可分为无土育苗(用营养液，基质为岩棉、蛭石、珍珠岩等)与有土育苗(用营养土)；按苗床温度控制可分为常温育苗、增温育苗(温床、塑料棚、温室等设施)及降温育苗(遮阳育苗)；按护根方式可分为容器育苗

(包括纸钵与草钵、塑料营养钵、塑料盘、穴盘育苗等)与非容器育苗(包括营养土块、割坨育苗);按苗床覆盖材料来分,有玻璃覆盖育苗、塑料薄膜育苗、遮阳网覆盖育苗、无纺布覆盖育苗等;按育苗季节,可分为早春育苗、夏秋育苗及冬春育苗。

育苗的方法很多,不能笼统说哪一种育苗方法好与不好,或先进与落后,关键是根据当地气候资源和生产条件选用正确的育苗方法和技术,培育壮苗。

1.露地育苗

露地育苗是蔬菜生产上常用的一种传统育苗方式,也称为常规育苗。不需要采用特殊的加温和保温设施与设备增温,在自然环境条件下就能满足该蔬菜作物种子的萌发及幼苗生长的要求进行育苗。露地育苗不需要特殊的保护设施,投资少、育苗成本低、管理方便,适用于除早春栽培之外的其他蔬菜的育苗。这种育苗形式不能人为地控制或改变育苗过程中所处的环境条件,也易遭受自然灾害影响。目前,适宜于露地育苗的蔬菜种类主要是栽培面积较大、种子发芽或幼苗生长对环境条件的适应能力较强的白菜、甘蓝、芥菜、菠菜、芹菜、莴苣等叶菜类蔬菜,以及部分的豆类和葱蒜类蔬菜。

2.设施育苗

即在各种保护设施内育苗,主要指利用阳畦、温床、拱棚、温室等进行保温和加温育苗,目前以各种温床和温室育苗应用较多。温床包括酿热温床和电热温床。酿热温床是在营养土下层位置,利用作物秸秆、树叶、新鲜畜粪(骡、马、羊)等有机物发酵释放热量来提高育苗床温度的一种温床,以补充太阳辐射增温的不足,达到育苗的目的。可以用于辣椒、番茄、西瓜、甘薯早春育苗。酿热温床宜东西走向,床底南边深,中间浅,北边稍深,形成一个中间高、四周低的槽形。电热温床利用电能,使用特制的绝缘电阻线发热,通过人工控制,提高苗床的温度,创造适于蔬菜幼苗生长发育的温度条件。电热加温具有升温快、地温高、温度均匀、调节灵敏、使用时间不受季节限制等优点;同时,又可以根据不同蔬菜种类和不同天气条件控制温度和加温时间,通过仪表实现自动调控培育壮苗的新技术。电热线育苗配合塑料大棚、温室,可进行人为控温,不受自然环境条件制约,提高苗床利用率。

3.容器育苗

容器育苗(container seeding raising)是应用特定容器培育蔬菜的育苗方式。容器有两种类型,一类具外壁,内盛培养基质,如各种育苗钵、育苗盘、育苗箱等。以育苗钵应用最普遍,按制钵材料不同,又可分为土钵、陶钵和草钵以及近年用于较多的泥炭钵、纸钵、塑料钵和植生袋等。此外,合成树脂及岩棉等也可用作容器材料;另一类无外壁,将腐熟厩肥或泥炭加园土,并混合少量化学肥料压制成钵状或块状，供育苗移栽用。容器大小的选择根据作物或树木的种类和所需苗龄的长短而定。用于番茄、黄瓜等果菜类早熟栽培蔬菜的育苗钵，直径为 8～10 cm，高 6～10 cm；用于白菜等叶菜类蔬菜的育苗钵，直径为 5 cm，高 4～5 cm。在管理技术上，由于苗的根系生长局限于容器范围内，养分供应的来源也局限于容器内的培养土等基质，加上容器内水分较易蒸发，与一般园土育苗相比，容器育苗浇水次数应增加，有时还需适当增加追肥次数；同时，要注意苗床中容器的排列和掌握苗床的覆盖保护管理。应用容器育苗时，因苗随根际土团（有时和容器一起）栽种，起苗和栽种过程中可使根系少受损伤，成活率高、发棵快、生长旺盛，对于不耐移栽的蔬菜尤为适用。容器所盛培养土等基质中含有丰富的营养物质，加以容器育苗常在塑料大棚、温室等保护设施中进行，故可使苗的生长发育获得较佳的营养和环境条件。另外，此法还为实行机械化、自动化操作的工厂化育苗提供了便利。目前，容器育苗已在增加作物产量、提早蔬菜采收期等方面取得明显效果。

4.无土育苗

无土育苗（soilless seedling raising）是不用土壤育苗，而用基质定期定量配合营养液育苗，也可以直接在营养液中培养壮苗。使用的基质有炉渣、草炭、沙子、锯末、稻壳、蛭石、珍珠岩等，可单用也可 2～3 种混用。场地可根据不同季节选用温室大棚或临时架设的遮阳棚。无土育苗由于采用了各种通透性好的无土基质和养分平衡的营养液，极大地改善了幼苗的生态条件，促进幼苗生长发育。与有土育苗相比，无土育苗具有几个明显特点：幼苗生长速率快，整齐，苗龄短，缩短了育苗周期；根系发育好，苗壮、苗齐，移栽缓苗期短，易成活。无论基质育苗还是营养液育苗，水分和养分的供应充足；基质的通气性好，根际环境易于人为控制，有利于根系的发育；避免了苗期土壤传染性病害的侵染，也减轻了其他病害的发生；育苗技术易于实现标准化；可以节省大量劳动力，节水省肥，减少大量育苗床土的准备、搬动和消毒。便于集约化、科学化、规范化管理，适合于大规模的工厂化和商品化育苗。

5.嫁接育苗

嫁接育苗（grafted seedling raising）采用嫁接技术进行育苗，是现代育苗技术中广泛采用的无性繁殖方式之一。将植物体的芽或枝（接穗，scion）接到另一植物体（砧木，stock）的适当部位，使两者愈合成一个新植物体的技术称为嫁接。嫁接苗较自根苗能增强抗病性、抗逆性和肥水吸收性能，从而提高作物产量和品质。应用嫁接苗已成为瓜类和茄果类蔬菜高产稳产的重要技术措施，成为克服蔬菜连作障碍的主要手段。

6.扦插育苗

扦插育苗（seedling raising by cutting）是利用某些蔬菜的一定部位容易产生

不定根的特点，取这些部位，用植物生产调节剂处理，并在适宜的环境条件下培养，促使其发根抽芽，形成新的幼苗的育苗方法。蔬菜扦插育苗可增加蔬菜的繁殖系数，加速育种的过程，并能保持品种的纯度。扦插育苗较播种育苗节省种子，育苗时间短，管理方便，成本低，并可进行立体育苗，节省空间，在生产上具有较大的推广价值。用蔬菜的叶片进行无性繁殖，扦插繁育大白菜、花椰菜、甘蓝、芹菜、萝卜和油菜等，成苗率高达90%，且扦插成活后的植株病害轻，后代遗传性状稳定。

(二)现代育苗技术的应用

目前，作物育苗正从传统方式向现代育苗技术发展。为了进一步发挥育苗在农业生产中的作用，在继承传统育苗技术的基础上，必须充分吸收与应用先进的科学技术、现代化的设施和现代化的经营管理方式以推动育苗技术向科学化、标准化方向发展，育苗操作管理向省力化、机械化、自动化方向发展。

1.电热加温线育苗

中国、日本等一些国家过去大多采用冷床、酿热温床育苗，现在则推广省力、便于管理的电热温床，这在园艺作物的早熟栽培和花期控制方面具有很大优势。

2.容器育苗和无土育苗

为了缩短育苗时期，提高育苗质量和有利于机械化、自动化操作的大规模经营，近几十年来，容器育苗迅速发展。为了适应不同作物类型以及同一作物所需苗木大小不同的要求，育苗容器的种类、型号日益增多，更利于苗木的生长发育。穴盘育苗技术的引进和发展为种苗的远距离运输提供了方便。随着穴盘育苗等的迅速发展，基质问题将成为制约育苗水平和规模的关键，通过采用先进的技术、设备，将会配置出种类更多、理化性能良好的人工培养土或培养液。

3.试管快繁苗

应用无性繁殖的园艺作物，传统的扦插、嫁接育苗方法，繁殖系数较低，且受季节的限制。组织培养技术能通过茎尖等分生组织的培养，达到脱毒的目的。这在园艺作物上已达到实用阶段，而且已获得如草莓、马铃薯、大蒜等脱毒苗。

4.工厂化育苗

工厂化育苗是指机械化操作的、在室内高密度集中育苗的育苗方式，是作物现代育苗发展的高级阶段。该技术应用控制工程学和先进的工业技术，不受季节和自然条件的限制，能按一定的工序进行流水作业。也就是应用现代化温室设施，标准化的农业技术措施，机械化、自动化手段，使苗木生育处于最佳的状态，在短期内培育出大量优质苗的育苗方式。

5.种苗生产集约化

建立专业化的育苗中心将是未来作物高效生产的需要。通过大型专业化育苗中心的集中育苗，就可以解决千家万户分散个体育苗的落后方式，适期提供大量的优质苗木，保证作物高效生产；同时也促使育苗技术科学化、规范化、标准化、种苗商品化，从而促使作物生产的良性发展。

三、蔬菜作物壮苗生理及其标准

（一）秧苗质量标准

秧苗质量是蔬菜丰产的基础，直接影响蔬菜的早熟丰产。蔬菜育苗的目标是培育壮苗，但苗期管理不善会出现徒长苗或老化苗，甚至病弱苗。

1.壮苗

壮苗(strong seedling)有形态标准和生理标准。形态标准即长相，要求枝叶健壮、茎粗、节间短，叶厚而有光泽，根系粗壮，侧根发达，果菜类出现花蕾而不开花，无病虫危害。如番茄、茄子6～8片叶，甜椒10～12片叶，黄瓜4～5片真叶，甘蓝6～8片叶。生理标准要求幼苗生理活性强，对环境适应性和抗逆性都较强，定植后能迅速缓苗生长。从生理效果上理解，壮苗是指生产潜力较大的高质量秧苗。对秧苗群体而言，应包括无病虫害、生长整齐、株体健壮3个主要方面。一般来说，壮苗的共同特征是：生长整齐一致，茎粗，节间短；叶片大而厚，叶色正，绿或浓绿，无脱落；根系发达，须根多，根毛白色，多而粗壮；苗龄适中，既不徒长，也不老化；生长发育适度，营养生长与生殖生长平衡，适应能力强；无病虫害，无损伤，大小均匀。

具体到每一种作物，壮苗又有一些特殊要求。例如，早熟栽培的果菜类幼苗的花芽分化早，花芽多，营养生长与生殖生长比较协调，生活能力强，耐低温等；茄果类第一花穗或第一朵花出现，但不开放，其中番茄植株上的茸毛较多，苗平顶而不突出，茄子(白绿茄除外)叶色浓绿且带紫色；瓜类秧苗直立，子叶完整肥厚而有光泽，茎叶有刺毛而且较硬；甘蓝类片叶丛生，叶面有蜡粉等。

2.徒长苗

徒长苗(over-grown seedling)的特征是茎细长，节间长，叶片大而薄，叶色呈淡绿或黄色，叶柄细长，子叶甚至基部的叶片黄化或脱落，花芽分化差，根系发育差，须根少，吸水吸肥能力差，光合能力下降，干物质积累少，抗病力及抗逆性差，容易得病和受冻。定植后成活率低，缓苗时间长，以后生长也慢，并且容易落花落果，熟性晚，产量低。

造成幼苗徒长的原因主要是光照弱、温度高、湿度过大、昼夜温差小、夜间温度过高、氮肥施用量过多、播种或分苗过密及通风不良。例如,温室大棚内光照不足、湿度长期过大、棚室内 35 ℃高温持续时间长、昼夜温差小于 5 ℃、土壤过湿、棚内通风不良时,产生黄瓜徒长苗,茎细高,节间长;叶片大而薄,呈圆形,叶缘缺刻浅;叶柄细长,与茎的夹角小;早晨叶缘有吐水现象,同时生长点发黄。

预防幼苗徒长的措施主要是创造幼苗生长发育的良好条件。首先是适量播种,避免小苗拥挤;其次是根据幼苗不同时期的要求,灵活控制苗床的温度和湿度,及时通风,适时降低夜间温度;再次是要保持透明覆盖物洁净,及时揭苫,尽量增加苗床内的光照温度和光照时间;又次是要避免氮肥施用过量,最好将氮、磷、钾配合使用;最后是在幼苗中后期应及时分苗和定植。

3. 老化苗

老化苗(aged seedling)又称"僵苗""小老苗",是日历苗龄(天数)与生理苗龄(大小)不符的苗。其特征是秧苗生长缓慢,个体小;茎细发硬,节间缩短;叶色呈暗绿色而无光泽,叶的生长不舒展,展叶慢;根系老化变褐,不长新根;秧苗脆硬而无弹性,定植后缓苗慢、长势弱、开花结果晚、落花落果严重、结果期短、产量低、易早衰。开春季节形成"老化苗"的主要原因是温度低,低温经常处于 12 ℃以下,根系吸收能力弱,地上部生长量小。

造成幼苗老化的原因是苗床温度偏低(尤其是夜温低)、床土过度干旱、土壤中肥料少、苗龄时间过长、蹲苗时过分控水等。育苗期间怕徒长,长期控制水分过严,最容易造成秧苗老化。用育苗钵育苗因与地下水隔断,浇水如果不及时,很容易造成土壤过干而育成老化苗。

生产中要避免老化苗的出现,主要措施是要选择疏松、通透性好的肥沃土壤配制营养土,使用腐熟有机肥,提高地温。苗期喷施叶面肥,适时适量浇水,以免降低苗床温度。苗龄期不宜过长,在育苗后期要适当加强通风,原则上控温不控水,定植前注意炼苗。

4. 病苗

病苗(sick seedling)的特征是茎叶上有病斑,有的地上部分虽正常,但根部常变褐,甚至腐烂,幼苗发育迟缓。发现病苗应及时拔掉,以免传播病害。茄果类、瓜类蔬菜幼苗多发生猝倒病,造成烂种、死苗和猝倒。猝倒病在低温高湿、弱光照及幼苗生长不良时发生严重。

(二)秧苗质量的评价指标

秧苗质量主要从形态、生理和生产要求方面进行评价。形态评价主要依据各项可量化的形态指标,如:苗高、茎粗、叶数、叶面积、节间长等。有单项指标评价、多项指标评价、标准指标评价等。壮苗形态的各部分要处于平衡状态，如：茎粗与茎高的比例、根/冠比。目前，比较公认的是用壮苗指数从形态上评价壮苗。壮苗指数的计算式较多，常用的有：

壮苗指数＝(茎粗/茎高)×全株干重

壮苗指数＝(茎粗/茎高)×地上部干重

壮苗指数＝(苗幅/苗高)×叶片数

壮苗相对指数＝(茎粗/茎高＋根重/地上部分)×全株干重

一般来说，壮苗指数越大的，苗越壮。壮苗抵抗不良环境的能力强，定植日期可适当提早，定植后缓苗快，以后则生长旺盛。早开花早结果，具有早熟高产的基础。

(三)壮苗生理

1.壮苗指标

(1)形态指标　在果菜类幼苗的生理生态研究中，国内外都采用一些数量性状从不同角度作为度量幼苗生长速度、发育进展及其质量的指标，如茎高、茎粗、叶片数、叶面积、各器官的鲜重与干重、根体积、花芽分化节位、花芽数等，以及由它们组成一些相对指标，如茎粗/茎高、根重/冠重、叶面积/根体积、冠鲜重或冠干重/叶片数、苗幅/苗高等。这些数量性状指标中有一些指标(如茎粗、叶面积、苗干重或冠干重)以及由它们组成的一些相对指标比较稳定，能从不同角度反映秧苗的质量，甚至在一定条件下，有的指标可以单独用于判断秧苗质量，如茎粗、冠干重/叶片数、苗幅/苗高等，但如果不加限定地运用这些指标来鉴定秧苗质量也会出现差错，往往也很难全面且较准确地用于秧苗质量的判断。因此，也有人用多项数量性状及定性标准组成的综合成苗标准来判断秧苗质量，如番茄成苗标准：7～9 片叶，株高 20 cm，茎粗 5～6 mm，子叶平展不脱落、绿色，有花蕾，无病虫害等(连翰安等，1983)。

(2)生理生化指标　生理指标是壮苗形态指标的重要补充，但目前秧苗质量评价的生理指标研究尚不深入，壮苗应具有健壮的生理素质，包括较强的光合能力和根系吸收能力，较强的抗逆境能力等。叶绿素含量的高低直接关系到叶片的光合能力。叶片含有较多的叶绿素才能使幼苗具有较高的光合生产力。要求壮苗的叶片大而色绿正是基于这一原理。较强的光合能力和较高的净同化率，可使幼苗体内积累较多的干物质，为营养器官的生长及生殖器官的分化和发育做好充足的物质准备。根系吸收水分和养分的能力在很大程度上取决于根系活力的强弱，根系活力可用脱氢酶活性、根系活跃吸收面积和生物氧化强度来表示。幼苗体内的碳水化合物与氮化合物含量以及两者的比值可影响到幼苗营养器官的生长及生殖器官的分化和发育。许多研究认为在碳水化合物稍多于氮化物的前提下(如茄果类幼苗定植前C/N为1～1.2),两大类物质的含量越多,幼苗生长就越健壮。细胞内还原性糖含量的高低直接关系到幼苗抗寒性与耐旱性。还原性糖含量高,可使细胞内自由水减少,束缚水增加,水势下降。一方面使细胞保水能力增强,提高幼苗耐干旱能力;另一方面使细胞冰点降低以提高幼苗抗低温的能力。因此,幼苗还原性糖含量的高低是衡量其抗逆性的重要指标。但是,目前壮苗的生理生化指标还主要停留在定性水平上,很少能定量地反映幼苗质量。

(3)壮苗指数　壮苗指数是幼苗质量的综合数量化指标,通常用苗高、茎粗、苗重等数量性状指标按照一定的方式组成算式进行计算。陆帼一等(1984)提出用茎粗/株高×苗重作为番茄的壮苗指数公式。常用的壮苗指数计算式还有:茎粗/株高×全株重等。

不同的作物可能使用不同的算式,同一作物不同育苗方式幼苗质量评价的适用算式也可能不同。目前对壮苗指数国内外都还缺乏系统深入的研究。

2. 叶菜和根茎菜幼苗的壮苗生理

(1)幼苗的形态建成　与果菜类幼苗形态建成一样,叶菜和根茎菜幼苗的形态建成也是从种子萌发开始,陆续生长子叶、真叶。子叶数因单子叶和双子叶植物不同而不同,幼苗的真叶数也因蔬菜种类或品种而异。叶的分化和生长,伴随着茎和根的形态建成,叶数增加,叶面积扩大,茎伸长和加粗,根系数量增加并伸长而扩大吸收范围。

与果菜类幼苗形态建成不同的是,叶菜和根茎菜幼苗的形态建成一般不经历(或应避免)花芽分化,以防止生产中出现未熟抽薹现象。叶菜和根茎类蔬菜在经过低温春化及光周期诱导之后,最初的形态变化为生长点的伸长生长和表面积增大,表面的一层或数层细胞分裂加快,而生长锥的内部细胞分裂较慢并逐渐停止。表面和内部细胞分化速度不同,致使生长锥表面出现皱褶,由原来分化叶原基的生长点开始形成花原基,再由花原基逐步分化出花器官的各个部分。对于种子春化型的蔬菜(如奶油白菜、红心萝卜等),当外界条件具备时,很容易在幼苗期发生花芽分化和未熟抽薹现象而改变幼苗的形态建成;而对于绿体春化型的蔬菜(如紫甘蓝、紫芹等),当外界条件具备时,幼苗早期并不容易发生花芽分化和未熟抽薹现象,只是当幼苗达到一定大小以后,才容易发生未熟抽薹而改变幼苗的形态。

(2)幼苗花芽分化及其控制

①春化作用及其控制。二年生蔬菜通过春化作用后才开始花芽分化,防止未熟抽薹必须控制春化作用。春化作用是由春化现象的植物在低温诱导下花芽形成

的过程。在春化过程中,植株体内发生各种各样的代谢变化。在春化作用完成之前,春化作用可以逆转,重遇高温可以脱春化。但当春化作用完成之后,春化就不能逆转。

黄心白菜、奶油萝卜属于种子春化型作物,萌动的种子在适宜的低温(0～15 ℃)条件下经历一定时间(10～30 d)后即开始花芽分化,继而在长日照和较高温度条件下抽薹开花。在秋季栽培条件下,幼苗期处于高温环境,不会发生低温春化现象;但春季栽培时,幼苗期可能遭遇早春的低温影响而通过春化作用,继而发生花芽分化和未熟抽薹现象。控制其春季栽培中发生未熟抽薹现象,主要措施是控制低温春化的低温条件。

紫甘蓝、毛葱等属于绿体春化型作物,必须以长到一定大小后的幼苗在适宜的低温(0～10 ℃)条件下经历一定时间(20～30 d),才能开始花芽分化,继而在长日照和较高温度条件下抽薹开花。在秋季栽培条件下,幼苗期处于高温环境下,不会发生低温春化现象;但春季栽培时,幼苗期可能遭遇早春的低温影响而通过春化作用,继而发生花芽分化和未熟抽薹现象。控制其春季栽培中发生未熟抽薹现象的主要措施,一是控制低温春化的低温条件;二是控制幼苗大小不要超过感应低温的临界指标。

一般通过春化作用的植物,在一定温度范围内,随温度升高而花芽分化加快。温度主要通过影响光合作用、呼吸作用和物质转化及运输等过程,从而间接影响花芽分化。

影响萝卜花芽分化,特别是现蕾和抽薹的因素中,温度和光照长度是最为主要的因素。低温处理萌动的萝卜种子可以促进花芽分化,并缩短从播种到现蕾、抽薹和开花的时间。低温促进花芽分化和现蕾、抽薹、开花的作用在品种间存在较大差异,冬性品种"一点红"对低温处理的响应没有春性品种"短叶 13"强烈,表明低温是诱导萝卜花芽分化、未熟抽薹的主要原因。

胡萝卜在花芽分化时要求低温,温度越低,花芽分化率就越高,在 21～27 ℃时,花芽完全不分化,而且低温处理时间越长,花芽分化率越高。但低温的高低和感应时间长短因品种而异,东亚系统的品种在 14 ℃以下极短的时间内花芽就可以分化,而欧洲系统的品种一般要经过 10 ℃以下较长时间的感应花芽才能进行分化。温度越低,所需感应温度的时间越短,一般认为,欧洲系统的品种促进花芽分化最适温度为 5～10 ℃,感应时间为 25～60 d。未熟抽薹一般容易发生在春播栽培中,因为春季气温低,胡萝卜极易感应低温而通过春化。

②光周期诱导。光周期现象即植物在系统发育过程中对日照长度变化的反应,其顶端将从营养生长转向生殖生长。Garner 和 Allard(1920)在研究烟草开花

诱导时偶然发现了光周期现象。典型的短日照植物如苍耳只要接受一个长于8.5 h的暗期处理，不管光照时间多长或光暗比例如何都可能开花。

后来研究发现，植物接受光照的临界暗期对短日照植物更为重要。植物接受光周期信号的部位不是即将发生阶段转变的茎的顶端，而是叶片。叶片可能在接受光周期诱导之后产生某种信号物质传递到茎的顶端，这种物质与赤霉素有关。长日照植物拟南芥开花相关基因 *CO*（*Constans*）是长日照应答基因，其 mRNA 在长日照下增多，产物可能是一种 DNA 结合蛋白。

光对营养器官形成的影响最大。植物花芽分化期间，若光照足，有机物合成多，则有利于开花。如在花器官形成时期多阴雨，则营养生长延长，花芽分化受阻。胡萝卜是长日照作物，在以一定大小的幼苗通过春化后，于长日照下抽薹开花。当生育中的气温较高时，日照也影响花芽分化，但有关花芽分化前日照的影响还不十分明确。另外，光中断处理与日照有同样的效果，但对花芽形成的影响要比温度小。

③植物营养。营养是花芽分化以及花器官形成与生长的物质基础。植物体内碳水化合物对花芽形成的影响尤为重要，是花器官形成的碳源和能源，碳水化合物的积累是植物由营养生长转向成花的因素。氮肥不足，缺少花芽分化所需的蛋白质，可造成花芽分化缓慢而且花少；氮肥过多则造成植株贪青徒长，使花芽分化受阻。适量的磷肥、钾肥、微量元素（Mn、Mo）等可使花芽分化加快，花数增多。因此，在花芽分化期应保证充足适量的营养条件。碳氮比学说认为，当植物体内 C/N 值高时，有利于生殖体的形成，促进开花；反之，则有利于营养生长，延迟开花。

④水分。合理的水分供应有利于促进花芽分化，水分不足则将影响花芽分化。水分胁迫主要通过减小叶面积、关闭气孔、降低 CO_2 固定速率等来影响光合作用，使得 CO_2 固定被抑制；水分胁迫也会使蛋白质合成受阻，蛋白质含量下降，从而影响花芽分化的物质和能量基础，进而抑制花芽分化。在花原基和花药原基形成期，水分胁迫对生殖器官的分化影响更大。雌雄蕊分化期和花粉母细胞、胚囊母细胞减数分裂期植物对水分也特别敏感。水分胁迫对物质运输也产生一定的影响，使得运输量减小。

⑤CO_2 气肥。二氧化碳是光合作用的原料，增加二氧化碳可促进光合作用，使有机物（主要是碳水化合物）合成加速，促进生长发育，进而使得花芽分化提前，花芽数增加，乃至早日开花。在温室条件下，使用 CO_2 气肥对花芽分化有促进作用。

（3）影响幼苗质量的主要生态因素

①温度。幼苗生长对气温和土温都有不同的要求，而且在白天和夜间对温度的适宜性也不一样。绿叶菜按对温度的要求分为两大类：一类原产温带，喜温和气

候，耐寒性较强、对温度的适应性较广，如菠菜、芹菜、莴苣、茼蒿、冬寒菜等，在中国北方大部分地区稍加保护即可露地越冬，第二年春季收获上市，是春淡季市场供应的重要蔬菜；另一类原产热带，喜温怕寒，如苋菜、蕹菜、落葵、番杏等，生长适温为20～25 ℃，10 ℃以下停止生长，遇霜死亡，但较耐高温，适春播、夏秋收获上市，对早秋淡季的市场供应有重要作用。一般来说，育苗的叶、茎类蔬菜大多都是喜冷凉的作物，育苗时白天的温度可掌握在中等偏高，夜晚温度应中等偏低，而地温则以较低为好，要尽量避免高夜温、高地温及过高的昼温。过高的昼温会使芹菜幼苗的株高及根长的伸长生长加快，但茎叶重、叶面积的生长受到抑制，形成细长弱苗。反之，在中温条件下，芹菜幼苗展开叶的叶面积大、叶片宽，根系发育也好。当然，在温度过低时，地上部和地下部的生长都受到抑制，秧苗长得弱小。夜温低于10 ℃时也不利于秧苗发育。

②光照。光照强度或日照长度对秧苗生长发育都有不同的影响。紫甘蓝、紫芹等蔬菜在光照减弱的情况下，叶面积增长速度下降，叶重及叶数增长缓慢。因此，较强的光照条件有利于秧苗的充分生长。另外，光强对叶菜株型也有一定的影响。例如，弱光促进芹菜的纵向生长，株型趋向直立型，开展度小；强光下则伸长被抑制而转向横向扩展，株型趋向横展型，开展度大。由此可见，弱光会使秧苗细长瘦弱，强光条件下秧苗才能长得敦实健壮。

③水分。土壤中含水量的多少对培育壮苗有直接的影响。土壤中水分多少将影响土壤中空气含量、土壤温度和土壤中肥料的分解，并直接影响根系对水分的吸收。当土壤中水分过少时，根部吸收的水分不能满足蒸腾作用的消耗和其他生理活动的需求，幼苗就会出现萎蔫现象。这时如果及时浇水，能迅速恢复原状。如果长期缺水，则光合作用下降，其他生理活动受到限制，生长趋向停止，促使幼苗衰老，结果长成老化苗。土壤中含水量过多，温度较高，光照不足时，则幼苗易徒长。但若土壤中水分含量过高，则土壤中空气含量就少，根系不能进行正常的呼吸作用，水分和养分吸收就会受到阻碍。此外，土壤中水分含量过多，致使土壤温度上升较慢，也是削弱根系吸收功能的一个原因。由此可见，土壤过干或过湿，都不利于培育壮苗。如：胡萝卜发芽期土壤相对含水量以80%左右为宜，幼苗期以60%左右为宜，以利于根系向土壤深层发展。萝卜播种时底墒要充足，发芽期土壤相对含水量宜保持在80%以上。马铃薯幼苗期土壤相对含水量则以50%～60%为宜。

④土壤和营养。幼苗生长发育的水分和各种无机盐都是从土壤中吸收的，土壤还要供根吸收所需的氧气。根吸水、吸肥、吸氧与土壤的温度、湿度、酸碱度等有密切的关系，土壤应具有丰富的营养，疏松透气，保水保肥，pH为5.0～7.0。

苗期适当施氮肥，能使花芽分化早，幼苗生长旺盛。磷能促进根系生长，扩大根系范围，促进氮肥的吸收和碳水化合物的合成、水解和运转。因此，土壤中磷肥充足，幼苗健壮，生长势强，花芽分化数目多。钾对碳水化合物的合成和运输有关，对花芽分化有促进作用。如胡萝卜施肥以基肥为主，多施入腐熟的有机肥，再视土壤情况酌情施适量氮、磷、钾化肥，施肥方法以种肥为主。萝卜原则上也是以基肥为主，追肥为辅。

⑤气体。氧气与幼苗的呼吸作用有关，一般不会缺少氧气，但幼苗的根部是从土壤孔隙中吸收氧气，如果土壤经常板结，就会影响气体交换造成缺氧，抑制根部的呼吸，引起烂根，如萝卜要求土壤空气孔隙度为20%～30%。

⑥生物。环境中的生物，包括空气和土壤中的各种昆虫、动物、微生物，分为有害生物和有益生物。与幼苗质量关系最密切的是病原菌、害虫、土壤微生物等。病虫害的危害影响幼苗质量，土壤有益微生物的活动可以活化土壤养分，促进幼苗根系生长和养分吸收，并提高幼苗质量。

(4)影响幼苗质量的栽培技术措施

①分苗。有一些叶菜类移栽的病害较直播重，应尽量采用直播，并避免分苗。栽苗前要浇水，注意少伤根。

②营养面积。幼苗吸收的矿质养分虽然不多，但苗床中幼苗密集，需要养分的总量很大。另外，幼苗生长也需要充分的空间。因此，应保证幼苗一定的营养面积。

③苗床管理。叶菜类苗床管理除依据作物种类管理好温度、湿度和光照等条件外，还要注意及时间苗、除草，防止草荒和幼苗徒长，防止发生或诱发未熟抽薹。

④秧苗质量的生理调控。从生理上调控幼苗质量，主要是运用源与库关系、营养生长与生殖生长关系、阶段发育理论等生理原理，促进幼苗根茎叶的健壮生长，抑制花芽分化。

(5)主要叶菜和根茎菜的壮苗指标　叶菜和根茎菜秧苗的外部形态包括高度、茎粗、叶片数、叶色、株型、叶面积、根系大小和苗重，这些性状直观，容易测定，传统育苗技术中常用来衡量秧苗素质。壮苗的形态特征是：大小整齐，茎粗壮、节间短，叶色浓绿，叶片舒展，根系发达、洁白，发育平衡无病虫害。

优质壮苗的生理特征表现为：干物质含量高，同化功能旺盛，表皮组织中角质层发达，水分不易蒸发，对栽培环境的适应性强，具有较强的抗逆境能力，耐旱耐寒性好，无徒长苗和老化苗。如芹菜的壮苗标准为：定植时秧苗有4～6片真叶，苗高8～10 cm，叶色深绿，没有病虫害，为适龄壮苗。育苗期间可根据秧苗形态表现来诊断环境条件是否适宜以及生理障碍发生的原因等。如氮肥过多或干燥低温时，叶片弯曲度大，向下平摊。缺氮高温，日照不良时叶子趋向于直立，连续大水灌溉时也易使叶子提早直立。光照弱，氮肥偏多，夜温高时，易形成叶柄细长、叶片薄而宽的徒长苗。育苗期间通过及时的环境调节，才能防止徒长苗的形成。莴苣的壮苗标准为：子叶完整无缺，真叶的叶柄较短，叶片大，叶较宽，叶片集中，节间较短，叶片平面近圆盘形。如若苗床高温多湿，秧苗胚轴长，则子叶、真叶细长；低温干燥时，胚轴短、子叶小、真叶也小。如日照不良且夜温高、密植、氮素过多，则叶柄长，叶片也很细，叶片薄，色淡，叶片平面分布不呈圆盘状，子叶开展度小，趋于直立状生长；而在干燥、低温、多肥时，抑制叶片生长，叶片小，叶平摊，叶色浓，叶片发育不良。因此，育苗期间应随时注意苗床光照、温度、水分、营养等环境调控，并及时进行分苗或间苗等。

第三节 蔬菜作物露地育苗技术

露地育苗是指在无保护设施或仅有临时性保护设施的条件下育苗，包括春季露地育苗、夏季露地育苗和秋季露地育苗。露地育苗床一般同露地畦，早春露地培养喜温蔬菜，为增加气温、土温和稳定气流，可以设临时风障，出苗期的临时地面覆盖好保温；夏季育苗采用高畦，设防雨和遮阳棚等；秋季育苗设临时防雨棚或后期防寒措施。

一、育苗时期的确定

适宜露地育苗的蔬菜种类包括夏秋栽培的番茄、茄子、黄瓜；秋季栽培的大白菜、甘蓝、花椰菜、芹菜、莴笋、结球莴苣、洋葱、韭菜等。露地育苗一般在每年的无霜期内进行，但主要是初夏和夏秋季节。

（一）确定育苗时期的依据和方法

蔬菜露地育苗的播种期，主要取决于各种蔬菜的生物学特性和环境条件，特别是温度的要求，原则上是将蔬菜的生长期，特别是产品器官形成期安排在温度适宜的季节（月份），以利于品质和产量。

蔬菜种类、品种不同，种子发芽、幼苗生长、苗龄长短则不同，生育期长短亦不同。一种蔬菜露地育苗期的确定，首先根据其生长期长短和种植地区自然气候条件确定栽培季节、茬次和定植期，再根据定植适期及苗龄长短向前推算确定适宜的播种期。

(二)不同蔬菜露地育苗的时期

延后栽培的喜温果菜豆类、茄果类、瓜类(黄瓜),一般在夏季育苗,如豇豆在6月下旬,菜豆在8月上旬播种;茄果类蔬菜在6月上旬,黄瓜在7月上旬播种。

早秋栽培半耐寒叶菜,如甘蓝、花菜、大白菜、莴笋等,其早熟或早中熟、耐热、抗病力强的品种,一般在夏季育苗。如甘蓝类蔬菜在6月中旬,大白菜在7月上旬,芹菜在6月中旬,莴笋在6月下旬等播种。

秋季栽培的耐寒、半耐寒性蔬菜,一般在夏秋季播种。例如,甘蓝、花椰菜于7月上旬播种;莴笋于8月底至9月底,可排开播种;芥菜在9月中旬至10月上旬播种;大葱、洋葱在7月下旬至8月上旬播种。越冬栽培的要严格掌握播种期,控制冬前幼苗大小,防止先期抽薹。早春栽培的耐寒、半耐寒叶菜,如冬性强的甘蓝类蔬菜、莴笋、大葱、小白菜等,在秋冬季节育苗。甘蓝类蔬菜10月底播种、莴笋11—12月上旬播种,大葱9月播种,油菜(四月慢)立冬前后(11月上、中旬)播种,可避免未熟抽薹,增加淡季蔬菜品种。

(三)蔬菜露地育苗的苗龄

不同种类和品种的蔬菜,苗龄也不相同。露地育苗的苗龄一般较短,短苗龄有利于定植后缓苗和发棵。豆类、瓜类(黄瓜)的苗龄大约15 d,大白菜约20 d,莴笋、茄果类蔬菜约30 d,甘蓝类蔬菜约40 d,大葱80～90 d。

二、苗床播种和管理技术

(一)苗床建造

露地育苗一般在气候适宜、气温较高、光照比较充足的条件下育苗,苗床地应选择地势高燥、距水源近、田间排灌沟渠畅通的地方。

1.平畦和高畦苗床

在北方或在干旱的地区育苗,需要经常浇水,露地苗床大都做成平畦,平畦育苗,并覆盖塑料薄膜保温,还可在畦的北面用高粱秸、玉米秸或稻草麦秆等做成防风障,防风御寒,提高畦内温度。平畦要求畦面平坦,否则灌水或降雨后土壤适度不均匀,植株生长不整齐,特别是低洼积水处易引起根部病害,造成死苗。在南方或在雨水较多地区和多雨季节育苗,一般都采用高畦或半高畦,以利于排水防涝。

2.遮阳棚苗床

在高温、干旱、烈日或雨水多的季节育苗,小苗常因烈日暴晒、高温烤苗或雨水冲砸等原因的影响,很难出齐苗,出壮苗。为更有把握地育出壮苗,在种子播种后,即在苗床四周用粗细合适的竹竿或木桩搭设高1m以上的支架，上面覆盖遮阳网或无纺布，形成四周通风的凉棚，凉棚架要搭成北高南低，稍有倾斜，以便雨水向南边流入沟渠。凉棚覆盖面要大于床面15～20 cm，确保四周苗遮阳、防雨。另外，覆盖物要疏散，不宜过多，能形成荫凉即可，如果遮阳太多，虽防了雨水、暴晒，但缺少阳光，幼苗反而会长得不壮或出现徒长，所以遮阳要适度。遮阳棚应用于高温多雨季节的芹菜、秋甘蓝、秋花椰菜、秋番茄等蔬菜的育苗。

(二)苗床土的准备

1.苗床土配制原则

蔬菜育苗土一般叫营养土，是为了满足幼苗生长发育而专门配制的，含有多种矿质营养，疏松通气，保水保肥能力强，无病虫害。营养土一般由肥沃的大田土与腐熟厩肥混合配制而成。配制时应遵循以下原则：一是营养土要应采用含有丰富的有机质(有机质含量不少于30%)，疏松透气，总孔隙度60%左右，保水、保肥性能良好的土壤或沙质壤土；二是营养成分全，全氮含量0.5%～1%，速效氮含量60～100 mg/kg，速效磷含量100～150 mg/kg，速效钾含量大于100 mg/kg，除氮、磷、钾、镁、硫等大量元素外，还要有铜、铁、锌、硼、钼等多种微量元素，并且各元素的比例协调；三是营养土应保持中性，pH为6.5～7.0；四是物理性状良好，浇水不板结，缺水不干裂；五是无病原菌、草籽和虫卵；六是未种过同科蔬菜作物。

苗床土应避免工业污染，避免化学农药、除草剂、激素及其他有毒有害物质污染。多年种植蔬菜的菜园土，虽然土壤肥沃，物理结构好，但病原菌较多，往往导致苗期疾病的大量发生，可取种过葱蒜类和刚种过豆类作物地上的土壤，取土时最好取13～16 cm的表土。园土最好在8月高温时掘取，经充分烤晒后打碎、过筛，筛好的园土应贮藏在室内或用地膜覆盖，保持干燥状态备用。

苗床土配制根据用途可分为播种床床土和分苗床营养土。播种床的床土疏松度稍大，有机肥等材料的比例大些，园土的比例稍小，有利于提高土温、保水，利于发根、出苗。分苗床床土的园土比例大一些，床土具有一定的黏性，可以防止起苗时散坨。播种床营养土配制比例(体积比)为2份菜园土、1份有机肥，或4份菜园土、2份河塘泥、3份有机肥、1份砻糠灰。分苗床(营养钵)营养土配制时加入营养土总重的2%～3%过磷酸钙，增加钙和磷的含量。

营养土配制要求：有机肥要充分腐熟，土、粪都要松散细碎、过筛，肥土混合均匀，土壤pH调至6.5～7.0，然后铺于苗床或营养钵中。

2.床土消毒

在配制床土时将所有材料充分搅拌均匀，并进行床土消毒。床土可用药剂消毒或物理消毒。药剂消毒可用甲霜恶霉灵、生石灰、氯溴异氰尿酸等药剂加入土壤里密闭熏蒸，杀菌比较彻底，除杀死土壤里的病菌外还能杀死土壤里的线虫、草籽等。

物理消毒方法有蒸汽消毒法、太阳能消毒法等。蒸汽消毒法成本高，应用很少。在夏季露地育苗的，可采用太阳能消毒方法，于育苗前1个月左右，将苗床土铺好后浇透水，然后覆盖地膜，利用夏季的日光能可使土壤温度升高杀死有害生物。

(三)整地作床

露地育苗一般做临时苗床。苗床确定后，深翻坑土15～20 d，然后锄细整平作畦，平畦的畦面与地面平齐或略高，畦的周围筑畦梗，梗高10～15 cm、宽20～30 cm，踏实(夯实)形成下宽上窄的土梗，苗床宽1.3～1.7 m，苗床长度依育苗多少及地块长短而定。

苗床做好后，铺入配制好的营养土。播种床铺5～8 cm厚，分苗床铺10～12 cm厚。高畦苗床制作时先挖畦沟(即排水沟)，沟深(即畦的高度)20～30 cm，沟宽30～40 cm，畦边筑起3～5 cm高的畦梗，打碎挖出的沟土，整平畦面。

叶菜类育苗也可不准备营养土，在就地做好苗床后直接施入有机肥，与表土混匀即可。施肥量应根据不同蔬菜种类对肥力的要求及苗龄长短而定。一般1000 m^2施腐熟堆肥或厩肥2250～3000 kg，粉状过磷酸钙22.5～30 kg，草木灰150～225 kg，或硫酸钾30～37.5 kg及腐熟的人畜粪水1500～2250 kg作基肥，待收浆后锄细整平，使肥与土充分拌匀，耙平压实畦面，灌水踏实，再次整平，准备播种。

(四)苗床播种

1.种子处理

要培育壮苗必须选用质量合格的种子。播种前根据播种季节和蔬菜种类特点，发芽慢的可进行种子消毒，浸种、催芽等处理。

2.播种量计算

播种量主要根据栽培面积、栽培密度、种子质量、蔬菜种类、育苗技术等因素来确定，栽植一定面积某种蔬菜的需种量可按下式计算：

$$需种量(g)=\frac{单位面积需苗量}{每克种子粒数}\times 种子使用价值\times 栽培面积\times 安全系数$$

式中：种子使用价值＝种子发芽率(%)×种子净度(%)。

安全系数根据通常育苗条件下的成苗率，视种子的大小、播种季节、土壤耕作质量、栽培方式等不同，通常取值0.5～4。一般大粒种子的安全系数应比小粒种子的高；干旱季节以及雨季的播种量大，安全系数也要高；土壤耕作质量高的地块用种量可小，安全系数应低一些；育苗栽培的用种量较直播栽培的小，安全系数不宜过高。撒播法和条播法的需种量可参考点播法进行确定，但精确性不如点播法的高。

在适宜育种条件下，栽培每1000 m^2蔬菜的用种量，甘蓝类为30～60 g，茄子50～60 g，辣椒120～165 g，番茄30～45 g，黄瓜225～300 g，西葫芦300～375 g，莴笋30～45 g。

3.苗床面积

包括播种床面积和分苗床面积。其计算公式为：

播种床面积(m^2)=[需种量(g)×每克种子粒数×单籽面积(cm^2)]/10000

式中：单籽面积为每粒种子平均占床面积，通常取3～4 cm^2，依蔬菜种类的不同而异。辣椒、早甘蓝、花椰菜等可取3 cm^2，番茄可取3.5 cm^2，茄子可取4 cm^2。瓜类作物一般不分苗，可按苗床面积计算，播种床面积应根据需苗数、播种方式及蔬菜种类而定。

分苗床面积(m^2)=[分苗总株数×每株营养面积(cm^2)]/10000

式中：每株营养面积一般是：辣椒（双株）、黄瓜、西瓜、西葫芦、茄子、番茄为10 cm×10 cm，花椰菜为8 cm×6 cm。

几种常见蔬菜育苗单位面积需种量、播种床面积、分苗床面积见表3-4。

表3-4 几种常见蔬菜栽植1000 m^2育苗需种量和需要的苗床面积参数

蔬菜种类	需种量/g	播种床面积/m^2	分苗床面积/m^2	备注
番茄	30～45	9～12	60～75	
辣椒	120～165	9～12	60～75	
茄子	40～60	4.5～6	30～37.5	
黄瓜	225～300	60～75	—	一般不分苗
西葫芦	300～375	37.5～45	—	一般不分苗
早甘蓝	30～45	6～7.5	60～75	
花椰菜	30～45	4.5～6	30～37.5	
芹菜	75	37.5	—	不分苗
莴笋	30	3.8～4.5	36～42	

4.播种方式

露地蔬菜苗床播种方式主要有撒播、条播和点播3种。

(1)撒播　将种子均匀撒播到畦面上。撒播的蔬菜密度大,产量高,无须播种工具,省工省时,但也有管理不便、用种量大等缺点。适用于生长迅速、植株矮小的绿叶菜类及苗床播种。撒播分为干播(播前不浇底水)和湿播(播前浇底水)两种方法。干播一般用于湿润地区或干旱地区的湿润季节,趁雨后墒情合适、能满足发芽需要时播种。干播后适当镇压。如果土壤墒情不足,或播后天气炎热干旱,则在播后需要连续浇水,始终保持地面湿润状态直到出苗。湿播法用于干旱季节,催出芽的种子也要用湿播法。

(2)条播　将种子均匀撒在规定的播种沟内。条播地块行间较宽,便于机械播种及中耕等管理,同时用种量也减少。多用于单株占地面积较小而生长期较长的蔬菜,如菠菜、芹菜、胡萝卜、洋葱等。

(3)点播　将种子播在规定的穴内。适用于营养面积大、生长期较长的蔬菜,如:豆类、茄果类、瓜类等蔬菜。点播用时最省,也便于机械化耕种管理,但也存在穴间的播种深度不均、出苗不整齐、播种用工多、费工费时等缺点。根据株行距大小不同,点播法又有宽行点播、正方形点播、交叉点播等几种形式。宽行点播有利于田间管理、通风透光及防病,适宜于大型叶菜、根菜、茄果类、瓜类、薯芋类。正方形点播对大白菜、甘蓝等株体投影圆形的蔬菜较为有利,也适合播种营养面积较小的蔬菜,如早熟甘蓝、洋葱、小架番茄等。交叉点播使邻近行的播种位置相互错开,更能充分利用土地。

播种深度由种子大小、土壤质地、土壤温度、土壤湿度及气候条件等因素决定。覆土标准是种子厚度的5～10倍,种子较薄的为10倍左右,种子较厚的为5倍左右。小粒种子一般覆土1～1.5 m,中粒种子1.5～2.5 cm,大粒种子3 cm左右;高温、干燥及沙质土壤适当深播,反之适当浅播;喜光种子,如芹菜等宜浅播。

5.播种技术

播种前,将苗床土充分锄细整平,用细土填缝隙。床面整平后浇透底水,再在床面上撒床土或药土,最后将浸种催芽的种子均匀撒播,如大白菜、甘蓝、莴笋、芹菜、结球莴笋等。茄果类蔬菜用撒播或条播,可以在催芽的种子里掺些河沙,使种子松散。瓜类、豆类,如黄瓜、冬瓜、节瓜、豇豆等一般采用点(穴)播。播种后用细土覆盖种子,小粒种子,如芹菜盖0.5 cm厚,大粒种子,如黄瓜则盖2～3 cm厚为宜。盖土厚度依不同蔬菜种子而异。春季露地育苗要选择雨后晴天(或寒流过后的温暖天气)播种,切忌在大雨前或寒潮期播种,否则土壤板结,不利出土,或土温过低影响萌芽。播种时宜先浇底水，覆一薄层细土后再播种。播种后，春季可加设简易的覆盖，如薄膜，以遮阳、防热和保墒，当芽顶土时揭去，促进幼苗迅速出土生长。

（五）苗期管理

从播种到定植的整个育苗过程大致分为出苗期、小苗期和成苗期 3 个阶段。不同蔬菜不同阶段幼苗的生育特点和对环境条件的要求不同，故管理技术也不同。现主要以果菜育苗为例对各阶段幼苗生长特点和管理要求进行了介绍。

1. 出苗期

从播种至子叶出土展平为出苗期，主要是胚根和胚轴的生长期，黄瓜、番茄等喜温蔬菜适宜的温度为 25～30 ℃，结球甘蓝、芹菜等喜凉蔬菜适宜温度为 20～25 ℃。冬春季节温度偏低，发芽慢，出苗迟缓，常出现出苗不齐、低温烂种等问题；夏季温度过高，通常幼苗比较瘦弱。

烂种的可能原因有：霉变种子引起；浸烫种子；药剂浸种浓度或时间不适，对种子产生了药害；营养土中有机肥未腐熟，或化肥过量，肥土混合不匀；病菌侵入；床土过湿且温度低，种子长时间处于无氧或少氧的条件等。

出苗慢且不整齐的原因有：种子陈旧或受伤，床土过干或过湿，覆土过深或过浅，床温过低等。创造适宜的土壤水分，提高播种质量，秋冬茬播种时要适当遮阳和浇水降温，是实现一次播种保全苗的关键技术环节。

幼苗出土后子叶上的种皮不脱落，俗称“戴帽”。戴帽苗的子叶被种皮夹住不能张开，直接影响子叶的光合作用，也易损坏子叶，造成幼苗生长不良或形成弱苗。造成戴帽出土的原因很多，如种皮干燥，或所覆盖的土太干，致使种皮变干；覆土过薄，土壤挤压力小；出苗后过早揭掉覆盖物或在晴天中午揭膜，致使种皮在脱落前变干；地温低，导致出苗时间延长；种子生活能力弱等。这种现象对瓜果蔬菜的危害最严重。为防止“戴帽”出土，营养土要细碎，播种前浇足底水，浸种催芽后再播种，因为干籽直播容易出现戴帽出土现象；覆盖潮湿细土，不要覆盖干土；覆土厚度适当且均匀一致，如覆土太薄，可在幼苗顶土和齐苗时分别撒 0.5 cm 后的潮细土，以助幼苗脱帽和扎根；必要时在播种后覆盖无纺布、碎草保湿，若床土过干要立即用喷壶洒水，保持床土潮湿。发现有覆土太浅的地方，可补撒一层湿润细土，湿润种壳，创造子叶自行脱帽的条件。发现戴帽苗，可在早晚时手工轻轻摘掉种皮，避免在晴天中午强光下“摘帽”，以免灼伤子叶。

2. 小苗期

从出苗至分苗为小苗期，适宜温度为喜温蔬果菜类白天 25～26 ℃，夜间 10～

15 ℃；喜凉蔬菜白天 20 ℃，夜间 9～10 ℃。管理目标是防止小苗徒长形成“高脚苗”。幼苗徒长的主要原因是高湿、弱光、高夜温环境。露地育苗中预防措施主要是肥水调控，及时间苗、分苗，调节苗床土壤湿度和苗的密度，避免因苗拥挤造成高湿弱光环境。

间苗是该阶段的一项重要工作。若播种过密或播种不均匀，幼苗出土后，相互拥挤，生长纤细瘦弱，抗逆能力降低，形成徒长苗或纤弱苗。当苗子叶展开、心叶生长时，应及时间苗，增大幼苗营养面积，保证秧苗充分光照，避免幼苗生长纤细，培育壮苗。间苗时去掉畸形苗、子叶不全苗及病苗。同时，还要注意适时间苗，防止间苗过晚造成伤根死苗。由于露地育苗时苗床面积要求不是很严格，播种时一般不应过密。因此，间苗工作相对来说比较简单，只要剔除过密的秧苗即可。间苗后覆一层 0.5 cm 厚的细土护根。

“片土”即在床土表面定期撒潮细土，不仅有利于苗床保墒、降低湿度，还有利于促进不定根的发生，是培育壮苗的一项有效措施。片土要等到植株上的水珠干后再进行，一次片土厚 1 cm 左右，一般进行 2～3 次。

茄果类等苗龄较长的蔬菜，露地育苗时可以分苗。分苗是在育种过程中的移植，是将小苗从播种床内起出，按一定距离移栽到分苗床中或营养钵中。通过分苗可以扩大幼苗间距离，改善光照条件，有利于保持适当的温度、湿度，减少病虫害发生，增加秧苗营养面积，促进侧根发生和使根集中的作用；同时，茎叶营养面积生长受到抑制，调整了地上部与根系生长的平衡，使秧苗茎粗节短、叶厚色好、分枝多、开花结果早，以防幼苗徒长，提高成苗率，为高产打下基础。

果菜分苗的原则是：分苗在花芽分化前进行，茄果类应在 3～4 片真叶前完成。例如，番茄 3 叶期前，辣椒、茄子 4 叶期前。瓜类花芽开始分化早，一般不分苗。菜豆在第一复叶生长期前分苗；分苗前 3～5 d 要适当炼苗，分苗前一天浇水以利拔苗。分苗株行距多为(8～10)cm×(8～10)cm 出苗，分苗时栽苗宜浅不宜深。

分苗后注意遮阳保湿，加速缓苗。缓苗后幼苗生长加快，环境适宜时生长迅速而健壮。封行后注意防止幼苗徒长，定植前注意炼苗，主要措施是控水。

沤根是低温季节分苗后很易发生的一种生理病害。床温低，湿度大，肥料烧根等，都有可能发生沤根。发生沤根的植株一般表现为新根少，根外皮颜色黄褐色，腐烂，易拔起；茎叶萎蔫，叶片逐渐焦边、干枯或脱落，直到植株死亡。防止沤根最重要的是保持适宜的床温和土壤湿度。

囤苗是控制定植前秧苗徒长的有效措施。对于无容器育苗，在定植前 3～5 d 把苗床浇透水，第二天按株行距割坨，并把苗坨挪开晒坨，晒到土坨外表发白时向土坨缝隙中加潮湿细土，土坨表面也撒上一层土保湿。囤过的苗定植后适应性强，缓苗快。

3.成苗期

露地育苗环境管理主要依赖肥水和栽培措施调控。肥水管理的原则是施足基肥，一般不追肥。但在夏季由于雨水较多，养分易流失，育苗后期可根据秧苗长势适当追肥，可在下午叶面喷施0.2%磷酸二氢钾与0.1%～0.2%尿素混合液。水分管理方面，春天露地育苗初期以控水为主；在秋夏露地育苗中因蒸发量较大，应适当增加浇水次数，选择早晚浇水，这样也可降低地温。但在雨水较多时要注意及时排涝。

露地育苗要注意防冻、防旱和防草。喜温蔬菜春季育苗时，应防止低温造成的冷害，终霜后播种并覆盖地膜。地膜还可以在春风较大地区保持土壤湿润，利于防旱保苗。育苗期间要及时清除杂草，以利于秧苗健壮生长。春季杂草一般比蔬菜出苗早而快，注意苗床的除草工作。苗床浇水后或雨后，要注意中耕松土、除草，不便中耕时要经常浇水保持湿润。

夏季育苗、秋季定植的蔬菜，幼苗出土后，气温高、光照强、旱情比较重、暴雨多，不利于幼苗生长，可搭建简易荫棚，用遮阳网或麦秆茅扇遮阳，视天气状况及幼苗生长发育情况，加强揭盖管理，抵御灾害气候影响，培育壮苗。

第四节 蔬菜作物保护设施常规育苗技术

保护设施常规育苗是蔬菜育苗地主要形式，是指在低温寒冷季节，在具有保温防寒和提高或调节局部温度的保护设施内进行的土壤育苗方式。根据其育苗场所的不同，可以分为温室育苗、阳畦育苗、温床育苗、塑料拱棚育苗等。不同育苗设施有不同的特点，生产中通常合理搭配利用不同育苗设施。

一、不同育苗设施的特点和合理利用

(一)温室育苗

温室内各种条件较好，温度、湿度、光照等环境条件能得到较好的控制，是培养秧苗的理想场所。经济条件好的地区采用日光温室、现代化温室等专门作为育苗场所，培育的秧苗质量好，销路也好。温室专门作为育苗地场所，主要缺点是造价太高，很多地区常栽培育苗兼用，或采用温室育苗、阳畦分苗，或温室内搭建小拱棚

进行育苗等多种形式。

温室育苗冬春季节增温、保温；夏季遮阳，降温，一年四季均可育苗。一般瓜类蔬菜苗龄 30 d 左右，可在 3 月底至 4 月初播种育苗，4 月底至 5 月初定植露地。茄果类蔬菜番茄苗龄 60 d 左右，可在 3 月初播种育苗，4 月底至 5 月初定植露地。茄子、辣椒苗龄 70～80 d，可在 2 月中旬播种育苗，4 月底至 5 月初定植露地。

(二)阳畦育苗

利用日光加热苗床，床温受阳光控制，波动较大。特别是春季阴雪天特别多，出苗慢，秧苗生长缓慢，但秧苗生长苗壮，抗逆性强。阳畦修建方便，成本低，适合温度不是很低的季节应用。尤其适于耐寒蔬菜，如甘蓝类、特种蔬菜冬季播种育苗，也适于苗龄短的水果黄瓜、黄皮西葫芦等露地栽培育苗或茄果类分苗。

(三)温床育苗

温床育苗弥补了冷床育苗的缺点，利用电热线或酿热物等加温育苗，由于温度较高，比冷床育苗缩短苗龄 20～30 d。冬春季节可进行播种育苗或露地栽培的分苗，在很多地区都被使用。

(四)塑料拱棚育苗

有塑料大棚、中棚和小拱棚。大棚面积大、土地利用率高、光照条件好，空间大，管理方便，但不便加盖保温覆盖材料，冬春季节保温性能较差。春季可用于各种蔬菜的分苗，夏季用于秋菜播种育苗。冬春季节还可在大棚内搭建小拱棚，覆盖薄膜和草苫，进行蔬菜育苗。

生产中应根据育苗季节、成苗用途等合理选用和搭配不同育苗设施。例如，北方高寒地区寒冷季节育苗，应采用温室、温床等温度性能好的设施；不太寒冷的地区可用阳畦、拱棚等育苗。设施栽培的苗，应该采用温室或温床育苗，露地栽培的苗可用阳畦或拱棚育苗。

二、育苗时期和培养土的准备

(一)育苗时期的确定

育苗时期主要根据蔬菜种类、育苗设施类型、育苗方式、定植期和苗龄等决定。不管哪种栽培方式，在定植期确定后，减去育苗天数，即为播种期。

不同育苗方式的环境条件不同，幼苗生长速率不同，因而需要的育苗天数也不同(表 3-5)。

表 3-5　几种果菜不同育苗方式的育苗天数　d

种类	阳畦育苗	温室拱棚配套育苗	穴盘育苗
黄瓜	30～40	40～45	30～35
番茄、羊角椒	80～90	60～75	60
茄子	100～110	90～100	70～80
甜椒	100～110	90～100	70～80

苗龄是幼苗生育阶段和苗期的统称，有生理苗龄和日历苗龄两种表述方法。生理苗龄是指幼苗生长发育的程度，即幼苗形态的数量性状，可以比较准确地反映秧苗的实际发育阶段。生理苗龄常用“叶龄”来表示，如子叶苗、四叶苗等。果菜类除了用叶片数外，通常对幼苗的生殖生长状况加以描述。例如，番茄壮苗的适宜生理苗龄为 7～9 片叶，高度 15～20 cm，茎粗壮，横径 0.6～1 cm，子叶平展不脱落、绿色；节间短；茎、叶茸毛多，叶色偏深绿；第一花序现蕾但未开放；根系发达，侧根数量多，呈白色；无病虫害。

日历苗龄是指从播种开始统计的天数，即育苗期的长短。如 30 d 苗龄的生菜苗，40 d 苗龄的黄瓜苗等。

苗龄长短与苗大小并不是绝对统一的，在良好的育苗条件下，也可以用较短的苗龄培育出健壮的大苗。因此，要掌握一个原则，就是定植期秧苗刚好达到适龄壮苗的标准。既要考虑秧苗的日历苗龄，又要看幼苗的生理苗龄。

保护地育苗的秧苗锻炼天数为 5～8 d。

(二)培养土的配制和消毒

培养土也叫营养土、床土，是指用大田土、腐熟和有机肥、疏松物质(可选用草炭、细河沙、细炉渣、炭化稻壳等)、化学肥料等按一定比例配制而成的育苗专用土壤。蔬菜育苗要求培养土含有丰富的有机质，营养成分完全；物理化学性质良好，兼具蓄肥、保水、透气三种功能；微酸性或中性；不带主要的病菌、虫卵、杂草种子。

根据用途不同，营养土可分为播种床土和分苗床土。

1.播种床土

播种床土要求特别疏松、通透，以利于幼苗出土和分苗起苗时不伤根，对肥沃程度要求不高。配制体积比为：大田土 4 份，草炭(或马粪)5 份，优质粪肥 1 份；大田土 3 份，细炉渣(用清水淘洗几次)3 份，腐熟的马粪或有机肥 4 份。每立方米营养土可加化肥 0.5～1 kg。

也可选用 3～5 年内未种过同科蔬菜的田园土 2 份加细沙子 1 份、腐熟混合粪 1 份(牛、马、鸡、羊、人粪混合而成)。每 50 kg 混合粪中加重过磷酸钙 0.5～1 kg、尿素 0.5～1 kg、草木灰 1.5～2 kg，混合过筛。

2.分苗床土

分苗床土也叫移植床土。为保证幼苗期有充足的营养和定植时不散坨，分苗营养土应加大田土和优质粪肥的比例，配制体积比为：田土 5～7 份，草炭、马粪等有机物 3～4 份，优质粪肥 2～3 份，每立方米加化肥 1.0～1.5 kg。

为防止苗期病害，营养土配制好后通常应进行消毒处理。常用的消毒方法有药剂消毒、物理消毒等，具体方法参考露地育苗。

三、苗床播种技术

(一)苗床的准备

育苗前，应根据育苗蔬菜对环境的适应能力准备和选用育苗设施。温室、塑料大棚等大型设施内设多个苗床，每个苗床畦宽 1～1.5 m；温床、冷床、塑料小拱棚等小型设施内，只设一个苗床。

采用地热线育苗的，应事先在床内布设好地热线，并接通电源。单位苗床面积地热线的布线功率密度取决于设施类型、蔬菜种类、育苗地区、育苗季节等，一般每平方米苗床电热线功率为 80～120 W。

苗床准备好后，应在床内填入配置好的床土。茄果类、甘蓝类等蔬菜，一般分设播种床和分苗床，应分别填入已准备好的播种床和分苗床的床土。播种床床土厚度 6～8 cm，分苗床床土厚度 10～12 cm，常装入育苗容器(营养钵、纸筒、泥钵等)内。瓜类、豆类等蔬菜育苗时常直接在育苗容器内播种，因此直接在容器内填入床土装床。苗床装填好后，应整平床面，以便播种时浇水均匀。

低温季节育苗，苗床准备好后，应于使用前 3～5 d 覆盖设施升温。

(二)播种量和苗床面积的确定

播种量是影响秧苗质量和育苗效率的主要原因。播种前要根据市场上单位面积用苗数、种子使用价值和安全系数，计算栽培一定面积蔬菜的实际需种量，其计算式参照露地育苗部分，安全系数取值范围为 1.5～2。

播种床面积和分苗床面积的计算方法参照露地育苗。播种床中播种密度：中、小粒种子可按每粒有效种子占苗床面积 3～4 cm^2 计算，较大粒种子可按每粒有效种子占苗床面积 4～5 cm^2 计算。

分苗床中，单株(钵)营养面积为：辣椒(双株)、黄瓜、西葫芦、茄子、番茄 10 cm×10 cm，甘蓝、菜花为 8 cm×8 cm，即幼苗单株(钵)营养面积根据苗龄的长短可按 64～100 cm^2 计算。

豆类蔬菜一般都不分苗，苗床面积按分苗床面积计算。

(三)播种技术

保护地育苗播种宜选择晴天上午进行，并且播后能有 3～5 d 的晴天。阴雨天播种，地温低，迟迟不出苗，易造成种芽腐烂。

播前先浇透底水，以湿透床土 7～10 cm 为宜，浇水后薄薄撒一层细床土，并借此将床面凹处填平即可播种。茄果类、白菜类等较小粒种子采用撒播，催芽的种子易成团，可用细河沙或草木灰拌种后再播种；瓜类和豆类等种子较大、不耐移植的蔬菜采用营养钵点播或营养土方点播。播种时，瓜类种子应平放，不要竖插种子，防止出苗时种皮夹住子叶不能展平，产生子叶“戴帽”现象。播后应立即用潮湿的细床土覆盖种子。覆土厚度依种子大小而定，茄果类、甘蓝类、白菜类等小粒种子覆土 0.5～1 cm，瓜类、豆类等大粒种子覆土 2～3 cm。覆床土太薄，床土易干，出苗时易发生子叶“戴帽”；覆土过厚，出苗延迟。若用药土，浇透底水，待水渗透后撒一层药土，播种后盖一层药土，上面再覆一层细潮土。

四、苗床管理技术

(一)出苗期管理

从播种到子叶出土展平为出苗期。播种后应立即用地膜或无纺布覆盖床面，增温保墒，为幼苗出土创造温暖湿润的良好条件。喜温蔬菜苗床温度控制在 28～30 ℃，喜凉蔬菜 26～28 ℃。冬季育苗可通过铺设电热温床、加盖小拱棚来提高温度。当幼芽大部分出土时，要及时撤掉地面覆盖物，并撒上一层细潮土或草木灰来减少水分蒸发，防止病害发生。80%幼苗达“跪腿”期应开始通风，降低苗床气温，尤其是夜温，并尽早见光，以控制下胚轴生长，防形成“高脚苗”。

(二)小苗期管理

从出苗到分苗为小苗期，是果菜类幼苗的基本营养生长期，下胚轴容易徒长，并易发生苗期病害。管理重点是创造光照充足、低温适宜、气温和湿度稍低的环境条件。喜温蔬菜日间气温 25～28 ℃，夜间气温 12～15 ℃；喜凉蔬菜日间气温 20～25 ℃，夜间气温 10～12 ℃，土温控制在 13 ℃以上。草苫早揭晚盖，延长光照时间，小拱棚白天揭开使幼苗多见光。此期尽量不浇水，可向幼苗根部筛细潮土，减少床面水分蒸发，降低苗床湿度；同时还可以对根部进行培土，促使不定根的发生。筛土要在叶面水珠消失后进行，否则污染叶片。后期如苗床缺水，可选晴天浇 1 次透水再保墒，切忌小水勤浇。如发生猝倒病应及时将病苗挖去，以药土填穴。

(三)分苗

苗龄长的蔬菜,如茄果类育苗中,为了合理利用苗床,一般进行一次分苗。瓜类和豆类蔬菜苗龄短,一般不分苗。果菜类从苗期就开始进行花芽分化,茄果类一般在幼苗 2～3 片真叶展开后就进入连续花芽分化期,为了避免分苗对花芽分化的影响,分苗应在子叶期进行。早分苗根系小,叶面积不大,移植时不易伤根,蒸腾小,成活快,并能促进侧根大量发生。

分苗前 3～4 d 应逐渐降低播种床温度、湿度,给以充足的阳光,增强幼苗的抗逆性,以利分苗后迅速缓苗。分苗前 1 d 播种床浇 1 次透水,避免起苗时伤根。不耐移植的蔬菜应采用营养钵分苗,耐移植的蔬菜可采用开沟分苗。分苗时注意淘汰病弱苗、无心叶苗等。如幼苗不齐,可按大小分别移植,以便于管理。分苗应选择晴好天气进行。

分苗后及时封闭苗床保温或加温,创造有利于缓苗的高温、高湿环境。缓苗前不通风,晴天中午苗床温度高时可采用遮阴降温。4～7 d 后,幼苗心叶开始萌发,标志着新根生长,已完成缓苗。

(四)成苗期管理

分苗到定植前为成苗期,此期生长量占苗期总量的 95%,其生长中心仍在根茎叶;同时,果菜类又有花器形成和大量的花芽分化。此期要求有较高的日温、较低的夜温、强光和适当的肥水,后期应避免幼苗徒长,促进果菜类花芽分化,防止温度过低造成叶菜类未熟抽薹。

1.温度管理

喜温蔬菜的适温指标为日温 25～30 ℃,夜温 13～16 ℃;喜凉蔬菜日温 20～22 ℃,夜温 10～13 ℃。昼夜温差保持 10 ℃左右。夜温过高,呼吸消耗大,幼苗徒长细弱。温度管理要根据天气情况调节,晴天光合作用强,温度可高些;阴天为减少呼吸消耗,温度可低些。

地温高低对秧苗作用大于气温。严寒冬季,只要地温适宜,即使气温偏低秧苗也能正常生长。因此,成苗期适宜地温为 15～18 ℃。

定植前 5～7 d 应逐渐加大通风,降低苗床温度,对幼苗进行适应性锻炼。

2.水分管理

成苗期秧苗根系发达,生长量大,必须有充足的水分供应,才能促进幼苗的生长发育。水分管理应注意增大浇水量,减少浇水次数,使土壤见干见湿。浇水宜选择在晴天的上午进行,冬季保证浇水后有 2～3 d 连续晴天。否则,温度低,湿度大,幼苗易发病。

3.光照管理

保护地育苗成苗期光照管理的原则是:尽量增强光照,延长光照时间。对于光照分布不均的设施,可通过倒坨把小苗调至温光条件较好的中间部位。苗长大后将营养钵分散摆放,扩大受光面积,防止相互遮阴。每次倒坨后必然损伤部分须根,故应浇水防萎蔫。冬季弱光季节温室育苗可在苗床北部张挂反光幕增加光照。

4.其他管理

苗期注意防病虫,定植前趁幼苗集中,可追施1次速效氮肥,喷施1次广谱性杀菌剂。

第五节 蔬菜作物嫁接育苗技术

一、嫁接育苗的目的和意义

嫁接育苗时将栽培品种的幼苗苗穗(即去根的蔬菜苗)或带芽枝段,接到另一野生或栽培植物的适当部位上,使其产生愈合组织,形成一株新苗。蔬菜嫁接育苗可减轻和避免土传病害,克服连作障碍;通过选择适宜的砧木,还可增强秧苗对逆境的适应能力,提高根系对肥水吸收能力,促进蔬菜的生长发育,从而达到提早收获、增加产量、改善品质的目的。

(一)可减轻和避免土传病害,克服连作障碍

瓜类枯萎病病原菌在土壤中存活的时间长,重茬种植危害重,而药物防治成本高,难度大,容易对环境造成污染,嫁接则可以很好地达到防病的目的。茄子黄萎病、番茄的青枯病和枯萎病等均可通过嫁接得到有效的控制。

(二)可促进根系发达,长势强,增强根系抗低温能力

多数砧木来自野生和半野生植物,根系发达,抗逆性强,根系抗低温能力强,用其嫁接表现出耐寒、耐旱、耐瘠薄等特性。南瓜具有良好的地温伸长特性,尤其是黑籽南瓜耐低温能力更强。因此,在冬春设施栽培作为砧木得到广泛的应用。

(三)可促进蔬菜生长发育,延长生育期,提早成熟,提高产量

嫁接利用砧木发达的根系增强植株吸收水分和养分的能力,增加根部物质的合成,提高地上部代谢活性和抗性,使得代谢旺盛,为早熟丰产打下基础。砧木的耐低温特性使嫁接植株在较低温度下也能生长,可以提早定植,提前开花坐果,延

长生育期和采收期，达到提高产量的目的。

(四)可改善品质，提早成熟

嫁接基本综合了两株植物的优势，一般通过砧木的选择提高接穗的抗逆性，通过接穗的选择提高品质等。

二、蔬菜作物幼苗嫁接生理

(一)嫁接对砧木的要求

1.砧木的亲和性

砧木的亲和性一般用亲和力表示。亲和力包括嫁接亲和力和共生亲和力。嫁接亲和力是砧木和接穗间的愈合能力，嫁接后易愈合、成活率高，表示嫁接亲和力强；共生亲和力是指嫁接成活后的共生能力，嫁接苗发育正常、能正常结果、无生育不良现象。

2.砧木的抗病性

提高抗病性是嫁接栽培所要解决的首要问题。因此，砧木本身是否具有抗病能力特别是抗土传病害的能力，是判断其是否能作为适宜砧木的重要标准。

3.砧木的生育特性

通过了解砧木的生育特性，可以更好地与接穗品种、栽培季节和栽培方式配套。一个品种的适宜性是因时因地而言的，黑籽南瓜作砧木在冬季低地温情况下可以发挥它耐低温的优势，但如果在夏季高温多雨季节用黑籽南瓜作砧木，它的生长势就比其他南瓜品种差，耐低温这一优势就变成了劣势。因此，每一种砧木除具有抗病性之外，在生长发育上还要有一定特性，以便在栽培上配套，形成系列品种砧木。

4.产量

砧木的增产能力主要通过砧木的抗病性和抗逆性实现。采用高抗的砧木与栽培品种嫁接，通过砧木来阻止病原菌的侵入，诱导植物产生抗性，增强生长势，以减少或控制发病株的出现，最后达到群体产量和单株产量的共同提高。但是具备了优良砧木并不等于就能高产，好的砧木只是获得高产的一个基础，还必须掌握准确的嫁接技术和配套栽培管理技术(如施肥、灌水、耕作、植株调整等)，才能发挥砧木的增产优势。

5.品质

品质也是选择砧木的一个重要标准，尤其对西瓜、甜瓜等水果型蔬菜，肉的质地、可溶性固形物含量、口感、果型、果皮厚度等在商品生产中占有重要地位。为此，深入研究砧木与果实品质的关系，搞清楚每一种砧木对嫁接后果实品质的影响，进而选用高质量的砧木，是不断提高嫁接栽培效果的重要基础。

（二）嫁接对接穗的要求

要根据温室的温光性能和生产茬口，选择适宜的接穗品种。由于目前我国还没有理想的日光温室果菜类生产专用品种，只能从现有的品种中选择耐低温、耐弱光、株型紧凑、优质、高产、抗病，且对高温又有一定适应性的品种；同时，还要按照所选定品种的生育特性，确定适宜的播种期。若播种过早，株龄偏大，抗寒力下降；过晚，株龄不足，初果采摘时间晚，产量高峰期后移，持续时间缩短，影响产量和效益。

（三）嫁接亲和性及其影响因素

嫁接亲和性（graft compatibility）决定着嫁接后砧木与接穗的伤口能否迅速结合并愈合。影响嫁接亲和性的因素很多，如光照、温度、水分等不适宜的外界因子，病毒或病原体物质的侵染，接穗与砧木的解剖结构和生长特性的不同，均可影响嫁接成功与否，但它们不是引起嫁接亲和性与非亲和性的本质因素。接穗与砧木间生理生化性质上的区别，如苗龄、淀粉含量、蛋白质的特异性等能够影响嫁接，它们在嫁接亲和性机制中的作用有待进一步论证。遗传因素是影响亲和性的重要因素，一般来讲，接穗与砧木分类学上关系越近，嫁接成功率越高；分类学上关系越远，排异现象越强烈。

嫁接愈合要比伤口愈合复杂得多，它涉及嫁接亲和性与非亲和性机制、嫁接愈合的组织学和细胞学变化以及生理生化作用等多方面的问题。“番茄/番茄”嫁接组合在愈合的过程中，过氧化物酶起到创伤响应、调节生长素水平、参与木质素合成等作用（卢善发，2000）。嫁接对茄子（李能芳等，1999）植株过氧化物酶同工酶、黄瓜（肖桂山等，1995）特异蛋白质产生均有影响。

嫁接系统是一种细胞信号识别系统，与嫁接亲和性相关基因的表达有关（牛蒙亮，2019）。嫁接的亲和性与不亲和性取决于接穗和砧木细胞间的相互识别作用。假设嫁接初期接穗细胞与砧木细胞表面接触，交换一个可移动的信息分子，或细胞壁溶解出现小孔，细胞质膜相遇后发生识别反应。亲和的组合，质膜释放蛋白质，形成具有催化活力的复合体，不亲和的组合则不能形成这种复合体。识别反应导致嫁接过程的一系列组织学、细胞学变化。识别分子可能是凝集素或寡糖素，并做了一系列试验说明嫁接过程包含着细胞识别反应。用茄科植物番茄、曼陀罗、假酸浆、烟草、茄子、矮牵牛、辣椒相互嫁接，有些组合是亲和的，有些是不亲和的。上述植物属于同一科，没有解剖结构的重大差异，用的都是去病毒植株，在组织切片上也看不到因释放有毒物而形成的坏死层。据此认为，嫁接过程存在着某种形式的细胞间相互识别的过程。用上述植物叶子的细胞制备原生质体，又从种子中提取凝集素粗提液，用上述各种植物种子的粗提液处理各种植物的原生质体，发现原生质体的凝集作用与嫁接亲和性之间有一定的相关性。如番茄/曼陀罗是亲和的，番茄/假酸浆是不亲和的。番茄种子提取液可使番茄和曼陀罗的原生质体凝集，而难以使假酸浆原生质体凝集。用电泳方法发现嫁接组合形成过程中有特异蛋白的合成，称之为嫁接蛋白(grafting protein)。嫁接蛋白的证实从一个侧面支持了细胞识别假说。然而，什么基因控制嫁接的亲和性，以及该基因的表达产物和生物学过程至今仍不清楚。

园艺实践中，广泛应用与不亲和组合的双方都亲和的中间砧，去克服不亲和性，而使嫁接成功。中间砧木可以小至 2 mm 的薄片，其作用可能是提供一个识别反应所需的亲和界面，或作为激素源，或起过滤作用，尚待进一步研究。

综上所述，嫁接亲和性和非亲和性可能不是单一因素作用的结果。接穗与砧木间细胞识别，生理生化相互作用(如毒素、激素等)在嫁接组合发育过程中都起着一定的作用。在所有限制因子中，往往有一个主要限制因子。

(四)共生亲和性及其影响因素

共生亲和性是指嫁接亲和的砧木与接穗，能否共同协调生长的特性。这关系到砧木与接穗间物质运输、物质代谢能否融为一体。不亲和有很多特征，一般认为出现以下情况表明是不亲和的：生长季后半期叶变黄，早期落叶，营养生长衰退，新梢死亡；植株生病早亡；砧穗之间的生长速度或生长势有明显差异等。

只有嫁接亲和性，没有共生亲和性的砧木和接穗，只能长在一起，但不一定能长期在一起生活下去。影响共生亲和性的因素主要是砧木与接穗的亲缘关系，以及生理代谢上的相似性等。

三、嫁接砧木及其选择

嫁接育苗的关键是砧木选择。嫁接前，首先了解嫁接对象可供选用的砧木种类及其特点，根据栽培季节、栽培方式、土壤条件和品种类型选择适宜砧木和接穗。

(一)砧木具备的条件

优良的嫁接砧木应具备以下条件：一是与接穗的嫁接亲和性强并且稳定；二是对蔬菜的土传病害具有免疫性或较强抗性；三是能明显增强作物的生长势和抗逆性；四是对作物的品质无不良影响；五是砧木种子易获得、价格低。

(二)主要蔬菜的嫁接砧木

1.黄瓜的砧木

主要有黑籽南瓜、中国南瓜、杂种南瓜、印度南瓜、美洲南瓜、多刺黄瓜等。其中,黑籽南瓜较为常用,其特点为子叶肥大,下胚轴粗短,便于嫁接,嫁接及其共生亲和性好,高抗枯萎病和疫病,根系发达,吸收能力强,地温伸长性好,生长旺盛,早熟丰产。

(1)黑籽南瓜　又称云南黑籽南瓜。多年生或一年生草本,蔓生,全株被刺毛。果实短圆筒形,果皮深绿,具浅绿斑,坚硬,果肉白色,肉质粗,强纤维性。种子圆形,千粒重 224 g,黑色,新种子采收后有休眠期,当年发芽率低(约 40%)。黑籽南瓜植株耐低温性强,抗枯萎病。目前是我国黄瓜嫁接应用最为广泛的砧木品种。

(2)南砧 1 号　辽宁熊岳农业专科学校培育,较适合日光温室越冬茬和冬春茬黄瓜嫁接栽培。比黑籽南瓜幼苗茎的髓腔小,纤维化程度低,适宜嫁接时期比较长。与黄瓜嫁接亲和力和共生力强,嫁接苗容易成活。嫁接植株生长势强,抗逆性和抗病性也强。主要缺点是对黄瓜品质影响不稳定,遇到高温时黄瓜果实容易产生南瓜味。

(3)新土佐　笋瓜与中国南瓜种间杂种。生长强健,分枝性强,耐热。一般用作西瓜、黄瓜、甜瓜的砧木,高温下不抗病毒病。

(4)壮士　台湾农友种苗公司新育成的砧木南瓜。属于中国南瓜,生长强健,根部抗枯萎病,适用作黄瓜、丝瓜等的砧木。壮士根系吸收肥水能力强,低温生长性强,可使嫁接黄瓜生长结果更佳。

(5)共荣　台湾农友种苗公司育成的砧木南瓜。抗枯萎病,可以连作,嫁接亲和性良好,成活率高,低温生长性强,吸肥力强,嫁接后黄瓜生长发育和结果良好,对果实品质无不良影响。

(6)ART 一辉　日本琦玉原种育种公司 1997 年育成的南瓜一代杂种。为工厂化穴盘育苗专用品种。种子黑色,胚轴粗,子叶小,叶片厚,根群发达,根量多,断根后易生新根。

(7)领班人　日本金子种苗公司 1997 年育成的南瓜一代杂种。胚轴比同类品种粗,子叶厚大,亲和性好,适合各类黄瓜品种嫁接。嫁接苗定植后成活快,根再生能力强,扩展快,根系肥料利用率高,不易早衰,高产,商品瓜率高。抗枯萎病,适合各种栽培方式,低温期温室和露地也能生长。嫁接时砧木比接穗黄瓜早播 2 d。

2.西瓜的砧木

主要有葫芦(瓠瓜)、南瓜、冬瓜、西瓜共砧等。其中,葫芦是理想的西瓜砧木,嫁接亲和性强，共生亲和性好，耐低温、干旱，抗枯萎病，根系发达，长势稳定，增产，对品质影响小。

（1）长瓠瓜　南方菜用早熟品种。果实长圆柱形，白绿色，植株长势中等，早熟，坐果稳定。适于作早熟西瓜嫁接栽培的砧木，但耐热耐寒性较差，易引起早衰，有时发生急性凋萎。

（2）圆葫芦　属大葫芦变种。果实圆或扁圆，生长势强，根系深，耐旱性强。适于作高温期西瓜嫁接栽培的砧木。

（3）相生　由日本引进的西瓜专用嫁接砧木，是葫芦的杂交一代。嫁接亲和力强，生长健壮，较耐瘠薄，低温下生长性好，坐果稳定，适于作早熟西瓜的砧木。

（4）新土佐　由日本引进，为印度南瓜与中国南瓜的杂交一代。与西瓜亲和力强，较耐低温，生长势强，抗病，早熟，丰产。

（5）超丰　中国农业科学院郑州果树研究所培育的西瓜嫁接专用砧木，为葫芦杂交种，杂种优势突出，不仅高抗枯萎病，抗重茬，叶部病害也明显减轻，植株生长健壮，根系发达，吸收肥水能力强，与西瓜亲和力强，共生性好，具有易移栽、耐低温、耐湿、耐热、耐干旱等特点，嫁接面在低温下生长快，坐果早而稳，对西瓜品质无不良影响。

（6）京欣砧1号　北京蔬菜研究中心最新培育的葫芦与瓠子的杂交二代。高抗西瓜枯萎病，与接穗亲和力和共生性好，根系发达，下胚轴粗壮，不易徒长，嫁接后地上部生长势强，抗叶部病害，对果实品质影响小。

（7）勇士　属杂交一代野生西瓜。具有发达的根系和旺盛的生长势，耐湿耐旱性好，耐寒耐热性强，幼苗下胚轴不易空心。与西瓜嫁接亲和力好，共生亲和性强，成活率高。嫁接苗生长快，坐果早而稳。与瓠瓜、南瓜等砧木相比，对品质的影响小。不仅能抗枯萎病，耐重茬，也可减轻叶面病害。

（8）圣砧二号　西瓜嫁接砧木，美国引进品种，葫芦型杂交种，高抗枯萎病、炭疽病、凋萎病和根结线虫，嫁接亲和力好，共生性强，嫁接成活率高，产量提高30%左右，克服了其他西瓜砧木嫁接后带来的皮厚、瓜形不正、变味等缺点，对西瓜无不良影响。

（9）圣奥力克　西瓜嫁接砧木，美国引进品种，野生西瓜型杂交种，抗枯萎病、炭疽病，嫁接亲和力好，共生性强，嫁接成活率高，耐低温，耐弱光，耐瘠薄。由于同属西瓜类，对西瓜品质无不良影响。

（10）青研砧木一号　青岛市农业科学研究所选育的一代杂种。抗枯萎病效果达100%，在同一地块上利用该砧木嫁接育苗栽培，连续多年不发病。该砧木较耐低温，嫁接苗定植后前期生长快，有较好的地温伸长性和低温坐果性。具有促进生长、提高产量的效果，并且对西瓜品质无影响。该砧木不仅是优良的西瓜嫁接砧木，还适于嫁接甜瓜及黄瓜。

3.甜瓜的砧木

主要有南瓜、葫芦、冬瓜、丝瓜、甜瓜共砧。以南瓜为砧有利于提高接穗抗性，促进生长，提高产量。但采用共砧嫁接亲和性好，对果实品质无不良影响。

(1)圣砧一号　由美国引进的白籽南瓜型杂交种，高抗枯萎病、青枯病、立枯病、凋萎病，嫁接亲和力好，共生性强，嫁接成活率高，抗旱，耐低温耐瘠薄。适于厚皮和薄皮甜瓜。

(2)青研甜砧　青岛市农业科学研究所研制的一代杂种。与甜瓜亲和力强、抗枯萎病、对甜瓜品质无不良影响。

(3)日本耐病新交台木　由日本引进，苗期、生长期、结果期和亲和力、耐病力都特别强。既不影响甜瓜的品质，又能提高产量。

4.番茄的砧木

主要来源于其近缘野生种及杂交后代。

(1)BF 兴津 101　日本品种，抗青枯病、枯萎病，幼苗早期生长速率较慢，茎较细。嫁接苗吸肥力和生长势中等，不影响果实品质，适于设施和露地栽培。

(2)LS-89　日本品种，抗青枯病、枯萎病，幼苗早期生长速率中等，茎较细，易嫁接。嫁接苗根系发达，吸肥力和生长势强，适于设施和露地栽培。

(3)PFN　抗青枯病、枯萎病和根结线虫。

(4)KNVF　野生番茄和栽培番茄的杂交一代，抗褐色根腐病、黄萎病、枯萎病和根结线虫。

(5)大维番茄根砧　高抗青枯病、枯萎病、根腐病、黄萎病、根结线虫病等。耐高温、耐低温、耐旱。根系发达、生长势强、亲和性好、产量高、品质佳。

(6)久留大佐　杂交一代番茄嫁接专用砧木品种，具有很强的杂种优势，嫁接亲和力高，共生力强，存活力高，嫁接效果好。嫁接后植株高抗青枯病、凋萎病、根瘤线虫病及番茄嵌纹病病毒，特别适合番茄老产区。

(7)果砧一号　专用于茄果类蔬菜嫁接的砧木型番茄一代杂交种。生长势强，根系发达，不早衰。果实红色，中小果。对土传病虫害具有复合抗性，兼抗番茄花叶病毒(ToMV)和叶霉病，耐重茬性强。果砧一号是番茄、茄子克服土传病害连作障碍的理想砧木，特别对茄子黄萎病及重茬死秧防效显著。

5.茄子的砧木

通常为对土传病害高抗或免疫的野生茄及杂交种，如托鲁巴姆、刺茄(CRP)、赤茄、VF 耐病等。

(1)托鲁巴姆　野生茄,亲和性好,成活率高,对青枯病、黄萎病、枯萎病和根结线虫病高抗或免疫,根系发达,吸收力强,耐热,耐旱,耐湿,生长势强,高产优质。但种子休眠性强,发芽困难,幼苗初期生长缓慢,适于多种栽培形式。

(2)刺茄(CRP)　野生茄,嫁接亲和性强,高抗青枯病、黄萎病、枯萎病和根结线虫病等土传病毒,根系发达,耐涝,生长高盛,产量高,品质优。但种子休眠性强,幼苗初期生长缓慢,适于设施栽培。

(3)赤茄　野生茄,嫁接亲和性强,高抗枯萎性强,中抗黄萎病,较耐寒、耐热,低温下伸长性好,根系发达,茎秆粗壮,节间较短,生长势强,高产,果实品质优,适于多种栽培形式。

(4)VF耐病　杂交种,嫁接亲和性好,高抗黄萎病、枯萎病,对青枯病和根结线虫病抗性一般,耐高温、干旱,也耐低温,根系发达,茎秆粗壮,节间较长,种子易发芽,幼苗生长速率较快,嫁接后生长旺盛和总产量较高,品质优。

6.辣椒的砧木

目前砧木较少,多为抗病共砧。

(1)威壮贝尔　日本引进的杂交椒类专用砧木品种,高抗疾病,根腐、青枯等多种病害,防治由各种土传病害引起的死棵现象,根系发达,长势旺盛,耐寒暑,耐干湿,亲和性、共生性极强。嫁接后坐果率提高且不影响接穗原有性状。

(2)新峰四号　最新育成杂交一代辣椒嫁接砧木,该品种茎部叶柄有毛,根系发达,亲和力强,既抗根结线虫,又抗根基腐病、青枯病等土传病害。

(3)塔基　最新欧洲引进品种,根系发达,植株茎部叶柄有毛,亲和力强,对根结线虫病、疫病,根基腐病,青枯病等均有较强抗性;使用塔基砧木嫁接生产,可有效控制甜椒类死棵现象发生,极大增强植株的抗病、抗虫及抗逆能力,产量可提高20%～30%,增加效益。

四、嫁接方法和技术

蔬菜幼苗嫁接方法多样,不同嫁接方法要求砧木与接穗的播种期、嫁接时期不尽同。

(一)靠接法

适用于胚轴较细的砧木种类。靠接法保留接穗的根系,待成活后再断根,操作容易,管理方便,成活率高,但工序繁琐,效率较低。而且,瓜类蔬菜嫁接接口位置较低,定植后容易受土壤污染和发生不定根,降低嫁接防病效果。靠接应注意的问题是砧木切口位置和切口大小,以及接口和断根的部位。

1.瓜类蔬菜靠接

以黄瓜嫁接为例,砧木为黑籽南瓜,接穗为黄瓜。黄瓜比黑籽南瓜早播 5～7 d。南瓜苗的子叶展开、第一片真叶初露,黄瓜苗子叶完整展开,第一片真叶微露时,为嫁接最佳时机。此时,将苗取出后,用双面刀片线将南瓜苗的顶心切除,从子叶下方 1 cm 处,自上而下成 45°角下刀,切深至茎粗的 1/2;再取黄瓜苗,从子叶下部 1.5 cm处,自下而上呈 45°角下刀,切深至茎粗 2/3。把两个切口互相嵌入,使一端韧皮部对齐,黄瓜子叶上面,用嫁接夹固定(图 3-2)。嫁接后立即栽到装有营养钵中或装有基质的穴盘中,放入嫁接苗床,然后及时浇水,并扣小拱棚,用草苫遮阴。

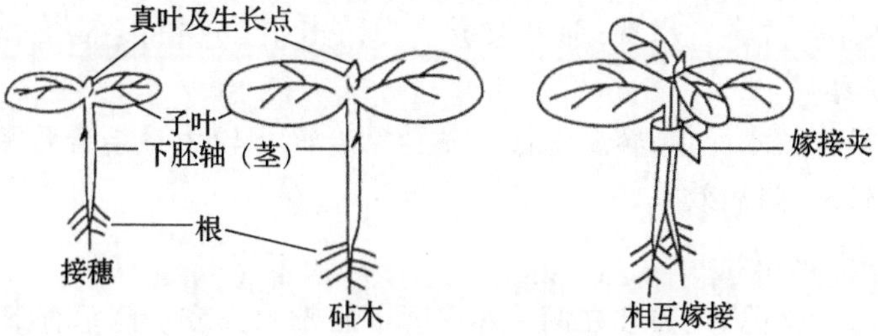

图 3-2　黄瓜幼苗靠接示意图

2.茄果类蔬菜靠接

茄果类蔬菜靠接一般砧木比接穗早播 5～7 d。砧木和接穗均长至 3～4 片真叶嫁接,切口均选在第一片与第二片真叶之间,或者子叶与第一片真叶之间,去除砧木的顶梢。方法同上。嫁接完后将砧穗复合体移栽,保持两者根距 1～2 cm,以利于成活后断茎去根。

(二)插接法

适用于胚轴较细的砧木种类。嫁接适期瓜类蔬菜为接穗子叶全展,砧木子叶展平、第一片真叶显露至初展;茄果类蔬菜为砧木 4～5 片真叶,接穗 2 叶 1 心。插接法砧木取出,不用嫁接夹不用断根,嫁接速度快,操作方便,省工省力。嫁接部位紧靠子叶节,细胞分裂旺盛,愈合速度快,接口牢,成活率高。接口位置高、不宜再度污染和感染,防病效果好。插接要求嫁接技术熟练,嫁接苗龄和愈合管理要求严格。

1.瓜类蔬菜插接

以黄瓜嫁接为例,黄瓜比南瓜晚播种 3～4 d。取出砧木和接穗(砧木如播种于营养钵中可不挖出),用一根和黄瓜胚轴粗细一致的竹签削成鸭嘴形,去掉南瓜的生长点,沿一侧子叶基部斜插到另一子叶下的皮层处,戳成 0.5 cm 左右深度的孔。然后在黄瓜子叶下 1 cm 处向下双向斜切除根,切口最后成楔形,长 0.4 cm,然后将切口向下于苗钵中(就地嫁接则无须如此),摆入苗床。及时浇水,并扣小拱棚,用草苫遮阴。

2.茄果类蔬菜插接

在砧木第一片或第二片真叶上方横切,去除腋芽,然后用竹签从口处或叶腋部位向下斜插,以尖端不扎破表皮为度;将接穗在子叶或第一片真叶下切呈楔形,插入砧木小孔。

(三)劈接法

西瓜、茄子、辣椒、番茄等蔬菜多用劈接法。嫁接适期,瓜类蔬菜为接穗子叶充分展开,砧木第一片真叶出现;茄果类蔬菜为砧木 5~6 片叶,茎粗 0.4~0.5 cm,接穗 4~5 片真叶。

劈接法操作技术简单,容易掌握。砧穗结合面积较大且结合紧密,成活率高。接穗离地面较高,防病效果好。

1.瓜类蔬菜劈接

将砧木心叶摘除,用刀片在两片叶中间下胚轴中央或一侧垂直下切,长度 1~1.5 cm;将接穗下胚轴削成楔形。削面长度与砧木切口长度对应;将接穗插入砧木切口,使两者密接并用嫁接夹固定。

2.茄子、辣椒、番茄劈接

保留砧木基部 1~2 片真叶,将上部茎切除,从切口下部垂直纵切长度 1~2 cm;保留接穗上部 2~3 片真叶切段,将其基部削成楔形后插入。嫁接过程见图 3-3。

(四)贴接法

瓜类蔬菜砧木苗的子叶展开、第一片真叶初露,接穗苗子叶完全展开,为嫁接的最佳时机。茄果类蔬菜长至 4~6 片真叶。

贴接法操作简单,速度快,效率高,适于批量嫁接,但不如劈接法愈合牢固。

1.瓜类蔬菜贴接

穗比砧木早播 4~6 d。嫁接时用刀片斜向下削去砧木的生长点及一片子叶,切面长度 0.5~0.8 cm。在穴盘中取出接穗,在平行子叶伸展方向的胚轴上,距子叶 1 cm 出斜向下削成长 0.5~0.8 cm 平面。然后将砧木和接穗的两个平面贴在一起,用平面嫁接架固定。嫁接后放入嫁接苗床,并扣小拱棚,用草苫或遮阳网遮阴。

2.茄果类蔬菜贴接

在砧木第一片或第二片真叶上方成 30°斜切,去掉顶部,切面长度 1~1.5 cm;将接穗拔出,保留顶部 2~3 片真叶,切除下端,斜面与砧木对应;将砧穗切面对齐,

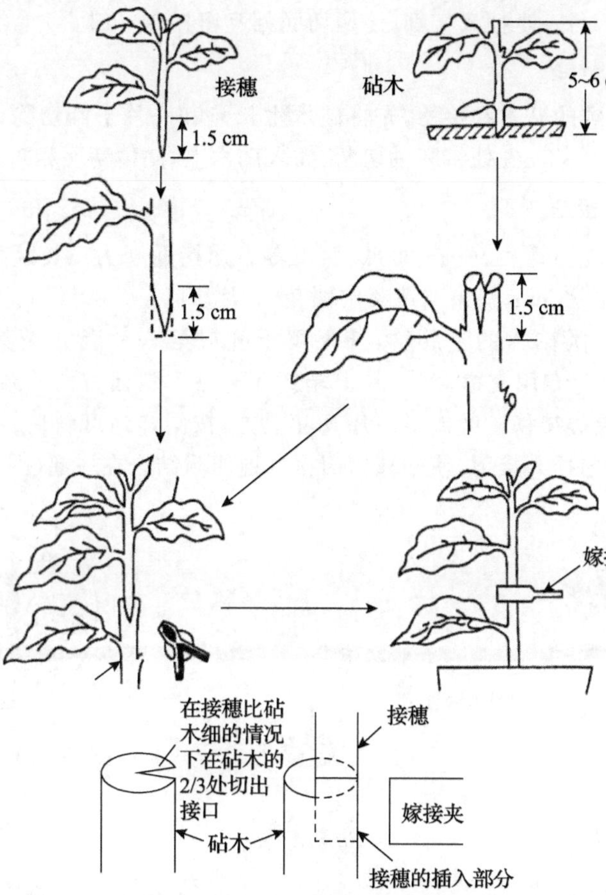

图 3-3 茄果类劈接示意图

用嫁接夹固定。

(五)针接法

利用直径 0.5 mm,长度 1.5 cm 的钢针或竹针将砧穗连接起来,适用于番茄、茄子和黄瓜等蔬菜嫁接。瓜类蔬菜在子叶期,茄子砧木 3～4 片真叶,接穗 2～3 片真叶;番茄砧穗 2～3 片真叶,茎粗 2～3 mm 时嫁接为宜。

针接法简单易行,省时省工,嫁接速度快,成活率高,并且可以有效地控制幼苗的徒长,但嫁接成活期管理要求严格。

1. 茄果类蔬菜针接法

将砧木和接穗在子叶下方或子叶第一片真叶之间水平或成 45°角切断,将针的一半插入砧木，另一半插入接穗，使两切面相互密接在一起。

2.瓜类蔬菜针法

选择粗细一致的砧木和接穗，先将砧木生长点和一片子叶切除，插上针，然后在接穗子叶下 0.5～1 cm 处将胚轴切断、插入砧木上，砧穗切面相对应，吻合紧密。

(六)套管嫁接法

适用蔬菜种类为番茄、茄子、黄瓜、西瓜等。嫁接适期为瓜类蔬菜砧穗子叶展开，下胚轴长度 4～5 cm；茄果类蔬菜砧穗 2～3 片真叶。

嫁接时，在瓜类砧木的下胚轴，茄果类子叶或第一片上方沿其伸长方向成 25°～30°切断，套上专用支撑套管，其上端斜面与砧木斜面方向一致；在瓜类嫁接下胚轴上部，茄果类接穗子叶或第一片真叶上方，按同样角度斜切；沿着与套路管斜面相一致的方向插入接穗，使砧穗切面很好地压附结合在一起(图 3-4)。

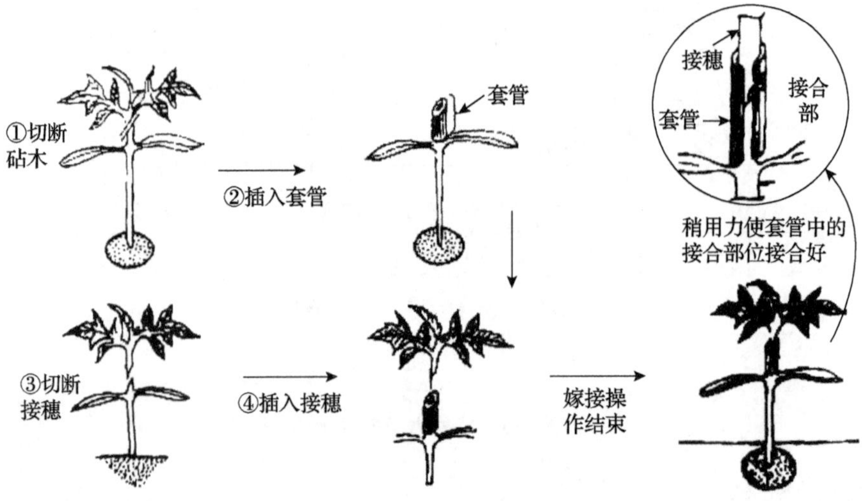

图 3-4　番茄套管嫁接法示意图

五、嫁接后的管理技术

(一)伤口愈合期的管理

1.温度管理

要求高温条件。嫁接后前 2 d，小拱棚要盖严，不能通风，适宜的温度有利于伤口组织的形成和愈合。瓜类蔬菜白天要求 25～28 ℃，夜间 15～22 ℃；茄果类蔬菜白天 25～26 ℃，夜间 20～22 ℃。嫁接后 3～6 d，白天 20～25 ℃、夜间 15～18 ℃。嫁接后 7 d 可揭开小拱棚，白天 25～28 ℃、夜间 14～18 ℃。

2. 湿度管理

要求高湿度条件。室内空气湿度大，可防止接穗萎蔫，有利于嫁接苗成活。嫁接后前 2 d，苗床空气相对湿度控制在 95%以上。一般采用向苗床喷水，并保持拱棚密闭。密闭时间，瓜类蔬菜 3～4 d，茄果类 5～6 d。嫁接后 3～5 d，空气湿度保持在 70%～80%。浇水加湿时，冬天浇温水，夏天浇凉水。

3. 光照管理

要求弱光条件，防止接穗因阳光直射而萎蔫影响成活。一般嫁接后 3～4 d 全天遮光，以后逐渐增加透光时间。嫁接后 6 d 可以撤去遮阳物，不出现萎蔫不遮阳。嫁接后 8～10 d 恢复正常管理。

（二）成活后的管理

1. 断根

采用靠接法的嫁接苗，嫁接成活后应对接穗及时断根。靠接苗在 10～12 d 断掉接穗的根，在断根前一天用手指把接穗苗的下胚轴在接口下部捏一下，破坏部分维管束，减少水分疏导，以使断根后生长不受影响。断根是在接口下 1 cm 处用刀片将接穗下胚轴切断。

2. 分级管理

分级管理是把伤口愈合好的、恢复生长快的大苗放在一起；伤口愈合略差、生长缓慢的小苗放在温度、光照条件较好的位置集中管理，使其逐渐赶上大苗；伤口不能愈合、难以恢复生长的苗全部淘汰。

3. 除萌芽

嫁接成活后，应及时摘除砧木的萌芽，确保接穗的生长发育。

4. 去固定夹

顶接、劈接的，在接穗成活后一周可去掉固定夹，靠接的可在定植后去除。

5. 低温炼苗

嫁接苗成活后，温度、水分、光照按常规育苗管理，在定植前 1 周，逐渐增加通风时间和次数进行低温炼苗。定植前 5～7 d 进行炼苗，白天 20～23 ℃、夜间 10～12 ℃，提高幼苗抗寒能力和定植成活率。

(三)影响嫁接成活率的因素

1.接穗与砧木的亲和能力

即接穗与砧木嫁接以后,正常愈合及生长发育的能力,这是嫁接成活最基本的条件,亲缘相近,亲和力较强;亲缘较远,亲和力较弱,甚至不亲和。

2.接穗与砧木的生活力

这是影响嫁接成活率的重要因素。幼苗健壮,发育良好,其生活力强,嫁接容易成活;弱苗、徒长苗生活力弱,嫁接不易成活。

3.环境条件的影响

温度、湿度和光照等对嫁接成活率也有较大的影响。一般来说,嫁接后较高的温度、湿度有利于伤口的愈合,成活率高;低温、干燥不利于伤口愈合,成活率低。嫁接初的2~3 d,适当遮阳可减少秧苗失水萎蔫,有利于成活,但光照过强或过弱会因秧苗失水过多萎蔫,或因湿度过高伤口霉腐而降低成活率。

4.嫁接技术和嫁接后的管理

嫁接技术和嫁接后的管理对嫁接成活率也有很大的影响。不管用什么方法嫁接,操作时切口用的刀片要干净、切口要平直、切面要贴紧、固定要牢、接口不松动、不移位、不损伤子叶及接穗茎叶等,都会提高成活率。嫁接后秧苗的栽植等都要精心管理,以提高成活率。

第六节　特种蔬菜穴盘育苗技术

穴盘无土育苗是以草炭或森林腐叶土、蛭石等轻质材料做育苗基质,采用机械化精量播种,一次成苗的现代化育苗体系,是国际上20世纪70年代发展起来的一项育苗技术。穴盘育苗的苗盘是分格室的,播种一格一粒,成苗一室一株,并且成苗的根系与基质互相缠绕在一起,根坨呈上大下小的塞子形,故穴盘苗也叫塞子苗。

穴盘无土育苗具有省工、省力、节能、效率高、成本低、便于规范化管理,适于远距离传输和机械化移栽,适合工厂化生产技术等特点。其优点在于,一是采用自动化播种,集中育苗,节省人力物力,人均管理苗数是常规育苗的10倍以上,每万株苗耗煤量是常规育苗的25%~50%。与常规育苗相比,成本可降低30%~50%;二是穴盘苗质量轻,每株质量仅为30~50 g,是常规苗的6%~10%。基质保水能力强,根坨不易散,适宜远距离运输;三是幼苗的抗逆性增强,并且定植时不伤根,没有缓苗期；四是可以机械化移栽，移栽效率提高4～5倍。

一、育苗场地的配套设施

穴盘育苗的配套设施主要包括精量播种系统、育苗温室、催芽室3部分，配套材料包括穴盘和育苗基质。

（一）精量播种系统

精量播种系统是工厂化育苗生产线的核心部分。根据播种器的作用原理不同，可以分为真空吸附式和机械转动式两种类型。真空吸附式播种机对种子形状和粒径大小没有严格要求，播种前无需对种子丸粒化加工即可播种。机械转动式播种对种子粒径的大小和形状要求比较严格，除十字花科蔬菜的一些品种外，播种前均需把种子加工成近于圆球形。

（二）育苗温室

育苗温室的选型必须结合本地区的地理位置和气候条件考虑，北方地区可以采用二代节能日光温室作为育苗温室。温室需要配备可调温的供暖系统和行走式喷水灌溉系统。设计上要考虑冬季室内最低气温不应低于12 ℃，出现低温天气需采取临时加温措施，所以需配备加温设备。育苗温室务必选用无滴膜，防止水滴落入苗盘中。夏季育苗注意防雨、通风及遮阳设备。

（三）催芽室

穴盘苗是将裸籽或丸粒化种子直接通过精量播种机播进穴盘里。冬春季为了保证种子能够迅速整齐地萌发，通常把播完种的穴盘首先送进催芽室，待种子60%拱土时挪出。催芽室应具备足够大的空间和良好的保温性能，内设育苗盘架和水源，催芽室距离育苗温室不应太远，以便在严寒冬季能够迅速转移已萌发的苗盘。如果育苗量较少，也可将催芽室放在育苗温室里，用塑料薄膜隔成一间小房子，提供足够的温度条件即可。在催芽室内将盘与盘垂直放在床架上，室内温度控制在20～33 ℃，湿度控制在95%以上。

（四）穴盘

因选用材质不同，穴盘可分为美式穴盘和欧式穴盘。美式穴盘一般采用塑料片材吸塑而成，而欧式穴盘是选用发泡塑料注塑而成。美式穴盘较为适用。目前中国许多地区穴盘已国产化生产了。

穴盘的外形和孔穴的大小采用国家统一标准，穴盘宽27.9 cm，长54.4 cm，高3.5～5.5 cm。根据孔穴数量和孔径大小不同，穴盘分为50、72、98、128、200、288、

382、512孔。我国使用的穴盘以72、98、128、288孔者居多，每盘容积分别为4630、4168、3645、2765 mL。

番茄、茄子、早熟甘蓝育苗多选用72孔或98孔穴盘；辣椒及中晚熟甘蓝大多选用128孔穴盘；春季育小苗则选用288孔穴盘；夏播番茄、芹菜选用288孔或200孔穴盘；其他蔬菜，如夏播茄子、秋菜花等均选用128孔穴盘，或根据苗态选用穴盘，育2叶1心苗用288孔穴盘，育5～6叶苗用72孔穴盘。

(五)育苗基质

育苗基质要求具有良好的通气性、保水能力、离子代换能力、对植株的固着性，以及基质适宜的容重和pH等。

1.基质的种类和选择

可用于无土栽培的基质种类很多，草炭土、森林腐叶土、蛭石、珍珠岩等都是蔬菜和花卉理想的育苗基质材料。按基质的组成分为：有机基质和无机基质。有机基质包括草炭(泥炭)、树皮、蔗渣、碳化稻壳、风化煤等；无机基质包括沙、炉渣、石砾、岩棉、蛭石、珍珠岩等。

2.常见基质

泥炭是地底下多年自然风化的有机质，无病苗、害虫、杂草是较好的基质；蛭石是工业保温材料，经高温烧结后粉碎制成，无病菌、害虫污染，且保水透气性好，含有效性钾(5%～8%)，酸碱度中性，做配合材料极佳。珍珠岩也可作配料，但含养分低，持水力弱，价格高。

即使优质的泥炭土和蛭石等仍然含有杂物，如：草根、泥团、石块、矿渣等，必须经过筛选、粉碎后才能使用。各种基质和肥料要按一定比例进行混合搅拌，并在搅拌过程中喷上一定量的水，加水量原则上达到湿而不黏，用手抓能成团，一松手能散开的地步。当采用泥炭土和蛭石(2∶1)混合料时，一般播种前含水量达到30%～40%，应视具体情况确定。

3.配置基质

穴盘育苗一般使用复合基质，即用两种或两种以上的基质按一定的比例混合制成。穴盘育苗单株营养面积小，每个穴孔盛装的基质量很少，要育出优质商品苗，必须选用理化性好的育苗基质。目前，国内外一致公认草炭、蛭石、珍珠岩、废菇料等是理想的育苗基质材料。草炭最好选用灰藓草炭，pH为5.0～5.5，养分含量高，亲水性能好。

适合冬春育苗的基质配方为草炭∶蛭石=2∶1，或平菇渣∶草炭∶蛭石=1∶1∶1；适合夏季育苗的基质配方为草炭∶蛭石∶珍珠岩=(1～2)∶1∶1。

为满足作物苗期生长对养分的需求，在配制育苗基质时可加入适量的大量元素(表 3-6)。基质配方配制方法是按草炭与蛭石 2∶1，或草炭与蛭石与发酵好的废菇料 1∶1∶1 的比例混合，配制时每立方米加入氮磷钾三元复合肥 2～2.5 kg，或每立方米基质加入 1 kg 尿素和 1 kg 磷酸二氢钾，或 1.5 kg 磷酸二铵，肥料与基质混拌均匀后备用；或选用生产厂家已配好的商品育苗基质，每 1000 穴盘需用基质 4.65 m^3。基质的消毒可用 50%多菌灵 500 倍液喷洒，拌匀，盖膜堆闷 1 d，待用。

表 3-6 穴盘育苗化肥推荐用量 kg/m^3

蔬菜种类	氮磷钾复合肥 3(15-15-15)	尿素	磷酸二氢钾
冬春茄子	3.0～3.4	1.0～1.5	1.0～1.5
冬春辣(甜)椒	2.2～2.7	0.8～1.3	1.0～1.5
冬春番茄	2.0～2.5	0.5～1.2	0.5～1.2
春黄瓜	1.9～2.4	0.5～1.0	0.5～1.0
莴苣	0.7～1.2	0.2～0.5	0.3～0.7
甘蓝	2.6～3.1	1.0～1.5	0.4～0.8
西瓜	0.5～1.0	0.3	0.5
花椰菜	2.6～3.1	1.0～1.5	0.4～0.8
芥蓝	0.7～1.2	0.2～0.5	0.3～0.7

(六)育苗床架

育苗床架的设置一是为育苗者作业操作方便，二是可以提高育苗盘的温度，三是可防止幼苗的根扎入地下，有利于根坨的形成。冬天床架可稍高些，夏天可稍矮些，一般高为 50～70 cm。为考虑浇水等作业管理方便，苗盘码放时要按一定间隔留有通道。

(七)肥水供给系统

采用微喷设备，自动喷水喷肥。没有微喷设备，可以利用自来水管或水泵，接上软管和喷头，进行水分的供给，需要喷肥时，在水管上安放加肥装置，利用虹吸作用补给水分和养分。

二、播种和管理技术

(一)种子处理

机械播种一般采用种衣剂包衣或丸粒化处理后的种子。手工播种时，瓜类种子一般要进行浸种和催芽，茄果类、叶菜类蔬菜多采用干籽播种。种子播前必须检测发芽率，所用种子发芽率应在90%以上。

(二)装盘、播种

1.装盘

将准备好的基质装入穴盘中，刮掉盘面上多余基质，使穴盘上每个孔口清晰可见。72孔穴盘每1000盘备用基质4.7 m^3，128孔穴盘每1000盘3.7 m^3，288孔穴盘每1000盘2.8 m^3。

2.压穴

把装有基质的穴盘，摞在一起4～5个为一组，上放1个空穴盘，两手均匀下压穴盘，压至穴深1～1.5 cm为止。

3.播种

72孔穴盘播种深度应大于1 cm，128孔穴盘和288孔穴盘播种深度为0.5～1.0 cm。浇水后各格室清晰可见。每穴放入1粒饱满种子，播种后，用基质覆盖穴盘，且刮掉穴盘上面多余的基质，露出格室为宜，整齐排放。在播有种子的穴盘面上喷水，以从穴盘底部渗水口看到水滴为宜。

(三)苗期管理技术

1.水分条件

播种覆盖作业完毕后，将育苗盘基质充分浇透水。子叶展开至2叶1心，基质含水量控制在最大持水量的70%～75%。3叶1心至商品苗销售，基质含水量控制在最大持水量的65%～70%。

穴盘育苗浇水方法和传统育苗方法不同，浇水次数也频繁，由于穴盘苗每穴中的基质量少，又多是干籽直播，所以装盘前，要将基质拌湿，要求播后的水一定要浇透。冬春季幼苗出土前可加小拱棚保温保湿，出苗前不用再浇水；夏季水分蒸发快，要小水勤浇，保持基质湿润，以利出苗，但水也不能过多，防止沤种；起苗前一天要浇一次透水，使苗坨容易取出，避免长距离运输时萎蔫、散坨和死苗。

2.温度条件

温度条件是指育苗温室的气温、幼苗周围的低温及昼夜温差3个方面。

育苗场所的气温条件是培育壮苗的基础条件，幼苗生长过程中，气温的高低极大地影响着幼苗的生长速率和质量。当气温高于幼苗生长的适温时，尤其是夜温过高时，地上部分生长速率加快，容易形成徒长苗；气温长期低于幼苗生长的适温时，生长速率变慢，容易形成老化苗或出现沤根。

昼夜温差对于培育壮苗有着极为重要的作用，白天应保持秧苗生长的适宜温度，增加秧苗的光合产物，适当降低夜晚有利于光合产物的积累。

一般播后的催芽出苗阶段，是育苗期间要求温度最高的时期，待60%以上种子拱土后，温度应适当降低以防止出现高脚苗，但仍需保持适宜温度，以保证出苗整齐；幼苗第一片真叶展开后，可将温度调整到作物苗期适宜生长的温度(表3-7)。

表3-7　幼苗期温度管理

作物种类	出苗期		幼苗期	
	温度/℃	天数/d	温度/℃	天数/d
番茄	20～25	3～4	20～23	10～15
辣(甜)椒	25～30	5～7	25～28	15～18
茄子	25～30	5～7	25～28	15～20
黄瓜	28～0	1～2	25～28	18～20
甜瓜	28～32	2～3	25～30	18～20
西瓜	28～30	1～2	23～28	18～20
西葫芦	25～30	1～2	20～25	12～15
甘蓝	20～25	2	18～22	10～12

定植前5～7 d逐渐加大放风，降低温度，该温度以定植区的环境条件为参照，以达到炼苗的目的。

3. 光照条件

光照是幼苗进行光合作用和提高育苗场所温度的能源，光照可直接影响幼苗的生长发育质量、养分积累和花芽分化，是培育壮苗不可缺少的因素。若幼苗长期处于弱光的条件下，易形成徒长苗，造成秧苗高脚、茎细、叶片数少、叶面积小、叶色发黄、花芽分化推迟，幼苗素质下降。

夏秋季育苗，光照过强，需用遮阳网遮阴，以达到降温防病的效果；冬春季育苗又需尽可能地加强光照，通过适时揭开草苫，选用防尘、无滴、消雾多功能覆盖材料，定期冲刷膜上灰尘，以保证秧苗对光照的需求。

4. 气体条件

适当增加二氧化碳是培育壮苗的有效措施之一。所以，在保障温度的前提下，育苗设施要经常进行通风换气，保持温室内空气新鲜，以满足蔬菜幼苗生长对气体的需用。

5. 营养条件

基质中已含有丰富的有机质及一定量的矿质元素，对于日历苗龄较短的幼苗，基质中的养分足够幼苗生长所需，一般不需追肥。日历苗龄较长的幼苗(35 d 以上)，幼苗真叶充分展开后，每 10～15 d 随水浇 2000 倍磷酸二氢钾营养液。在定植前 2～3 d 可追肥 1 次，喷施相应农药，做到带药定植。

6.病虫害控制

相对常规育苗而言，穴盘育苗的病虫害危害较轻，但仍需针对性地对猝倒病、立枯病、沤根等苗期病害进行预防。

猝倒病、立枯病发病初期，可喷淋 72.2%普力克水剂 400 倍液，用量为 2～3 kg/m^2；或 12%绿乳铜乳油 600 倍液，用量为 3 kg/m^2。

基质温度长期低于 12 ℃，再加上浇水量过大或遇到连阴天气时，可能发生沤根现象。在高寒季节育苗，可采用电热线加温，保持基质温度在 16～18 ℃以上；依据天气好坏，正确掌握浇水与放风的时间、次数。

育苗期虫害主要有蚜虫、白粉虱、潜叶蝇等。由于穴盘育苗都在设施内进行，可采用黄板、蓝板等诱杀，药剂防治首选烟雾剂熏蒸。蚜虫和白粉虱还可叶面喷施吡虫啉、功夫乳油防治，潜叶蝇可用虫螨克、潜克叶面喷施防治。育苗场所还应注意防鼠害。

7.优质壮苗的标准穴盘苗

优质壮苗的标准穴盘苗与常规育苗不同，一般日历苗龄和形态苗龄都较小。壮苗的标准是根系发育好，侧根多呈白色，子叶肥大，茎粗壮，节间短，叶色深绿。

以茄子为例，用 72 孔苗盘育苗的，株高 16～18 cm，茎粗 4～4.5 mm，叶面积 110 cm^2，达 6～7 片真叶并现小花蕾，日历苗龄 80～85 d；128 孔苗盘育苗的，株高 8～10 cm，茎粗 2.5～3 mm，4～5 片真叶，叶面积 40～50 cm^2，日历苗龄 70～75 d。

8.穴盘苗的运输

作为商品生产的蔬菜穴盘苗，苗龄大小应根据穴盘运输距离的远近来确定。一般来说，远距离运输的穴盘苗龄不宜太大，应以小苗为主。近距离运输时，穴盘的苗龄可适当大些。为缩短起苗至定植的时间，需要起苗后尽快运输。

果菜类运输的适宜温度为 10～21 ℃，若在低于 4 ℃或高于 25 ℃的温度条件下运输幼苗，就会降低定植以后的成活率。叶菜类蔬菜运输的适宜温度为 5～6 ℃。由于蔬菜在运输的过程中没有光照，如果运输时间长、温度高，幼苗容易黄花，定植成活率降低。因此，蔬菜苗运输时，既要控制好温度，又要尽量缩短运输的时间以保证幼苗质量。

第四章　菜田土壤耕作和栽植技术

土壤耕作是菜田作业的内容之一，可为蔬菜播种、栽植和生长发育创造良好的土壤条件。育苗蔬菜的栽植技术影响移栽苗的成活和以后蔬菜群体结构的合理性。做好土壤耕作、直播蔬菜的苗期管理及育苗蔬菜的栽植，是蔬菜田间生产良好开端的保证。

第一节　菜田土壤及其耕作

除具有蓄水、蓄肥、固定根系和维持作物的基本功能外，土壤还可对蔬菜作物有许多其他的调控作用。

一、土壤的调控作用

(一)土壤质地的调控作用

土壤类型对蔬菜作物的产量、品质都有调控作用，如在含黑色有机质的泥炭土中种植的胡萝卜，其硝酸盐含量高于在沙质壤土种植的。而在沙土中种植的胡萝卜硝酸盐含量最低，生长快，外观好，但耐寒耐热性差，质地粗、味淡且不耐贮藏。另外，孔隙度小，容重大，耕层浅的黏土也不适于肉质根的生长，使肉质根膨大受阻，易形成分叉和畸形根。一般适宜于肉质根肥大的土壤耕层要厚、保水、保肥、排水透气。土壤孔隙度 20%～36%的沙壤土较好。

土壤种类及其物理性状与蔬菜作物品质关系密切。当土壤气体由 30%～40%降到 25%以下，结球莴苣的畸形叶球将由 20%猛增到 60%～80%。在黑黏土中，液相率由 1.5%增加到 3%，正品率由 10%增加到 80%，效果显著。增施有机肥改善土壤性状及保肥保水性，是提高莴苣品质的主要措施之一。

土壤酸碱度也是影响蔬菜作物产量和品质的主要因素之一。土壤酸度较高时，锰离子、铝离子等变为可溶性，进入蔬菜根部使植株发育不良。酸性土壤中生长的蔬菜，铁、铝、氮等元素含量较高，而钙、镁、钾等含量较低。不同蔬菜对土壤酸碱度的反应不同，结球莴苣对 pH 反应敏感，适宜的 pH 为 6～6.8。多数蔬菜在中性和微酸性土壤中生长良好。

土壤有机质含量与蔬菜的产量和品质有显著的正相关关系。即在一定范围内有机质含量越高，产量就越高，品质也越好。绝大多数蔬菜都呈这一规律。增施有机肥是提高产量和品质的主要技术措施。

(二)土壤耕作的调控作用

土壤耕作对蔬菜作物的调控作用有直接和间接两方面。间接作用可以通过耕作改善土壤的物理、化学和生物性质。如耕作可以加深耕层疏松土壤，调节土壤质地，改善土壤结构，使土壤沙黏适当，孔隙度大小适中。耕作一般可使黏土总孔隙度增加约 8%，壤土的总孔隙度增加约 5%，沙土的孔隙度和容重也能得到一定的改善；同时，可使大小孔隙比接近 1∶(2～4)。耕作结合施用有机肥，可以增加团粒结构数量，增进团粒的水稳性。耕作还可促进养分分解和 CO_2 的释放，培肥地力。正是由于耕作对团粒结构和孔隙度的改善，使土壤具有适宜的固、液、气三相比，有较好调节水、肥、气、热的能力，从而促进蔬菜作物的生长发育和产量的提高。

在蔬菜生长期间，幼苗期和发棵期结合土壤耕作，是促根壮棵的重要技术措施。土壤耕作对于以地下器官为产品的蔬菜作物有直接的调控作用，对马铃薯、山药、生姜、胡萝卜、洋葱等作物的产量和商品性调控作用尤为明显。这主要是由于耕作使土壤耕层加深、疏松透气、增加肥力，而有利于产品器官的膨大生长。且在土壤疏松的环境条件下，产品的商品性状好，外观光滑圆正，色泽美观，正品率高。

深耕可使在黏土或黏壤土栽培的蔬菜增产，而沙土增产可达 18.8%～30.0%。可见耕作并结合深耕施有机肥，对蔬菜作物的生长发育和产量有很大的调控作用，生产上应予以重视。

二、蔬菜作物对土壤的要求

土壤是蔬菜作物生长发育的支持介质和营养与水分的主要来源。蔬菜作物生产的特点是生长期较短、复种茬口多、植株生长迅速、产品鲜嫩、产量高、需肥量大，因而需要良好的土壤条件。蔬菜作物对土壤的一般要求是：

土层和耕层深厚，给蔬菜根系生长提供适当的空间：土层 1 m 以上和耕层 25 cm以上；

土壤质地：壤土或沙壤土；

土壤肥力高：水肥气热协调且均匀供给，富含有机质，具有良好的团粒结构，松紧度适宜，保肥保水力强；

土壤 pH：中性或微酸性；

土壤非盐碱地且无严重的次生盐渍化；

土壤不含过多的重金属及其他有毒物质；

土壤中病菌虫卵和药残较轻。

(一)对土壤物理性质的要求

1.土壤类型和质地

蔬菜作物以轻壤土或沙壤土为佳。土壤质地疏松，有机质含量高，蓄水、保肥能力强，能及时满足蔬菜不同生长阶段对养分的需求。各类蔬菜由于根系的特性不同，在对土壤类型的要求上也有所差别。一般来讲，壤土质地松细适中，保水保肥力较强，土壤结构优良，便于耕作，且含有较多的有机质和矿物质，适用各类蔬菜栽培；沙壤土的质地松散，通气透水，春季升温快、宜于耕作，但保水保肥力差，有效的营养元素少，蔬菜易早衰、老化，最适于耐旱的芦笋、瓜类和茄果类等蔬菜的早熟栽培，也利于薯芋类和根菜类地下产品器官的肥大增长；黏壤土的质地细密，吸水力强，排水不良，土面易板结、干裂，耕作不便。春季地温上升慢，播种后黏壤土保苗较困难，植株生长迟缓；但一般营养条件较好，保肥力强，有机质分解慢而易于积累，有丰产潜力。如，叶菜类特别是晚熟大型结球白菜、甘蓝及许多水生蔬菜在黏壤土上栽培易获高产。

2.土壤结构

蔬菜作物根系生长需氧量高，要求土壤保水、供水、供氧能力强。当土壤氧含量在10%以下时，根系呼吸受阻，生长不良。适宜的土壤固相、液相、气相三相比为40∶28∶32。建立特种蔬菜基地之前，需要对土壤的容重、孔隙度、团粒结构等进行测定。

3.土壤厚度

蔬菜作物要求土壤耕层应有一定的厚度，一般以土层1 m以上，耕层25 cm以上为宜，熟土层厚度不低于30 cm。这样可使水、气、肥和热量因素有一个保蓄的地下空间，使蔬菜作物的根系有伸展活动的空间。依据对根系入土深浅，可将蔬菜作物分为浅根、中根和深根3类。

(1)浅根性蔬菜作物　根系入土深度不超过80 cm，如甘蓝、莴苣、洋葱、马铃薯、甜玉米等类别的特种蔬菜。

(2)中根性蔬菜作物　根系入土深度为80～160 cm,如菜豆、红甜菜、胡萝卜、黄瓜、茄子、西葫芦、豌豆等类别的特种蔬菜。

(3)深根性蔬菜作物　根系入土深度超过160 cm,如朝鲜蓟、芦笋、甜瓜、红薯、番茄、笋瓜、南瓜等类别的特种蔬菜。

(二)对土壤化学性质的要求

1.土壤酸度

大多数蔬菜作物适合在中性至微酸性土壤上栽培,耐酸和耐碱能力不强。少数蔬菜作物如甘蓝类特种蔬菜、芦笋等,有一定的耐碱能力。按照对土壤酸度的耐受力,可将蔬菜作物分为轻耐、中耐和高耐3类。

(1)轻度耐酸蔬菜作物　可耐pH 6.0的土壤,如芦笋、红甜菜、甘蓝、菜花、芹菜、菠菜、大白菜、韭葱、莴苣、厚皮甜瓜、番杏、秋葵、洋葱等类别的特种蔬菜。

(2)中度耐酸蔬菜作物　可耐pH 5.5的土壤,如菜豆、抱子甘蓝、胡萝卜、黄瓜、茄子、大蒜、防风、球茎甘蓝、欧芹、豌豆、辣椒、西葫芦、萝卜、南瓜类、番茄、芜菁等类别的特种蔬菜。

(3)高度耐酸蔬菜作物　可耐pH 5.0的土壤,如菊苣、苣荬菜、马铃薯、食用大黄、红薯、西瓜等类别的特种蔬菜。

2.土壤肥力

蔬菜作物生长发育要求营养齐全的肥沃土壤。有机质是反映土壤肥力状况的最主要指标。但是营养浓度过高也会影响蔬菜正常的生长发育。根据耐盐性可将蔬菜作物分为高度耐盐、中度耐盐、低度耐盐3类。

(1)高度耐盐蔬菜作物　可耐6400～7700 mg/L的土壤盐分,如红甜菜、羽衣甘蓝、芦笋、菠菜等类别的特种蔬菜。

(2)中度耐盐蔬菜作物　可耐2600～6400 mg/L的土壤盐分,如番茄、青花菜、甘蓝、辣椒、菜花、莴苣、甜玉米、白马铃薯、胡萝卜、洋葱、豌豆、南瓜类、黄瓜、厚皮甜瓜等类别的特种蔬菜。

(3)轻度耐盐蔬菜作物　可耐1900～2600 mg/L的土壤盐分,如菊苣、苣荬菜、马铃薯、食用大黄、红薯、西瓜等类别的特种蔬菜。

3.土壤有害物质

土壤中的汞、镉、铅、铬等重金属元素和剧毒高残留化学农药的含量应在控制范围内,同时采取安全使用农药、减药减化肥、增施有机肥料、保护土壤土著菌生境等措施,来提高特种蔬菜的安全性。

(三)对土壤生物性状的要求

蔬菜作物生产要求生物性状良好的土壤。一是要求土壤微生物多样性要丰富,即细菌、真菌和放线菌各类微生物丰富、活跃,尤其是细菌和放线菌的比例较高;二是要求土壤洁净卫生,无或少有病虫等有害生物寄生;三是土壤酶种类丰富,活性高。土壤酶(soil enzyme)是土壤中产生转移生物化学反应的生物催化剂,如过氧化氢酶、过氧化物酶以及营养分解和转化有关的酶类。土壤酶一般吸附在土壤胶体表面或呈复合体存在,部分存在于土壤溶液中。土壤酶参与土壤各种生物化学过程,如腐殖质的分解与合成、动植物残体和微生物残体的分解、合成有机化合物的水解与转化、某些无机化合物的氧化和还原反应等。土壤酶的活性大致反映了某一种土壤生态状况下生物化学过程的相对强度。

三、菜田土壤耕作的作用和任务

土壤耕作(soil tillage)是指在蔬菜生产整个过程中,通过农机具的机械力量作用于土壤,调整耕作层和地面状况,以调节土壤水分、空气、温度和养分状况,为蔬菜作物播种、出苗或定植、生长发育提供适宜土壤环境的农作技术措施。

土壤耕作主要包括翻耕、耙地、耱地、镇压、起垄、开沟、作畦、中耕、培土等。这些技术措施既有它的主要作用,往往又兼具数种次要作用。它们的作用都要因天气(气候)、因地(地形、地势、土壤)、因物(作物、农具、肥料等)、因生产要求不同而因地制宜。它们之间又相互联系、制约和补充,组成不同的土壤耕作体系,生产中应依蔬菜作物策划年度和月份的生产制度,并根据蔬菜作物轮作周期而灵活调整;同时,这些耕作措施又经常与施肥、灌溉、排水、喷施除草剂等技术相结合,力求相互渗透,减少作业程序,发挥综合效果,节省成本,提高经济效益。

(一)菜田土壤耕作的作用

改变耕层的物理特性,调节三相比,增加土壤肥力;促进有益微生物活动;抑制杂草生长。不同的土壤耕作具有不同的作用。松土可以调节土壤三相比的关系;翻土能掩埋肥料,调整耕层养分垂直分布,消灭杂草和病虫害;混土是土肥相融,形成均匀一致的营养环境;平地能形成平整表层,便于播种、出苗和灌溉;压力有保墒和引墒的双重作用。

菜田土壤耕作直接改变了耕层的物理特性,调整耕层固相、液相和气相,从而协调了土壤水分、养分、空气和湿度状况;影响了土壤微生物的活动,因而有利于有机物的分解和速效养分释放;创造了深厚的耕层和适宜的播床,控制和减轻了病虫草害的发生,为蔬菜作物的生长发育提供了一个适宜的土壤生态系统。

(二)菜田土壤耕作的任务

1.调整耕层三相比

土壤耕作的中心任务是调节并创造良好的耕层结构,即适宜的三相比例,从而协调土壤水分、养分、空气和湿度的状况,以满足蔬菜作物生长的需求。

决定土壤三相比的重要因素是土壤质地与耕层构造。适宜的土壤耕作措施,并不直接给土壤增加任何东西,但通过机械作用,可改变耕层土壤结构状况,调整各种孔隙的数量和比例,改善土壤通透性能,利于土壤水分的蓄纳和保存,利于土壤热状况的调节,利于土壤微生物的活动和营养物质释放,利于作物根系的呼吸和生长。

2.创造深厚的耕层

土壤耕作的一个重要任务是破除犁底层,以增加耕作层的深度。进行晒垡、冻垡、熟化土壤,从而加深耕层。因为蔬菜作物吸收水分和养分是连续不断的,而降水、灌溉、施肥等条件与措施都具有间断性,加深耕层可以形成较稳定的水分和养分库容,弥补上述的不足。

3.翻埋残茬、肥料和杂草

蔬菜作物收获后,田间常留有一定数量的残茬落叶等。为了便于播种、栽培并补施肥料,需要通过耕作措施将他们翻压、混拌于耕层之中,将肥料与土壤混合,促其分解转化,减少损失,增进肥效。在水田通过精耕细耙,使土肥混合,还可以防止脱氮作用,避免氮素的挥发。土壤耕作应正确翻压有机肥,混匀肥土。

清除田间根茬杂草,掩埋病虫残体,清理田园也是土壤耕作的一项重要任务。通过翻耕,使杂草病虫等处于缺氧条件下而窒息死亡,也可以将躲藏在土中的地下害虫病菌等翻到地表,经暴晒或冷冻死亡。当杂草种子翻入土中后遇到疏松湿润的土壤环境,可促使其发芽并随后予以消灭。

4.创立适合蔬菜作物生长发育的地表状态

如平整土地、压紧表面,为播种、种子发芽出土、秧苗定植创造上松下实的土壤条件;开沟培垄,增加表面粗糙程度和表面面积,从而提高地温等,创造适合于蔬菜播种、定植时所需要的土壤热量条件。

四、菜田土壤耕作技术

菜田土壤耕作技术可分为基本耕作(basic tillage)和表土耕作(surface tillage)两个类型。基本耕作包括耕翻、深松耕和旋耕等,入土较深,达整个耕作层,能显著改变耕作层的物理性状，是后效较长的一种耕作措施。表土耕作包括：耙地、耱地、镇压、作畦、作垄、中耕、培土等，一般为基本耕作后的辅助作业，入土较浅，作用强度小，主要对翻耕的土地进一步整碎整平、消灭杂草，是为农作物播种出苗和生长发育创造良好条件的一种土壤耕作措施。

(一)耕翻

我国传统的耕作体系中，深耕非常重要，并在长期的生产实践中，积累了丰富的经验，深耕不仅可以加厚活土层，增强蓄水蓄肥能力和抗旱抗涝能力，而且有利于消灭杂草和病虫害。在翻耕时需注意，不要将大量生土翻上来，应遵循“熟土在上，生土在下，不乱土层”的原则；翻耕不必每年进行，可深浅结合，既可减轻劳动强度，又可使耕层土壤得以持续利用；翻耕应结合施用有机肥；深耕的深度应结合具体茬口和土壤特性确定，如土层深时可适当深耕，根菜类、果菜类宜深耕，叶菜类宜稍浅些。

耕翻是菜地最基本的一种耕作方式，农谚有“深耕细耙，旱涝不怕”“耕地深一寸，强如施遍粪”，说明中国农民对深耕增产作用早就有深刻的认识。耕翻对土壤影响大，作用面广，它不但影响当季作物，有时也影响以后几季的作物。菜田翻耕时要注意以下几点：

1. 耕翻深度

一般来说，用铁锹人工翻地，根据工具和人力大小不等，耕翻深度在 25 cm 以下，而机耕可达到 30 cm 以上。

加深耕作层可促进蔬菜生长发育和提高产品产量和品质。一般在 50 cm 以内，随耕层的加深产量也相应地增长，但过深的耕翻效果并不显著。在一向浅耕的耕层，肥力低的地块上，逐步加深耕层的深度是十分必要的。在确定耕翻深度时应考虑以下几点：

(1)土壤性质和蔬菜种类　菜地耕翻的深度要根据土壤的性质，蔬菜作物的种类以及深耕后效灵活掌握，如耕层比较深厚、土质比较肥沃或土质黏重的宜行深耕；栽培果菜类、根菜类可深一些，而叶菜类则可浅些。

(2)土层顺序　菜地耕作时不要将生土翻上来，应遵循“熟土在上，生土在下，不乱土层”的原则。翻乱土层，生土来不及熟化，会影响当季蔬菜作物生长。

(3)深耕的频率　深耕后效一般为 2～4 年。

(4)基肥使用　深耕应结合使用大量的有机肥，使肥土相融，加速深层土壤熟化，更好地发挥耕翻的增产效果。

2. 耕翻墒情

一般地表有一厚的干土层时，土壤分了墒，耕翻质量较好。若耕翻时土壤过湿，则易造成犁墒，形成泥条；若遇下大雨，易产生浇墒，形成大小泥块，破坏土壤结块，妨碍作物正常生长。相反，土壤过干时，耕翻后，还会造成又多又大的硬土块，影响耕翻质量。耕翻后，要及时耙细，收墒保墒，避免跑墒。

3. 耕翻时期

应根据气候条件、栽培制度和土壤情况具体确定耕翻时间和次数。中国北方单主作区以秋耕为主，而双主作区可分为秋耕（或冬耕）、春耕和夏耕 3 种类型。我国南方地区，几乎全年都可栽培蔬菜，大都随收随耕，菜地很少或没有休闲时期，特别在复种指数高的地区，每年耕翻 1～2 次，多在秋、冬季进行，利用干耕晒垡，冻融交替，有利于土壤熟化。

北方的秋耕是在秋菜收获后，土壤尚未冻结前进行。秋耕可以使土壤经过冬季冰冻，质地疏松，增加吸水和保水能力，能消灭土壤中的虫卵和病孢子等，并可提高翌年春季土壤温度和湿度。因此，凡是早春进行播种和定植的菜田，都应争取秋耕。

春耕的主要目的是给已秋耕的地块耙地、镇压、保墒；给未秋耕的菜田进行补耕，为春播或者定植做好准备。蔬菜因栽培茬次多，还经常需要夏季耕翻，特别是秋菜播种前的耕翻。夏季以灭茬和疏松土壤为目的，前作如果收获晚，为了不误农时，一般多浅耕。

农谚如“耕地过冬，虫死土松”“秋耕深，春耕浅”“春耕如翻饼，秋耕如掘井”“秋耕深一寸，顶上一遍粪”“伏里刺破皮，胜似秋后犁几犁”等均是农民群众在长期的实践中积累的丰富经验。

无论何时耕翻，如耕后不立即播植，以早耕为佳，使之有足够时间熟化土壤。这有利于土壤养分的积累、转化、释放和蓄水保墒，是改土的有效措施之一。

（二）耙耱

1. 耙地

耙地（harrowing）的作用是疏松表土，耙碎耕层土块，解决耕翻后地面起伏不平的问题，使表面土壤细碎，地面平整，保持墒情，为作畦及播种打好基础。

耙地的时间主要取决于墒情及气候条件。耕翻后的耙地，应与耕翻连续进行。北方秋耕地的春耙，越早越好，应在土壤解冻时顶凌耙地，以防旱保墒。

耙地的深度要根据耙地目的、气候条件及土壤情况而定。一般浅耕灭茬，一年生杂草多时为 5～6 cm，多年生杂草多时为 10～12 cm；覆盖肥料时为 8～10 cm；雨后耕地和播种前耕地为 4～5 cm。耙地主要用钉齿耙或圆盘耙进行。

2. 耱地

耱地(dragging)又称盖地、擦地、耢地，是一种耙地之后的平土碎土作业，一般作用于表土 3 cm 左右，是一项减少蒸发、保蓄土壤水分的良好表土耕作措施。耙地和耱地经常一起连接作业，先耙后耱，称为同一措施的两个部分。在土壤疏松、土块小、耕地质量好、水分适宜时，耱地可以代替耙地。耱地的作用跟耙地类似，通过耱地也可以打破板结，便达到苗齐、苗全、苗壮的目的。

(三)中耕与培土

1. 中耕

中耕(intertillage)是指在蔬菜作物生育期间进行的表土耕作措施。中耕对蔬菜生长有多方面的作用。除了消灭杂草外，还具有破除表面板结、增加土壤通气性、促使土壤养分有效化、促进根系发育的作用。作物在透气性良好时长“白根”，透气性差时“白根”变“黄根”，土壤不透气时进一步变成“黑根”。“白根”是发棵根，“黄根”是活命根，而“黑根”是送命根。这是因为根系生长需要进行有氧呼吸作用，在透气不良时土壤中二氧化碳大量积累而进行无氧呼吸，形成有毒物质，毒害严重时就会使根系细胞死亡。

中耕蹲苗是调节蔬菜作物营养生长与生殖生长，促进产品器官形成的重要手段。

中耕松土也是去湿保墒，提高土温的重要措施。早春深中耕可以提高地温，在多雨季节，进行深中耕，促使水分迅速散失，锄松土壤而使土壤松暖透气。在干旱季节进行中耕，由于毛细管被切断，土表迅速干燥，形成一个“保护层”起到很好的保墒作用。农谚“早中耕，地发暖，勤中耕，地不板，深中耕，根多苗壮节间短”，说明中国农民群众对中耕的作用早就有深刻的认识。

中耕深度要根据蔬菜种类，植株大小而定。由于蔬菜的主要根群，一般都分布在土表 5～6 cm 以下到约 30 cm 的土层中，故一般中耕宜浅，以免损伤过多的根群，尤其对黄瓜和洋葱等根系浅、再生能力弱的作物。番茄及南瓜等蔬菜作物根群较深，根系伤后容易发生新根，可增加根系的吸收面积，因此可进行深中耕。幼苗期，根系分布范围小，中耕可稍深；随着植株的长大，它的根系也逐渐扩大，就要相应的减少中耕的深度。中耕的深度一般在 6～9 cm。

中耕时间和次数，因土壤性质、作物种类、气候和杂草数目而定。对需要中耕的蔬菜应尽量提早中耕，一般打架蔬菜应在设立支架前，不打架蔬菜在封行(垄)前，需中耕 2～3 cm。为了保持土壤水分而中耕的，宜在雨后和灌溉后，土表稍干便于操作时进行。

2. 培土

培土(banking)是在植株生长期将行间土壤分次培于植株根部的作业方法,一般结合中耕除草进行。培土对不同种类的蔬菜作用不同。大葱、韭菜、芹菜、石刁柏等培土后可使产品器官软化,提高产品品质;对番茄、南瓜等培土,可促进不定根发生,加强根系吸收土壤水分和养分的能力;对早春定植的植物培土,可提高土温,促进生长。此外,培土有防止植株倒伏、防寒、防热的作用。在多雨季节,还有利于排水。

五、菜田畦的类型和作畦技术

(一)栽培畦类型

蔬菜栽培畦的形式,视当地气候条件、土壤条件及作物种类而异。常见的形式有不作畦、平畦、高畦、垄和沟等。

1. 不作畦

不作畦是指地面平整后未筑任何畦埂、畦沟的栽培形式,蔬菜作物种植带的地面和带间通道的地面相平。不作畦适宜于雨量均匀、不需灌溉、排水良好的雨养农业地区,或采用喷灌、滴灌、渗灌等现代灌溉方式的地块。不作畦的优点是土地利用率高,节约人力。

2. 平畦

平畦(flat bed)是指地面平整后,按照一定距离在地面上筑起平行的小畦埂,整平畦面,畦面宽度以种植作物的种类和行数而定,蔬菜作物种植在低于畦埂的畦面上,畦埂主要起灌溉时拦水作用,同时也是田内作业的小通道。由于这种畦作物种植带的地面稍低于畦埂,也有人称之为低畦。平畦适宜于地下水位低、排水良好、气候干燥、以畦灌为主的地区或季节,在中国主要用于北方地区。栽培密度大且需经常灌溉的绿叶蔬菜、小型根菜、蔬菜育苗畦等,也基本都用平畦。平畦的优点是土地利用率和作畦效率较高,缺点是灌水后地面容易板结,也容易通过流水传播病害。

3. 高畦

高畦(high bed)是指地面平整后,按照一定距离在地面上挖平行的排水沟,并整平沟间的畦面,蔬菜作物种植在高于畦沟的畦面上,畦面宽度一般是畦沟的数倍,畦沟既是排水沟,也是田内作业小通道。高畦的优点是便于排水,可防止田间积水涝灾;春季栽培地温回升快,因而主要用于中国南方多雨地区或地下水位高、排水不良的地区。一般畦面宽 180～200 cm,沟深 23～26 cm。北方干旱,经常需要灌水，采用高畦栽培时一般畦面不宜超过 15 cm，畦宽 60～120 cm。畦面过高过宽，灌水时不易渗到畦中心，容易造成畦内干旱。畦越窄相对地增加了畦沟数目，减少了单位实际利用面积；但畦面过宽，排水不良，同时操作也不方便。

4.垄

垄(ridge)是一种顶部呈圆弧形的窄高畦。一般垄底宽 60～70 cm，垄高 15～30 cm，垄间距离根据蔬菜种植的行距而定，蔬菜作物种植在垄上。垄用于春季栽培时，地温回升快，利于蔬菜生长；用于秋季蔬菜生长时，有利于雨季排水，且灌溉时不直接浸泡植株，可减轻病害传播。中国北方多用垄栽培行距较大又适于单行种植的蔬菜，如大白菜、大型萝卜、结球甘蓝等。由于垄上土壤疏松，特别适合于根菜类和薯芋类蔬菜。但作垄比较费工费时。

5.沟

沟(furrow)是指平整好的畦面上按照一定行距开沟，蔬菜作物种植在沟内的栽培畦形式。例如：芹菜软化栽培时，可将芹菜定植在沟内，便于软化和后续培土；大葱采用沟栽，通过多次培土可使葱白加长，商品率提高。

(二)作畦技术

由于华南地区夏天雨水较多，故适合畦种，以利疏水，减少作物因雨水排放不及而浸坏。另外由于有畦坑让人使用，可减少踏进田畦上，减少压实泥土。田畦的形状、大小，可按地形、气候、土质、作物类别、生产需要等建成。

如可能的话，田畦最好南北向，以吸收最多的阳光。另外，田畦的阔度应以参加者从田畦一边，手可以探到田畦的另一边为度，以免他们要在田间走来走去才能完成畦上的工作。阔度 1 m 宽左右，长度则视地形而定。在潮湿多雨的季节，或排水不良的地方，畦坑的深度可高点，称作高畦，以便排水，但在干旱的季节，则可建略浅的畦。一般来说，最少应有 200～300 mm 深。畦面则有呈凸型、凹型及平面型等之分，其中凸型等可除去水，适合雨水较多的季节，相反凹型可保水，适合较干旱的季节，而平面型则界乎两者之间。不过，由于技术掌握需时间，故多数会均以平面型建畦。

1.畦的方向

畦向指畦的延长方向。畦向决定蔬菜种植的行向，行向不仅与作物受光状况有关，也与通风、热量和湿度有关，因此畦的方向对于高秆和搭架的蔓性蔬菜影响较大，对矮生蔬菜影响较小。行向与风向平行，有利行间通风。在地势倾斜的地块作畦，以有利于保持土壤水分和防止土壤冲刷为原则来确定畦向。

此外，畦向与栽培季节有关。因为中国地处北半球，冬季和早春太阳辐射偏向南面的时间居长，且期间的太阳高度角低，所以当蔬菜栽培行向和畦长平行时，若冬春季栽培采用东西向，蔬菜植株可收到较多的日光和较少的冷风，这样背风向阳，有利于提高畦的温度，促进保护地和越冬菜的生长。夏季南北向作畦，有利于田间植株采光及通风。但在中国南方，为了减少夏季蔬菜受到过强日光的灼伤，宜作东西向的畦。

2.畦的制作

栽培畦的制作形式及规格与栽培方法、品种、季节、搭架方式、栽培地区有关。例如，黄瓜栽培畦，南方多采用小高畦或高畦；北方多采用平畦或高垄栽培；地膜覆盖栽培的多采用高畦或小高垄；小拱棚栽培的多采用平畦。

作畦是在整好地、施完基肥的基础上进行的，在保护地内如果土壤干燥，还要先浇足水，作畦前先确定好畦的位置。作畦时应注意以下几点：

(1)畦面平坦　不作畦、平畦、高畦的畦面要平，否则浇水或雨后湿度不均匀，植株生长不整齐，低洼处还易积水。垄的高度要均匀一致。沟直且深浅一致。

(2)土壤细碎　整地作畦时，一定要使土壤细碎，保持畦内无土块、石砾、薄膜等影响土壤毛细管形成和根吸收的各种杂物。

(3)土壤松紧适度　整体来说，作畦后应保持土壤疏松透气。但在耕翻和作畦过程中也需适当镇压，避免土壤过松，大孔隙较多，浇水时造成塌陷而使畦面高低不平，影响浇水和蔬菜生长。

第二节　菜田直播与栽培技术

一、菜田直播与苗期管理技术

有些特种蔬菜作物由于植株根系较弱，移植后不易成活，或由于植株体较小难以进行移栽，或因肉质根为产品器官，移植伤根后易形成大量畸形根等原因，一般不进行育苗，而采用直播的方式进行栽培，一般如豆类、部分绿叶菜类和根菜类特种蔬菜。

(一)菜田直播方式

1.播种方式

主要有撒播和条播 2 种。

(1)撒播　在平整好的畦面上均匀地播撒上种子，然后覆土镇压。撒播的蔬菜密度大，产量高，无须播种工具，省工省时，但也有管理不便、用种量大等缺点。撒播多适用于生长迅速、营养面积小的绿叶蔬菜类。

(2)条播　在平整好的畦面上按一定行距开沟，将种子均匀撒在播种沟内，然后覆土镇压。条播地块行间较宽，便于机械播种及中耕等管理，同时用种量也减少。多用于单株占地面积较小而生长期较长的蔬菜，如菠菜、胡萝卜、大蒜等。

2.播种方法

(1)湿播法　湿播为播种前先灌水，待水渗下后播种，覆盖干土。湿播播种质量好，保苗率高，土面疏松而不板结，但操作复杂，功效低。

(2)干播法　干播为播种前不灌水，播种后镇压覆土。干播操作简单，速度快，但如播种时土壤墒情不好，播种后又管理不当，容易造成缺苗，如播种后大量灌水，则易造成土壤板结。

3.播种深度

即覆土的厚度，主要依据种子大小、土壤质地及气候条件而定。种子越小，贮藏物质越少，发芽后出土能力弱，宜浅播；大粒种子贮藏物质多，发芽出土的能力较强，可深播。沙质土壤，空气容易透入，土温也高，但容易干燥，所以播种宜深；黏土的土壤，地下水位高的地方播种宜浅，高温干燥时播种宜深，天气阴湿时宜浅。此外，播种深度也应注意种子发芽特点，如菜豆种子发芽时易腐烂，其播种深度应较其他同样大小的种子浅播。瓜类种子发芽时种皮不易脱落，常会妨碍子叶的开展和幼苗的生长，故播种时除注意将种子平放外，还要保持一定的深度。种子的播种深度一般以种子直径的 2～6 倍为宜，小型种子于疏松土层中播种深度 2～2.5 cm，黏土中 1～2 cm；豆类等大粒种子，一般约 3 cm。

(1)用种子直播的优势

①根系拓展空间大。育苗蔬菜的根系发育程度与种子直播的根系发育程度差异较大，育苗的主根较短，侧根发育也受一定的限制，且分布较浅。用种子直播的主根较深，侧根发生较多且范围较广，不仅能分布于土壤表层，也能向土壤底层发展，吸收面积较大。

②增强幼苗定植阶段的抗性。人工育苗的幼苗密集生长，定植后能在比原容器大 30～40 倍的营养面积中生长，因株行距骤然增大，加上气候、风力改变、光照增强，空气湿度降低，幼苗水分蒸发量急剧上升，造成定植后轻则缓苗期过长，重则发生死亡，而用种子直播就没有这样的障碍。

③提高植株对不良气候环境的抵御能力。当秧苗定植在菜园中，如秧苗定植前未经锻炼，栽培于露地后，抗寒性较弱的蔬菜，更经不起寒冷或轻霜的打击，即使

经过了抗寒锻炼，抗寒力一般也不如直播的强，如番茄、茄子、辣椒等蔬菜用种子直播，抗寒性都较强，相比穴盘育苗生长发育速度反而更快。用种子直播的番茄，可耐轻霜甚至短时间的－5～－4 ℃的低温，且抗倒伏性很强。这种抗逆性的增强与直播的根系强壮，及在自然变温条件下受到的锻炼，从而导致生理上的改变是分不开的。

(2)蔬菜作物良种选择的标准和处理种子的要点

①选种。用种子直播一定要选择肥大饱满、种皮光滑无瑕，生活力强的种子，质量好的种子是培育壮苗的基础。质量好的种子，还应该是充分成熟的，并经妥善保存的。蔬菜种子大小差别很大，小粒种子千粒重 1 g 左右，大粒种子千粒重达 1000 g 以上。种子大小与营养物质的含量有关，对胚的发育有重要作用，且关系到出苗的难易及幼苗生长发育的速度。种子越小，对播种的技术要求越高，苗期生长越缓慢。蔬菜种子的寿命常为 1～6 年，但种子发芽的年限只有 1～3 年。活力强的种子，发芽整齐，出苗一致，产量高。陈种子的色泽灰暗，无香味。新种子的色彩鲜艳光洁，具香味。成熟种子色泽较深，具蜡质。欠成熟种子色泽浅，皱瘪。

②晒种。为促进种子发芽，幼苗生长健壮，使蔬菜早熟、产量高、抗病强，在直播前需进行晒种、浸种、消毒、催芽处理。可在晴朗天，将待播种的种子在太阳下晾晒 2～3 d，以杀死附在种子表面上的部分病菌，还能提高种子的生活力，促进种子发芽整齐。

③浸种。种子的萌发需经历吸水后才会萌动并发芽。通过浸种，可加快发芽，减少播种后种子在土壤中的时间，减少病虫害感染的机会，同时还可结合浸种，进行种子消毒，提高发芽率。浸种的容器不能沾油污，否则油污会附着在种子表面或漂浮在水面，造成种子缺氧窒息，失去发芽能力。浸种时间一般 4～6 h，最长不超过 12 h，即可完成吸水过程，提高水温(40～60 ℃)可使种子吸水加快。种皮的结构也会影响吸水，如种皮薄的种子，浸水 4～5 h 就可吸足水分。但黄瓜需 3～4 h，葱、韭菜需 12 h。种子因过度吸水会缺氧，因此种子浸泡时，需搓去表皮的黏液，否则影响种子的呼吸。无氧或氧气不足，种子不能发芽或发芽不良。

④消毒。为杀死或钝化附着在种子表面甚至内部的病菌或病毒，可将种子放入 90～95 ℃的水中 5～7 s，但必须是干燥的种子才能用这种方法处理，否则会将种子杀死。接着将种子放入 50～55 ℃的恒温的热水中，需不停地搅拌，15 min 后，捞出种子，放入 25～30 ℃的温水中。将种皮上带有的黏质淘洗干净，浸泡 4～6 h 之后，用 0.1%～0.5%的高锰酸钾浸种 15 min，经消毒后需用清水洗净沥干。黄瓜种子宜感染病毒，可浸在高锰酸钾中 3 h，后用清水清洗沥干，再将种子用湿纸巾包好催芽。

⑤适当温度。蔬菜种子发芽要求一定的温度，不同蔬菜种子发芽要求的温度不同。喜温蔬菜种子发芽要求较高的温度，适温一般为25～30 ℃；耐寒、半耐寒蔬菜种子发芽适温为20～25 ℃。在适温范围内，种子发芽迅速，发芽率高。一般种子24 h即可出芽，但有的种子催芽时间长，为防这类种子发霉变味、变干，在发芽期间，需用温水将种子再淘洗1次后继续催芽，再用湿纸巾包好，等待它缓慢出苗。

⑥合理的光照。光能影响种子发芽，蔬菜种子分为需光种子、嫌光种子和中光种子3类。需光种子发芽需要一定的光，在黑暗条件下发芽不良，如莴苣、紫苏、芹菜、胡萝卜等。嫌光种子要求在黑暗条件下发芽，有光时发芽不良，如苋菜、葱、韭菜及其他一些百合科蔬菜种子。大多数蔬菜种子为中光种子，在有光或黑暗条件下均能正常发芽。

⑦适当水分。蔬菜种子发芽要求一定的土壤湿度，不同蔬菜种子发芽要求的湿度不同。在适合湿度范围内，种子发芽迅速，发芽率高。一般种子24 h即可出芽，如土壤太湿容易造成种子腐烂，太干会造成苗芽干枯，我们就用最易造成种子腐烂的豆类来讲，挖一个洞，放入两粒种子并压紧，需让种子与泥土紧密接触易发芽。如果泥土湿度刚好，就不用再浇水，如果泥土过湿就不必压太紧，这些都需靠经验进行调整。

(二)蔬菜作物直播的苗期管理技术

1.间苗

蔬菜直播栽培时，为了保证全苗，一般用种量较多，幼苗出土后，常易出现拥挤而引起秧苗徒长。因此，依据品种适宜的播种密度，要及时间苗(thinning)，使秧苗保持适当的营养面积。

(1)间苗方法　首次间苗要在幼苗间开始发生拥挤前进行，每次的间苗量不要过大，要分次进行，由出苗到定苗，应间苗2～3次，一般在1～2片叶和3～4片叶时进行，以确保苗床内有足够的留苗量。适宜的间苗量和间苗次数以幼苗间不发生拥挤为标准。要在晴天中午前后进行间苗，利用中午强光、高温环境，考察换苗的生长情况，并按照“间早不间晚、先轻后重、间病留健、间弱留强”的原则，将多余的小苗、弱苗、杂苗、病苗和畸形苗及时拔掉或剪除。苗距因蔬菜种类、品种和预定的密度来确定。

(2)注意事项　不要在早晚或阴天无法判断幼苗质量好坏时间苗。育苗量不足时，间出的苗不要丢弃，应再建造一个苗畦，把间出的苗栽入苗畦内进行培养，间苗前如果苗畦过于干燥，应提前一天将苗床浇湿，以减少幼苗的带土量，避免带土过多，伤害保留苗的根系。间苗后要对苗床进行浇水。由于浇水后能明显地增加苗床内的湿度，故该措施主要应用于高温期育苗。低温期育苗采用此措施时，应注意浇水量要少，并且浇水后要用干土盖住畦面压湿。间苗结束后，应将苗畦均匀撒盖一层细土，将倒伏或歪的苗扶正，对播种浅发生露根的苗要用土将根盖住。苗畦覆土应在幼苗上无水珠时进行，覆土后如果苗叶上残留的土比较多，可用细枝条轻敲苗叶，将土抖落下来。

2. 水肥管理

播种后必须保证出苗所需水分。每次间苗后，结合浇"合缝水"，可进行追肥，以促进植株迅速增长。浇水后2～3 d，待土层表面干结时，可进行中耕。主要灌溉系统有传统沟灌系统、传统灌溉方法和节水灌溉方法等。

(1)传统沟灌系统　水源(井、河、塘、池)、抽水机械(水泵)、输水渠道(主干沟、支沟、毛沟)。

(2)传统灌溉方法　地面渗灌、高畦渗灌与泼灌、人工喷灌。

(3)节水灌溉方法

①喷灌。主要包括移动式、半移动式、固定式。可节水30%～50%；节约耕地约10%；对地形和整地要求不高；保持土壤不板结，避免次生盐渍化；降低田间气温2～3 ℃；增加空气湿度4%～8%。

②微灌。主要包括滴灌、渗灌、微喷灌、小流灌等。可连续或间歇式供水；节水量大；对整地要求严格；可结合追肥；大幅度降低田间湿度；投资较高。

微灌同时应注意施足基肥，配合追肥，辅以叶面喷肥；有机肥与化肥合理配合施用；适时适量施用与经济用肥；营养诊断与配方施肥；依肥料种类确定施肥方式方法和施肥时期；依蔬菜的需肥特性施肥；依植株长势和生育特点施肥，包括提苗肥、壮苗肥、发棵肥、壮棵肥、催果肥、膨果肥；以水调肥，发挥肥效，防止肥害。

3. 定苗

定苗是一个农艺专业词语，在一般情况下，为确保农作物达到足够的出苗数量，在农作物播种时总是播下超过出苗要求数量的种子。当种子完全出苗后，采用人工、机械或化学等人为的方法去除多余的农作物幼苗，使农田中农作物幼苗数量达到理想苗数的过程，称为定苗。对于那些直播蔬菜，如大白菜、萝卜、胡萝卜等，最后一次间苗也就是定苗(establishing)。定苗是根据计划株距或营养面积选留优质苗，去除多余苗。选留的幼苗就是长期培养植株，最后形成产品，所以定苗是一项重要的工作，必须了解品种形态特征，认真操作。定苗最好在晴天中午前后进行，此时温度高，水分蒸发快，异常苗，尤其根部有问题的幼苗容易出现凋萎易被发现。定苗时除与前几次间苗作业要求相同外，还要掌握好株间距离，按照预定的营养面积定苗。如直播蔬菜的出苗情况出现连续断畦(垄)现象,在最后定苗时,应选择间除的部分健壮幼苗进行补苗。补苗作业与定植要求相同。对补栽的秧苗,应“偏吃、偏喝”,使小苗赶大苗,达到苗齐、苗壮。

(1)定苗的作用　合理密植就是在不影响单株产量或单株获得一定产量的前提下,增加种植密度。合理密植可以协调穗数、粒数、粒重三者之间的关系。密植就是增加每公顷株数,保证单位面积上达到一定的有效穗数。在一定条件下,合理密植配合适当的栽培措施,就可以使个体发育少受影响,群体发育与个体发育协调发展,促使构成产量的三个因素的乘积达最大值,从而获得高产。

在一定条件下,密度超过一定范围后,叶面积增长到一定限度后,就会造成田间荫蔽,引起株间光照不足,产量反而不高。每穗粒数随着密度的增加而减少,千粒重也跟着减轻,果穗变短,穗茎变细,秃尖度增加,籽粒产量下降。

(2)定苗方式　间苗在3～4叶时进行,定苗在5～6叶时进行,应去弱留强,去伪存真,所留苗大小一致,按计划要求的密度计算好株距,并尽量做到株距均匀。在地下害虫严重的地区,可适当推迟间苗、定苗时间,在严重缺苗断垄的地块,在间苗时进行移苗补栽。方法是在幼苗3～4叶时,在雨天或阴天下午,从苗多处连根带土挖苗,移栽到缺苗处。

(3)定苗的好处　适时间苗、定苗,可避免幼苗拥挤,相互遮光,节省土壤水分和养分,有利于培育壮苗。培育壮苗,做到苗全、苗齐、苗匀、苗壮。壮苗标准是根系发达,茎基扁宽,叶片宽厚,叶色深绿,新叶重叠,幼苗敦实。

二、菜田栽植技术

广义的特种蔬菜栽植(transplant)包括分苗(seedbed transplant)和定植(field transplant)。分苗是指蔬菜作物幼苗长到一定大小以后进行的苗床内移植,定植则是指将成苗移植到田间的作业。狭义的栽植即指定植,本节采用狭义的定植概念。

(一)栽植前的准备

1.土地准备

菜地整地宜早,尤其早熟栽培,应及早做好整地、施基肥和作畦的准备工作。欲行地膜栽培覆盖者,更需要提高整地质量和定植质量。

在整地作畦之后,定植前还需要按照栽植密度要求开定植沟或定植穴,并施入一定量的底肥,与土拌合均匀后栽植。一般情况下,蔬菜栽植时适合穴施或沟施的肥料有商品有机肥、生物肥、腐殖酸和氨基酸类肥料,这些肥料一般不易烧根,且所含养分全面,有利于幼苗根系伸展,穴施时一般以每穴施入 30～40 g 为宜。而复合肥、尿素、碳酸氢铵等含氮量过高的肥料不易施入,因这类肥料对幼苗根系刺激较大,施后极易烧苗。需要注意的是,肥料应与定植穴或定植沟内的土壤搅拌均匀,然后在上面栽苗,切忌把幼苗直接栽在肥料上。

2.秧苗准备

蔬菜定植对秧苗大小的要求,依种类不同而有区别。一般叶菜类秧苗,以具有 4～5 片真叶为宜。豆类秧苗根系再生能力弱,侧根较少,叶面积增加快,应在 2 片真叶期定植;茄果类秧苗,根的再生能力强,可带蕾定植,以提早成熟。

健壮秧苗是移栽成活的重要条件之一。由于壮苗抗逆性强,栽后易缓苗,发棵快,有提高产量和质量的效果。因此,定植前要做好秧苗锻炼、蹲苗、囤苗及保护根系等措施。凡定植的蔬菜秧苗,均提倡用营养体或营养块育苗,以少伤根系,缩短缓苗期,延长定植的适宜时期。

秧苗准备应根据事前确定的密度,准备足够的秧苗,同时还必须准备部分预备苗,以便补苗。另外在定植前应选苗、分苗,剔除病苗、劣苗,并按秧苗大小分级,这样日后植株生长整齐,成熟期一致,有利于集中收获上市。定植前的成苗经过一段时间蹲苗后,营养土较干,直到定植时可少量给水,以利于移植。在起苗、运苗时尽量不要扭伤秧苗茎叶,也不能以手捏根,要轻拿轻放,以免散坨伤根。

(二)栽植时期和方法

1.栽植时期

蔬菜的适宜栽植时期,应根据当地的生产条件、气候条件、蔬菜的种类和栽培目的等不同来确定。在中国华南地区,终年温暖,各种蔬菜的播种、定植时间虽有一定的差异,但要求不严格。东北、西北到长江流域,由于冬季严寒或有霜冻,喜温蔬菜如果菜类,春季应在地上断霜、10 cm 地温稳定在 10～15 ℃时才能定植于露地,且必须在晚霜期过后进行,否则,轻霜也会造成部分秧苗冻死。在不受晚霜为害的前提下,定植越早,秧苗成活发棵也越早,是争取产品早熟的重要环节;秋季则以初霜期为界,根据蔬菜栽培期长短确定定植期,如番茄、菜豆和黄瓜应从初霜期前推 3 个月左右定植。

长江以南对于一些耐寒或半耐寒的蔬菜种类,如蚕豆、甘蓝、小白菜、芥菜、菠菜和洋葱等,大多在秋冬栽培。晚秋或初冬定植的越冬蔬菜,其定植期应在最冷时期以前,以能够缓苗、恢复生长为标准;而在北方地区,多在春季土壤解冻后、10 cm 地温达 5～10 ℃时即可定植。

栽植时的气候条件与秧苗成活率和缓苗快慢也有密切关系。春季栽植,应选冷尾暖头无风的晴天进行，阴雨天及刮风天不宜栽植。在夏秋高温干旱季节栽植时，应选阴天及晴天的下午或傍晚进行，避免烈日暴晒。茄果类蔬菜分苗后的苗龄期 25～30 d，瓜类有 4～5 片真叶（时间在谷雨前后）4 月中、下旬，抢晴天移栽，有地膜覆盖的可提早在清明前后。

2. 栽植方法

移栽时按各类蔬菜的密度打穴放底肥栽下，然后浇压蔸水，移栽时注意事项：一是千万不能栽在肥粪上；二是移栽时应抢晴天上午，下雨后土太湿不要移栽；三是有营养钵的不能压得太紧，以免松坨，失去营养钵的意义；四是起苗时先行。蔬菜秧苗的栽植方法，可分为明水栽苗和暗水栽苗两种。整地作畦后，先按行株距开穴（开沟）栽苗，栽完苗后按畦或地块统一浇定植水的方法，均为明水栽苗法。该法田间操作省工，速度快。但在早春栽植时，如栽后浇水过多，土壤水分蒸发量大，易引起地温的明显降低，不利于幼苗的根系生长，缓苗慢。同时明水栽苗易引起土壤板结、裂缝，保墒能力差，适用于高温季节定植。

暗水栽苗，是先在畦内按行距开沟或挖穴，随机按沟（穴）灌水，在水将渗下时将苗钵按株距栽入沟（穴）内。待水全部渗下后封沟（穴）覆土。这种栽苗方法用水集中，用水量小，地温下降幅度小，覆土后土壤表层不易板结、土壤透气性好，有促进幼苗发根和缓苗作用；但是较费工费时，对土地平整度要求高，适于早春夏菜定植。

采用地膜覆盖时，先覆膜后栽植或先栽植后覆膜均可。采用先覆膜后栽植时，在垄面中央按株行距打好定植穴，直径和深度分别大于育苗营养钵的直径和高度。每穴灌水后，立即放苗，待水渗透营养钵后，用细土添实孔穴，封严地膜封口，使不漏风。采用先栽植后覆膜时，先在按行距做好的小高垄上按株距挖穴定植，栽后覆膜，挖孔引苗并封严引苗孔，在小高垄两边压紧地膜，然后立即浇水。浇水量应以小高垄完全浸透水为宜。

苗的定植深度一般应比原苗床稍深些。但栽苗的深浅还要考虑到作物根系的深浅、强弱、植株形态、需氧情况、土质、栽培季节和方式等因素。栽植过深或过浅，都不利于秧苗成活。营养钵移栽宜深些，栽浅了易悬脚受干。菜农有“黄瓜露坨，茄子没脖”之说。黄瓜根浅，对土壤养分要求高，所以定植宜浅。茄子根深，需要培土防止植株倒伏，所以定植宜深。大白菜根浅，茎短缩，深栽易烂心。地势低洼，地下水位高的地块宜浅栽，否则栽深了在早春土温偏低，易导致烂根。在夏季高温季节或干旱地区，定植宜深些。土质过于疏松，地下水位偏低的地方，则应适当深栽，以利于保墒。对于徒长苗，可进行斜栽，即使其茎的下端连同根部一起斜卧在定植沟或定植穴内。

3.栽植密度

栽培密度直接影响到蔬菜产品的产量和质量,合理的定植密度或留苗密度是取得良好收益的基础。栽培密度因蔬菜的种类、品种、熟性及栽培管理水平和气候条件等不同而异。一般来讲,爬地生长的蔓生蔬菜定植密度应小,直立生长或支架栽培蔬菜的密度应大;丛生的叶菜类和根菜类密度宜小;早熟品种或栽培条件不良时密度宜大,而晚熟品种或适宜条件下栽培的蔬菜密度应小;在高温多雨的地区,应较低温少雨地区密度小些。

合理密植是蔬菜增产增收的重要措施。密植后,蔬菜作物单位面积株数增加,根系横向生长范围缩小,纵向吸水、吸肥能力加强。因此,应根据蔬菜不同种类间的生长习惯及其群体结构的发展过程,通过深耕、施肥、适时灌溉、及时搭架、整枝、压蔓和摘叶等技术措施,加强田间管理,改善通风透光条件,以实现合理密植。例如,早春番茄合理密植,要求改双秆整枝为单秆整枝或一秆半整枝。此外,合理密植还应注意加强病虫害防治。对于高温多雨地区或季节,不提倡密植;在没有灌溉条件,土壤肥力又低的地区,也不宜密植。

(三)缓苗期的管理

“缓苗期”是农业生产的术语,是指农作物、蔬菜、花卉、苗木等植物移栽后出现的一段适应环境的扎根活棵延缓生长的时间。农业生产中要求尽量缩短“缓苗期”或实现无“缓苗期”,常采用培育壮苗、带土移栽、足水定植和精心管理等技术措施,以保证植物移栽后少受或不受环境影响而能继续生长发育。

定植后,根据天气状况可进行临时性的田间保护,以利于迅速缓苗,如气温低时,进行简易覆盖以提高地温;栽植后阳光过于猛烈时应设法遮阴,增加空气湿度,降低光照度等。当植株缓苗后,应立即进行灌溉,浇一次缓苗水。

缓苗与否一般用形态指标来进行判别:一是拔出植株,看其新根特别是根毛发生情况;二是看地上部是否有新叶展开,植株是否开始新的生长。缓苗后,应根据具体蔬菜种类及其生长发育特点,采用正常的肥水管理、土壤管理和病虫草害防治,以促进植株迅速生长。

第五章 野生蔬菜生活环境及分类

野生蔬菜是指可以作蔬菜食用的野生植物的统称，在人们生产生活中与栽培蔬菜并存，但由于野生蔬菜未经彻底驯化，一些种类的野生蔬菜仍含有未知或有害的成分，食用过多也可能会产生不良反应。鉴于野生蔬菜明显有别于栽培蔬菜的特性，以及野生蔬菜外形、口感、风味等与一般意义上的栽培蔬菜存在明显差异，把野生蔬菜列为特种蔬菜行列，并单独进行总结和编写。

第一节 野生蔬菜的生活环境

野生蔬菜的地域性决定了原产地不同的野生蔬菜生长环境也不相同。只有了解野生蔬菜生长对环境的要求，在栽培过程中，才能更好地创造出满足其生长发育所需的条件，获得高产优质的野生蔬菜产品。

野生蔬菜长期生活在野外自然条件下，形成了对各种环境适应性强的特点，有的野生蔬菜还能够抵御极端的环境条件。野生蔬菜生长环境主要有下面几种类型：

一、阴湿环境型野生蔬菜

这类野生蔬菜生长在比较阴湿的环境下，它们对光的要求比较低，但对湿度的要求比较高。自然生长条件下，这类野生蔬菜一般生活在树林灌木下，在充足的光照条件下分布相对较少。栽培时应采用遮光处理，配以高湿的环境，才能使其生长发育良好，获得较好的品质与产量。

二、低温型野生蔬菜

低温型野生蔬菜要求在温度相对低的条件下生长(一般在 4 ℃以上,10 ℃以下),如水芹、水菠菜、野葱等。这类型的野生蔬菜一般生长在冬季及初春季节,所以低温型野生蔬菜的高产栽培,一定要在低温的环境条件下进行。低温有利于低温型野生蔬菜植株的分株,长出良好的分株苗,高产栽培可以冷处理以后进行反季节栽培。

三、冷凉型野生蔬菜

这类野生蔬菜生长需要的温度在 10～20 ℃,如魔芋、山药、蕨菜等。这类野生蔬菜,栽培上又称为高山性蔬菜,因为该类型野生蔬菜在高山地区进行栽培生产时优势明显。通常此类野生蔬菜对光照的需求较高,较大的昼夜温差有利于此类野生蔬菜的物质积累及特殊物质的形成。这类野生蔬菜生长季节在春、夏、秋三个季节,一般生长速度快。栽培生产上,较适宜在高原地区种植。

四、耐热型野生蔬菜

该类野生蔬菜在高温下生长相对比较好,对温度的要求也很高,只有达到一定温度以上才能更好地生长发育;同时,这类野生蔬菜对光照时间要求也相对较高,如茭白、慈姑等。对于该类野生蔬菜栽培,除了提高温度外,水分管理和光照强度也很关键。栽培生产中肥水管理要跟上,以免高温造成徒长或高温高光照造成灼伤。在生长后期要注意一段较低温度的处理,有利于营养物质积累。

五、中性型野生蔬菜

该类型的野生蔬菜对温度、光度的要求都不是很高,但是也需要适宜的温度及光照才能获得良好的产量和品质。例如:低温有利于鱼腥草地下部分的生长发育,在栽培过程中,维持适宜的较低温度能够获得更高的产量和品质。栽培上一般 10 月种植,使其在冬季低温下,根部萌发,长出很多芽,在春季长出叶片,进行光合作用,夏季以后叶片的数目巨大,其根部快速生长,获得高产优质的鱼腥草根及地上部分。

第二节 野生蔬菜的分类

将野生蔬菜按照一定的方式进行分类，有利于对相似的野生蔬菜进行比较，从而为高产栽培提供一定的参考。

一、按照食用器官分类

根据野生蔬菜的食用器官可将野生蔬菜分成五大类。

（一）全株类

指整株可以入菜的野生蔬菜，大部分野生蔬菜都属于此类。由于绝大多数的野生蔬菜没有经过人工驯化和选择育种，没有特异地朝着某一营养器官进行人工选择育种，野生蔬菜保留了野生植物进化上的植株各部分同时进化的特点，如蒲公英、车前草、荠菜、灰灰菜、苋菜、苣荬菜等。虽然很多野生蔬菜可以进行全株食用，但人们往往侧重某一特定部位进行食用，如：水芹侧重于叶部及嫩茎、野生韭菜侧重叶部等，而蕨菜虽然根部可加工成蕨粉，但嫩茎部位是鲜食的最佳选择。

（二）叶菜类

指食用器官主要是叶及茎部的野生蔬菜，如马兰头、地肤菜、马齿苋、青葙、牛繁缕等。此类野生蔬菜栽培上往往对氮肥的需要量大，适量增施氮肥能够提高产量，但施用过多的氮肥，将影响此类野生蔬菜的品质。

（三）芽菜类

该类野生蔬菜主要食用树木类植株的嫩芽及由树木种子发芽生产的芽菜，如香椿芽、枸杞芽、珍珠菜、花椒芽、木芽、野芝麻叶、刺芽菜等。嫩芽是树木或藤本植物发出的幼嫩枝叶未木质化时采摘的，可以作为野生蔬菜来食用，而芽菜是由种子发芽而形成的。芽菜也不一定是树木类种子发芽形成的，草本类种子也可以生产芽菜，如苜蓿、野豌豆等。此类野生蔬菜含水量高，营养价值高，出售价格也较高，但不利于长时间保存，栽培技术高，投入成本也较大。

（四）根茎类

该类野生蔬菜主要食用部分是根部及地下茎，如桔梗、牛蒡、莲菜、银条、鱼腥草、慈姑等。

(五)花果菜类

该类野生蔬菜主要食用部分是植株的花或果,如金针菜、槐花、紫藤花、野菊花、柳絮、榆钱、核桃仁、松子仁、银杏等。

二、按照生长年限分类

(一)年限一年左右的野生蔬菜

这类型的野生蔬菜一般生长周期在一年(即 365 d)以内。这里的划分不同于园艺蔬菜栽培学或育种学上的划分。通常园艺蔬菜栽培学或育种学上认为蔬菜跨年生长即为两年生,不管蔬菜栽培生长的天数,其强调是第一年进行营养生长,第二年后进行生殖生长,如白菜、萝卜等。

这里为了更简单地进行分类,根据野生蔬菜栽培生长时间的长短将野生蔬菜分为生长年限一年或多年生。例如,在鱼腥草的栽培上,一般一年时间内完成栽培的鱼腥草质量和品质是最好的,野葱类等也是在栽培一年内能够获得最好商品性状。到了二年的时间,鱼腥草根部在一年时间内生长的基础上,进行第二次生长,第一年时间内生长的根将变老,从而影响了品质。但通过多年栽培经验发现,两年生长年限的鱼腥草根部作为繁殖材料,其抗病性、生产潜力很大,一般栽培上选择老的鱼腥草根部作为繁殖材料。野葱类在第一年生长的基础上形成种根,再进行分株生长,严重影响其品质与质量,且第二次进行分株产生的根球很小,导致收获时大量的根球残留,难以清除。

一年时间内生长的野生蔬菜(如紫苋),栽培上建议在恰当的时间节点进行收获,以免种子或其他繁殖材料(如细的种球、根等)留地,造成第二茬或换茬时形成野草类型的植株。栽培实践中,经常发现由于不及时收获,使大量种子或繁殖材料留地,长出的紫苋质量不好,只有当野草进行处理,费时费工。如果有大量的残留种子或者繁殖材料,可以进行水旱轮作或使用除草剂解决。

(二)多年生一次采收的野生蔬菜

这里说的多年生野生蔬菜也不同于园艺蔬菜栽培学和育种学中的两年生蔬菜。蔬菜的两年生,即第一年进行无性生长,第二年进行有性生长,这样的划分对于野生蔬菜栽培而言掌握不是很方便,因为有些野生蔬菜生长周期可以是两年,也可以是两年以上,但只可采收一次。例如,黄精的收获时间主要看根部的发育是否达到一定程度的商品性上,对于年限的要求根据栽培者及市场要求进行,一般这类型的野生蔬菜栽培时间在 2～5 年比较合适。

（三）多年生宿根野生蔬菜

这类型的野生蔬菜，可以一次种植，多年生，宿根，可进行多次采收，越冬或越夏时其地上部分枯萎，而根部不死亡，如茭白、韭菜、水芹等。

（四）多年生木本或藤本野生蔬菜

该类野生蔬菜，冬季其地上部分叶片脱落而不死亡，可以一次栽培多年多次采收，如香椿、木芽等。

三、农业学分类

农业学分类是按照器官的形成特性和繁殖特性进行分类。该分类的目的是将农业上栽培管理方式相同或相似的归为一类，便于栽培生产上的管理。从食用器官分类和农业学分类来看，同一野生蔬菜即可属于不同的类别，具有交叉性。按照农业学的分类方法，野生蔬菜主要分成七大类。

（一）叶菜类

以幼嫩的叶或嫩茎为食用器官的野生蔬菜，如苋菜类、马兰头、苦苣菜、刺芽菜、木芽等。

（二）豆类

如野豌豆、野生大豆等。

（三）薯芋类

该类野生蔬菜富含淀粉，一般以营养器官进行繁殖，如山药、慈姑、魔芋、洋姜等。

（四）水生野生蔬菜

水芹、水菠菜、茭白、慈姑等。

（五）多年生野生蔬菜

鸭儿芹、竹笋、百合等。

（六）树木野生蔬菜

香椿、刺芽菜、木芽、花椒等。

（七）野生葱类

苦蒜、小香葱、野生韭菜、细叶香葱等。

四、植物学分类

按照植物的科属种进行分类。该分类适合于研究比较不同科属种之间的差异，便于育种，对于栽培而言作用相对较小，这里就不一一赘述，读者可以参考植物分类学相关书籍进行查阅。

第三节　五大类野生蔬菜

根据野生蔬菜的习性并结合野生蔬菜栽培的要点，为了更好地指导野生蔬菜栽培，参考以上野生蔬菜的分类方法，可将野生蔬菜分为四大类，即宿根类野生蔬菜、树木类野生蔬菜、芽菜类野生蔬菜和一年及多年生一次栽培，一次收获野生蔬菜。这里的分类依据主要是基于野生蔬菜栽培管理过程中对技术的要求，这样更加贴近实际栽培需要，从而能够更好地指导野生蔬菜的农业生产。

一、宿根类野生蔬菜

该类野生蔬菜指在越冬或越夏的过程中，其地上部分死亡，而地下部分仍然存活，待越冬或越夏结束后，天气环境适合生长时则开始生长的一类野生蔬菜，如鸭儿芹、野生韭菜、水芹、蕨菜等。该类野生蔬菜的特点是在地上部分死亡前，多余的营养物质运输到根部，根部在与地上部分的连接处产生离层，从而使地上部分与地下部分之间脱离，以免在越冬或越夏过程中地下部分受伤。该类野生蔬菜地上部分每年进行更新，管理上应在地上部分枯萎时进行覆土或覆盖秸秆，越冬或越夏结束后及时拨开，使芽露出。对于具有分株特征的野生蔬菜，每年都要去除一定数量多余的分株苗，也可在分株苗长到具有商品性时采收，进行出售。注意栽培管理上不能留很多的分株苗，以免影响野生蔬菜商品性质。野生蔬菜的分株苗一般是保留中间苗、大苗、早苗，去除边苗、小苗、弱苗、晚分株苗。宿根类野生蔬菜在管理上一定要保证每年产生的种子及时摘除或在其产生花时移除，以免种子落地，不利于栽培管理。

二、树木类野生蔬菜

该类野生蔬菜指以树木的嫩芽、嫩茎、果仁、花为食用部位的一类野生蔬菜，如香椿、枸杞芽、花椒芽、木芽、银杏、山核桃、槐树花等。由于该类野生蔬菜为树木类，目前一般采用矮化栽培技术，解决栽培难以管理的问题，特别是香椿类野生蔬菜矮化栽培较为成熟。对于以叶茎为主的树木类野生蔬菜，目前还有将种子进行生产芽菜进行出售的，效果也不错。

三、芽菜类野生蔬菜

该类野生蔬菜是按照国家行业标准进行定义的。芽菜是指以种子或营养体培育出可供食用的嫩芽、芽苗、芽球、幼梢等，达到一定大小时进行出售的一类野生蔬菜。野生蔬菜生产芽菜具有广阔的前景，这主要是因为芽菜是以种子或营养体直接生产，营养价值相对较高，口感好；芽菜类野生蔬菜生产周期短，可实现周年生产；只要芽菜类野生蔬菜生产条件满足，就可较为便利地实现野生蔬菜专业化生产。但芽菜类野生芽菜规模化生产的限制条件主要是需要种子量很大，难以满足。属于该类的野生蔬菜有：野豌豆、苜蓿等。

四、一年及多年生一次栽培，一次收获的野生蔬菜

该类野生蔬菜由于收获时全株同时收获，一次栽培只能收获一次，所以栽培上只要达到商品性即可收获。这类野生蔬菜例子较多，如鱼腥草（多年生）、野葱类（多年生）、紫苋（一年生）、荠菜（二年生）、艾草（一年生）等。虽然很多宿根蔬菜全株可以全部食用，如：野生韭菜、水芹等，但是该类野生蔬菜主要食用地上部分。

第四节 野生蔬菜生长发育

野生蔬菜生长发育的特点与环境影响因子与前面所讲蔬菜基本相同，了解野生蔬菜植株生长发育的规律，以及对这一过程有重要影响的环境因子，是野生蔬菜优质高效生产的理论基础。温度、光照、水分、土壤、气体、生物因素与生长发育的关系前面已经介绍过，不再赘述，以下着重描述营养元素与野生蔬菜生长发育间的相关关系。

俗语说："有收无收在于水，收多收少在于肥"。足见肥料对作物生长发育与生产的重要性。对于野生蔬菜生长发育和生产而言，施肥的重要性是不可忽视的。野生蔬菜栽培中，施肥的目的不仅在于满足野生蔬菜植株对矿质元素的需要，还在于改善野生蔬菜的生活环境，如土壤结构性、土壤微生物的活动，调节野生蔬菜的生长发育。对于处于萌发时期的野生蔬菜，有机肥还提供其萌发所需要的温度。

一、野生蔬菜需肥的特点

(一)不同野生蔬菜需肥情况不同

一般而言,根菜类野生蔬菜对磷、钾肥需求量高,同时根菜类由其经济器官(收获的根茎)决定了除满足其生长以外,还要求土壤具备结构疏松的特点,所以施肥上以有机肥为主,有机肥的施用占到80%~95%,施用的有机肥一定要充分腐熟。

叶菜类野生蔬菜对氮肥的要求较高,因为氮肥能使叶片肥大,质地柔嫩。因此,以叶用为主的野生蔬菜,栽培上要注意观察叶片颜色的变化,根据叶色的变化规律,及时适当追肥。该类野生蔬菜管理上除了根据叶的形态和颜色进行肥水管理外,还要保障在野生蔬菜收获的后期,控制施肥量,使之尽可能地保留其特殊的风味,同时获得较长保鲜期。

如何使栽培野生蔬菜保留或恢复其野生自然状态下特有的野生风味,我们总结了一些经验,以供读者参考。

1.原产地直接栽培管理

蕨菜、香椿、竹笋等可以在其原产地进行栽培、生产和管理,让其在原产地直接产出野生蔬菜产品。不必要对其进行挖取移栽,只需要进行原产地保护管理,营造适合其生长的环境即可。这样做能保留野生蔬菜的原汁原味,使收获的野生蔬菜具有很高的营养价值和商品价值。

2.收获前管理

收获前1~2周进行模拟自然野生状态下生长环境,使野生蔬菜体内的特殊物质形成积累,使其具有野生生长环境下的特殊风味,从而尽可能地满足人们对野生蔬菜风味的要求。在设施栽培生产野生蔬菜时,要在收获上市的半个月前揭开棚膜,不施肥、不灌溉,让其在自然环境的条件下获得应有的生长发育条件。鸭儿芹设施栽培时,叶片呈浓绿色,而野生环境下的鸭儿芹叶片中脉及叶柄呈紫红色,其品质最好。设施栽培中,在收获前1~2周揭开棚膜,让其自然生长,使栽培的鸭儿芹能够尽可能地达到野生鸭儿芹的品质。肥料的控制对于野生蔬菜而言,其风味的改变主要是因栽培环境的改变,尤其是肥料的大量施用,如鱼腥草、慈姑、野生芹菜等栽培。大量施用肥料,特别是化肥的使用,导致野生蔬菜特有的风味变淡,甚至丧失。野生蔬菜生产栽培上,一般只施用一定量的有机肥做底肥,观察是否能满足野生蔬菜正常的生长要求,不可施用太多的肥料,尤其忌用大量的化肥。当土壤含有过多的肥料时,可以种植吸收肥料能力强的作物,让野生蔬菜生长环境中土壤肥力下降,或者适当延长栽培时间,使野生蔬菜的风味得到部分恢复。

3.适时收获

野生蔬菜要长到一定大小、一定阶段时才能保证其具有特有的风味，野生蔬菜野味的恢复也是一样，需要野生蔬菜长到一定时间段，特有风味形成，否则特有风味不足。要注意采摘的时间，不要等到野生蔬菜的特有风味发生变化时才进行采收。

通常，以花为采收目标的野生蔬菜对氮、磷、钾肥的需求量都很大，同时对镁、硼也有需求，所以栽培上氮、磷、钾一般用作底肥，而镁、硼等在花芽形成时喷施，满足花对这些元素的需要。野生菌类栽培时，最好在底料肥时配好规定的茬数所需要的肥，不满足时再使用喷施的方式补充，菌类对肥料的需求，主要是钾肥及一些微量元素。

(二)同一野生蔬菜在不同的发育时期需肥不同

一般而言，同一野生蔬菜、不同的发育时期，需肥量不同。在野生蔬菜萌发期间，因种子贮藏有丰富的养料，一般不吸收营养元素，也不需要外界提供肥料，野生蔬菜的种子就能萌发。幼苗阶段，种子贮藏的物质难以满足其生长所需，需要从周边环境中吸收一部分营养元素，要适当施用一定浓度的营养液，以浇水方式或喷施方式提供给野生蔬菜幼苗。随着野生蔬菜幼苗的逐渐长大，其吸收矿质元素的能力也逐渐增加，这时就要进行施肥补充其生长发育所需要的营养。开花结实期，是生殖生长与营养生长并进时期，野生蔬菜在该时期也是需肥的最大时期，若底肥不足，所施用的营养元素又满足不了其生长发育的需要，将导致野生蔬菜植株发育不良。这段时期要合理施用肥料，及时提供野生蔬菜生长发育所需要的营养成分。随着野生蔬菜植株生长的减弱，肥水的吸收量也逐渐减少下降，至成熟期则基本停止吸收。

野生蔬菜植物幼苗期到花芽分化时期，需肥以氮、磷肥为主，配施钾肥；在花芽形成时以磷、钾肥为主，以防止野生蔬菜过分进行营养生长；生长后期以钾肥为主，使合成的营养物质向主要采收部位转移。当然，野生蔬菜生产栽培中，要注意合理施肥，不能出现因为追求产量使得野生蔬菜特有的野生风味降低，导致野生蔬菜产品品质下降。

(三)不同野生蔬菜需肥的形态不同

野生蔬菜对营养元素吸收的形态取决于哪一种形态的肥料更易于吸收，如对氮肥的吸收，有些喜欢铵态氮，有些喜欢硝态氮。栽培野生蔬菜时，最好施用该野生蔬菜最喜欢的形态，至于不能确定的，可以先做试验，再进行施用。一般来讲，木本类野生蔬菜喜铵态氮，草本类野生蔬菜喜硝态氮。

(四)部分野生蔬菜有其禁忌的肥料

部分野生蔬菜还有其不能吸收的肥料形态，甚至有些肥料成分还会抑制野生蔬菜的生长发育，我们将这种肥料称为野生蔬菜的忌肥。例如，在野葱类栽培中不可施用氯肥，鱼腥草栽培中不宜施用硝酸及硫酸性肥料等。

二、施肥指标

要想使野生蔬菜生长好，获得高产优质的野生蔬菜产品，就要掌握土壤肥力和植物营养状况，同时还要结合天气等气候资料，即为俗语中说的："看天、看地、看庄稼"。有了这三个方面的了解，方能根据土壤肥力，配施适量底肥；依据野生蔬菜生长的营养状况，及时补给所需要的养分；依据天气，既能节约肥料，又能使所施用的肥料得到充分利用。

(一)土壤营养丰缺指标

野生蔬菜生产栽培中的土壤肥力，涉及很多指标，不仅仅指各种元素的含量，还包括土壤微生物、孔隙度、各种元素的配比、各种元素的状态、土层的厚度等。野生蔬菜栽培的土壤肥力是一个综合指标，单一的以某一种指标，如仅以元素含量作为衡量土壤肥力是不科学的，也是不可取的。野生蔬菜栽培中发生生理性干旱，正是由于土壤中某一种或几种元素含量过高所致。

如何得出野生蔬菜栽培所需要土壤营养丰缺指标，需要根据不同野生蔬菜进行分析，不同地区、气候、耕作水平也都是考虑的因素。同时，还要结合气候因素，只有通过田间试验才能得出合理的野生蔬菜栽培土壤营养丰缺指标。

(二)野生蔬菜植物营养丰缺指标

野生蔬菜植物栽培中对营养丰缺指标的评价，主要通过野生蔬菜植物本身所反映的情况进行确定。

1.形态指标

形态指标是指依据野生蔬菜植物本身长势、叶色变化和生长速度，来确定植株是否缺肥以及判断缺肥的大致类别。野生蔬菜植物栽培中，缺肥类别也是通过其形态进行初步判断，然后通过试验来验证。

(1)长相　野生蔬菜植物的长相包括叶片的大小、茎的粗细、节间的长度、长相可看出缺什么肥，什么肥又施用过量。如：氮肥施用过多，则野生蔬菜植物一般表现为叶片大、叶片生长快；氮肥少，则叶片短而细，叶片生长慢；缺磷时，植株分株少，幼苗幼叶生长停滞，茎、根纤细，植株矮小。

(2)叶色 叶色也是一个初步判断野生蔬菜植株是否缺肥的一个重要指标。叶色对缺肥的反应比叶片的长相更快,对于缺肥的野生蔬菜植株能够快速反映出来缺肥种类。野生蔬菜栽培中,对缺肥验证的最好也是最快方法就是通过叶面喷肥的方法进行,2～3 d即可得到结果。野生蔬菜植物功能叶的叶色主要由叶绿素决定,而叶绿素的含量与含氮量有关,叶色深,说明氮肥充足,叶绿素含量高。缺磷时,有利于花青素的形成,故而缺磷的野生蔬菜植株叶片表现出不正常的暗绿色甚至紫红色;磷过多,则叶片表现出小焦斑。缺钾时,茎秆柔弱,易倒伏,野生蔬菜植物的抗旱性及抗寒性降低,叶绿素被破坏,导致叶片发黄,逐渐坏死或者叶缘焦枯,而叶中部生长快,形成皱缩叶。缺钙时,野生蔬菜植物的顶叶及幼叶初期呈现淡绿色,继而叶尖出现典型的钩状,随后坏死。缺镁时,从野生蔬菜植株下部分叶片开始,往往叶肉变黄而叶脉仍然保持绿色等。因此,在栽培野生蔬菜时,对于缺肥种类的确定可以首先从观察叶色开始,然后看长相,这样可以较快得出结论,从而进行验证。根据野生蔬菜植物栽培中缺肥的结果,及时进行追肥。

(3)生长速度 野生蔬菜的生长速度在一定程度上体现了野生蔬菜植物体内营养物质的丰缺程度,生长快则肥料充足,生长慢则表示肥力不足。但生长过快,表示肥力过足或者施肥过多,会严重影响野生蔬菜的品质。

2.生理指标

生理指标主要是指野生蔬菜植株体内的各种物质含量的变化,包括:野生蔬菜体内的酶活力、维生素含量及组成比例、各种氨基酸含量、生理代谢活动等。野生蔬菜植物体内生理指标测定判断肥水的盈缺比较科学,但测量需要做相关的实验来验证,比较烦琐,也需要一定的仪器设备,对技术人员的要求也比较高。

三、施肥技术

野生蔬菜栽培生产中的施肥主要依据野生蔬菜生长发育特点进行,以有机肥为主、化肥为辅;底肥为主,追肥为辅;配方施肥为主,单肥为辅;同时,依据不同野生蔬菜对元素吸收的不同特点进行。以叶用为主的野生蔬菜,以氮肥为主,配合有机肥的方式施用肥料;以根茎类为主的野生蔬菜,施用含钾、磷为主的肥料。

施肥时,有机肥以拉沟条施、挖坑等方式施入,对有机肥进行覆盖,使用有机肥要注意水分的供给。化肥使用时要注意使用的量,防止化肥使用过量造成植株疯长。同时,要注意防止化肥与植株叶片或其他部分的直接接触,防止灼伤。叶面喷肥要注意浓度的控制及施用的时间,浓度要低,不可在中午温度高时使用,最好在傍晚及阴天使用。一般野生蔬菜临近收获时,不可使用肥料,以免造成野生蔬菜品质的下降。

第六章　野生蔬菜的选择与驯化

人类自从有农业开始，就一直在进行作物的选择、驯化，其目的在于培育出具有优良性状的作物。从古到今，不管是对野生资源的驯化或是育种，还是普通蔬菜及粮食作物的育种，人们一直在对植物进行着“选、培、淘、驯”。

“选”是选择具有优良性状的植物材料进行培育或者杂交，在此基础上定向选择目标性状，“选”要求具有较丰富的经验。在野生蔬菜开发的过程中野生蔬菜种类、开发部分等因素的选择决定着野生蔬菜开发的方向，所以需要综合分析后进行判断。

“培”是建立在“选”的基础上，培育那些具有优良目标性状及具有开发潜力的野生蔬菜，以获得更好的野生蔬菜新种质。野生蔬菜进行常规选育或者杂交育种时，对育种材料培育的过程，也是对栽培技术摸索的过程。如何培育一批优良的野生蔬菜繁殖材料，再扩大生产，这是开发野生蔬菜需要注意的环节。生产所需的野生蔬菜繁殖材料不可能全部来源于野生环境，野生环境下生长的野生蔬菜也不可能满足规模化生产所要达到的标准。因此，通过培育数量充足、生长一致、品质优良的野生蔬菜种植材料是野生蔬菜开发要解决的关键问题之一。

“淘”是淘汰那些暂时不适合规模化种植、市场前景较小的、性状表现不好的野生蔬菜种质材料。对于野生蔬菜育种而言，制定可操作性强的淘汰标准是规模化野生蔬菜种植管理必要的措施之一。

“驯”是将野外选择或者培育的野生蔬菜种质进行有目的的驯化，使之更适合野生蔬菜开发，满足规模化野生蔬菜栽培的要求。例如，从不同的地方或者不同的生态环境中进行引种，为了使引种能够成功，就需要进行引种的驯化。对于野生蔬菜，如何将其驯化成规模化栽培所需要的野生蔬菜品种，这需要进行大量的研究工作。

第一节 野生蔬菜选择的原则与依据

野生蔬菜的选择要遵循一系列的原则与标准，如何选择具有规模化种植开发潜力的野生蔬菜，不仅仅取决于栽培技术与栽培条件，也取决于市场的需求。

一、野生蔬菜选择的原则

(一)具有当地特色的原则

选择具有当地特色的野生蔬菜具有几个明显的优势。

1.易于栽培

因为当地的野生蔬菜对当地的地理气候有较好的适应能力，易于规模化栽培。

2.易于市场推广

规模化栽培野生蔬菜的目的在于获得经济效益，对于当地的野生蔬菜，当地人有食用的习惯及一些具体食用的方法。可从当地向外销售，慢慢扩大销售范围，扩大市场。

3.易于形成地方特色

当地野生蔬菜往往具有显著的地域特色。在如今的市场越来越注重地方特色产品的情形下，选择当地野生蔬菜作为开发项目，是对当地特色产品的开发，较易形成地方特色。

4.增强市场竞争能力

当地野生蔬菜无疑在当地种植易获得良好的质量、较高的产量、较低的管理和生产成本，这是别的地区较难做到的，对增强市场竞争力同样具有明显的优势。

(二)气候、分布相似的原则

一种野生蔬菜引种到气候相似、分布相似的地区易于栽培成功，因为在相似的环境下，野生蔬菜生长所需的条件较易得到满足。这是规模化引种野生蔬菜到另一地区栽培的原则之一，即为气候、分布相似原则。

对于本地没有的野生蔬菜，从别处引进来，首先要考虑引入地与被引入地之间气候是否相似，相似则引种较易成功，不相似则引种成功较难或者生产成本过高。

对于引种是否成功，目前野生蔬菜生产上判断的标准主要有三个：一是与原产地栽培相比，不需要特殊的保护就能正常生长发育；二是与原产地栽培相比，产量与品质等经济性状要好或者差别不大;三是能用适当的方式进行繁殖。

选择引入某一野生蔬菜,除了气候、分布相似原则外,对野生蔬菜材料的选择还有两点需要注意:一是引入野生蔬菜的经济性状必须符合规模化野生蔬菜开发已定的引种目标要求。二是引用材料必须经过严格的检疫。检疫是为了使引种的野生蔬菜不带有本地没有的植物病虫草害,防止这些病虫草害危害当地生态平衡,影响农业生产。

(三)符合市场需求的原则

市场是野生蔬菜规模化栽培面临的重要问题之一,跟着市场需求走,才能使经营者规模化开发野生蔬菜更有信心,获得更好的经济效益。只有按照市场的规律进行野生蔬菜的开发才能获得良好的经济效益。

二、野生蔬菜选择的依据

(一)依据气候相似性

所谓气候相似是指野生蔬菜栽培的地域与原产地气候环境相似。这样在气候相似地区进行野生蔬菜规模化开发的选择更易获得成功。气候相似包括光照、温度、降水、土壤等综合因素相似,相似性越强越容易引种成功。

对于气候差别较大的地区,野生蔬菜规模化生产上可以采用逐渐过渡的方式。将选择的野生蔬菜,先在两个差别较大地域的中间过渡地域进行培养,使其适应过渡地域后再引入所要栽培的地域,从而可以使得拟开发的野生蔬菜能更好地适应新的生长环境。

(二)依据野生蔬菜的性状

选择进行规模化栽培生产的野生蔬菜必然要具有优良的农艺性状,如栽培管理成本较低、品质较好、产量较高等,这样易于获得较高的经济效益。如果选择病虫害危害严重,生长发育不良、栽培难、栽培技术和条件要求高的野生蔬菜进行开发,将难以获得好的经济效益。

(三)依据人们生活、消费习惯

人们的生活、消费习惯决定了某种或某类野生蔬菜市场的大小,对选择和确定野生蔬菜种类有重要的参考价值,要选择市场潜力大的野生蔬菜作为规模化种植开发的对象。谨慎选择那些人们日常消费量不大,甚至没见过的野生蔬菜进行规模化开发。同时,野生蔬菜的地域性也决定了不同地方人们食用不同野生蔬菜的习惯。一般而言,选择本地没有的野生蔬菜进行开发,前期效益往往较低,建议对于该地区没有的野生蔬菜，选择时要先进行小规模的市场推广，使该地区人们有了食用这类野生蔬菜的习惯后，再进行大规模的种植，不可盲目。

(四)依据具备的栽培条件及技术

栽培条件的好坏、栽培技术是否成熟，在很大程度上决定了野生蔬菜的选择。栽培技术和条件体现在野生蔬菜的生产设备以及生产中栽培管理的经验。在野生蔬菜开发选择时，要进行详细的野生蔬菜生活环境的调查，这样有利于了解特定野生蔬菜栽培上需要的条件，需要的技术，并应用于规模化野生蔬菜的栽培管理中。

(五)依据国家政策

国家政策对农业的支持是野生蔬菜产业发展中需要考虑的重要因素之一。当前，各级政府对丰富人们"菜篮子"很重视，野生蔬菜规模化、产业化开发也符合国家的农业产业政策。如能争取到国家和地方政府对野生蔬菜项目开发的政策、资金等方面的支持，将使野生蔬菜的规模化种植和产业化更加快速发展。

三、野生蔬菜选择的方法

野生蔬菜选择的方法有单株选择法、混合选择法，以及结合两种方法进行综合性选择的方法。

(一)单株选择法

单株选择法是选择一批综合性状表现良好，性状整齐一致的野生蔬菜，对其进行单株选择后进行扩繁，保证这批材料的一致性。对于第一次单株选择不能达到理想效果的，可进行第二次、第三次……直到达到理想选择效果为止。

野生蔬菜的单株选择培育可缩短选择年限，易获得性状一致的野生蔬菜品种。但其选择材料时不可太多，因为材料太多会大大增加选择的工作量，所以单株选择往往会遗失一些表现良好的野生蔬菜材料。野生蔬菜单株选择栽培时，要划分区间进行栽种，并做好标记，以防遗忘和混乱。另外，单株选择种植时播种的量不宜过大，否则不利于栽培管理和性状调查。在进行野生蔬菜单株选择时，往往是在一批材料里选择小量表现良好的单株，而其余的进行混合选择，这样既可以保证野生蔬菜单株选择的高效性，也可以保留住那些具有良好潜力的，但没有及时表现出来的野生蔬菜材料。

野生蔬菜单株选择应用于繁殖系数较大、杂合性较高的野生蔬菜材料。单株选择一般在野生蔬菜选择的前期进行，对选出来具有优良性状的野生蔬菜材料，可以采用种子繁殖、营养体繁殖来进行扩繁。

(二)混合选择法

混合选择是在一批野生蔬菜材料里,选择表现良好的株系,然后将其混合均匀,再进行播种,再选择。混合选择在一批野生蔬菜材料生长和发育良好、性状基本一致的情况下使用,效果较好,易于培育出一批可以用于生产的野生蔬菜材料。

混合选择法能保留野生蔬菜大部分优良性状,选择时种植相对容易,工作量也较小,没有特殊的区间种植要求,管理起来也比较方便。但是,混合选择野生蔬菜得到群体一致的材料往往相对于单株选择要难,需要经过较长的时间才能获得。性状差异大的野生蔬菜材料,混合选择效果不佳,混合选择法适用于那些野生蔬菜表现差异较小的材料。另外,野生蔬菜生产栽培上,多应用于繁殖材料需要量大、但繁殖系数小的野生蔬菜。

(三)两种选择方法的综合利用

野生蔬菜的单株选择和混合选择两种方法各有其优缺点。因此,生产上往往将两者进行综合利用,以尽可能地保留优良种质和加快选择的进度。对于性状差异很大的野生蔬菜材料,前期选择良好单株,进行区域培育,待到性状基本稳定一致时,进行混合选择,扩大繁殖材料,为大规模生产野生蔬菜提供充足的种子、种苗材料。对于性状差异很小的野生蔬菜,前期可以进行混合选择,出现良好性状后,对选择的优良植株再进行单株选择,使良好植株的性状能够更加整齐,使得野生蔬菜群体得到更好地利用。

四、野生蔬菜选择注意事项

(一)野生蔬菜的扩繁技术

1.种子繁殖

将野外采集的野生蔬菜进行培育,获得种子,或者野外直接采收种子,用收获的种子进行繁殖。野外采收到的种子只可作为繁殖材料的初级繁殖,即用于获得更多的初始野生蔬菜繁殖材料,不直接用于规模化栽培生产。因为野外采收的野生蔬菜种子,发芽势和发芽率等指标不好控制,可能会导致整批野生蔬菜幼苗的性状不整齐一致,所以需要经过培育选择一致性状的野生蔬菜种子种苗,方可用于规模化栽培生产。

选择具有良好性状的野生蔬菜,培育生产用的野生蔬菜种子,通过相对隔离的环境,培育获得优良的野生蔬菜种子。将野生蔬菜的种子进行播种,看其生长情况是否一致,不一致则要再进行选择培育,直到野生蔬菜性状一致,再进行规模化栽培生产；生长情况一致的野生蔬菜种子，测定其发芽率，然后直接播种种植或者育苗移栽。

2. 种苗繁殖

有些种类的野生蔬菜不适合使用种子进行繁殖，如蕨菜、水芹、野韭菜、野香葱等，要育苗进行繁殖。该类蔬菜用苗繁殖系数大。在野外挖取的野生蔬菜进行育苗繁殖，也要选择性状良好的种苗进行种植，种植要做好标记，一般一株种苗第二年能得到几十株甚至几百株，能以近百倍速度繁殖，几年便可繁殖几十亩土地所需的种苗。野生蔬菜育苗繁殖要注意收获时尽量收获干净，不可使繁育材料残留地里，以防给后续农业生产带来不利的影响。

3. 无性繁殖

有些野生蔬菜，如：鱼腥草等用地下茎进行切断繁殖。该类野生蔬菜繁殖时最好将不同地区来源的材料分开种植，观察并确定不同区域的野生蔬菜农艺等综合性状，选取表现好的材料再进行繁殖。无性繁殖材料选择时要经过详细的比较和观察，以确定是否带有病害和其他不利的农艺性状。同一种野生蔬菜材料，也可以分成几个时间段进行栽种，这样有利于对该野生蔬菜农艺性状的进一步详细观察比较，为该野生蔬菜规模化栽培生产积累更多的经验。

（二）培育过程中的不利环境因素

在野生蔬菜培育过程中，常常会出现逆境的影响，如高温、低温、干旱、水涝等。野生蔬菜栽培过程中一定要注意这些不利环境，避免野生蔬菜在栽培过程中遭受损失。

不利环境不仅影响野生蔬菜的栽培生产，普通蔬菜和大田作物生产过程中也经常面临各类逆境的影响。野生蔬菜栽培生产过程中遇到这些不利环境因素的影响时，可以参考普通蔬菜和大田作物处理方案，制定相应的预防措施。

第二节　野生蔬菜的淘汰

在选择、培育野生蔬菜材料时，要进行野生蔬菜的淘汰，主要是剔除那些性状不好的野生蔬菜材料。淘汰的目的是减少野生蔬菜培育过程中所需的土地，缩小野生蔬菜选择的范围，选择出具有良好性状的野生蔬菜材料。野生蔬菜的淘汰是在一批材料中，将少部分表现不好的植株除去，而不是直接将一大批表现不好的材料都淘汰。而野生蔬菜的“选择”是从一个群体中，选择出优良性状的野生蔬菜植株，然后移栽或者进行单株繁殖，两者有明显的区别。

一般野生蔬菜的淘汰是在选择野生蔬菜品种的后期，基本是在所选择的野生蔬菜农艺性状稳定时进行，不可在野生蔬菜农艺性状还没有稳定的时候进行淘汰，这样会增加野生蔬菜的培育成本。同时，由于野生蔬菜材料前期相对不稳定，会因选择不当，导致具有良好性状潜力的野生蔬菜材料被淘汰。

一、野生蔬菜淘汰的作用

野生蔬菜的淘汰是为了更好的选择，只淘汰那些表现不好的野生蔬菜材料，保留性状好的野生蔬菜，缩小选择范围。野生蔬菜的淘汰可以将多余的土地用来繁殖性状好的野生蔬菜材料，有利于获得更多表现好的野生蔬菜品种及培育大规模栽培野生蔬菜所需的材料，提早获得收益。野生蔬菜淘汰的过程也是对所栽培野生蔬菜的一个除杂过程，除去性状不好的，保留性状好的，进行几次淘汰，便可获得性状一致、抗病虫良好的、栽培表现好的野生蔬菜新种质。

二、野生蔬菜淘汰的原则与标准

野生蔬菜的淘汰是将栽培管理所需技术条件要求简单、性状整齐良好、抗病虫能力较强的材料保留下来，淘汰性状不良的材料；同时，注重市场对野生蔬菜产品的需求，淘汰那些不能满足市场和人们需求的植株。这里并不是说淘汰除去的野生蔬菜不好，保留下来的都是好的，在野生蔬菜淘汰的过程中，要制定较为规范的、可操作性较强的标准，指导野生蔬菜的淘汰与选择。

（一）野生蔬菜淘汰的原则

1. 性状原则

野生蔬菜的淘汰要有一定的标准来指导，不可随机、盲目地直接去淘汰，那样会造成较大的损失。目前，野生蔬菜淘汰的标准主要是以性状为原则，通过田间观察制定相应的淘汰标准。要综合考虑各方面因素，如抗病性、产量、品质、生长速度、生长的一致性、商品性等。

2. 后期进行原则

野生蔬菜淘汰一般是在培育过程的后期，野生蔬菜培育的前期主要是除去一些性状表现非常不好的、不符合要求的野生蔬菜材料。野生蔬菜淘汰的后期进行原则是保证野生蔬菜在较长的生长发育阶段，在较长跟踪观察的情况下进行，这样使得野生蔬菜材料的淘汰与生产结合得更加紧密。

3. 田间栽培淘汰原则

野生蔬菜在田间进行栽培时进行淘汰，是为了使野生蔬菜淘汰选择能够更好地与实际生产相结合。如果野生蔬菜在人工控制的环境条件下进行淘汰选择，此时的生长发育状况与田间规模化生产要求的环境不一致，这样会造成野生蔬菜淘汰选择的误操作。

4. 对比原则

野生蔬菜的淘汰要有对比，没有对照就难以进行准确淘汰，对照一般是用野外的或栽培中表现良好的野生蔬菜，在对比的基础上进行淘汰，淘汰那些不符合野生蔬菜规模化生产开发的材料。

(二)野生蔬菜淘汰的标准

野生蔬菜淘汰标准的制定主要依据野生蔬菜栽培管理具体情况来确定，不可能一次选择出各方面都表现优良的野生蔬菜，而将大部分性状不良的野生蔬菜材料都淘汰。有些保留下来的野生蔬菜虽然各方面表现都很好，但是对于栽培生产的要求很高，难以在生产中得到很好的应用，也不能大面积地用于规模化野生蔬菜的生产。因此，可制定野生蔬菜阶段性的淘汰选择标准，初次制定的野生蔬菜淘汰标准限定的条件要相应放宽，到达一定时期以后，再制定更严格的淘汰标准，这样可保证野生蔬菜逐步淘汰，逐步选择。

三、野生蔬菜淘汰后的管理

要及时将那些被淘汰的野生蔬菜植株移除销毁，防止因植株腐烂带来病原微生物的污染；因淘汰材料移除产生的空地块要及时进行管理，防止没有移出的植株倒伏以及根系暴露。要加强野生蔬菜田间管理，施肥、浇水要跟上，使田间未移除的野生蔬菜秧苗更好地生长。

第三节　野生蔬菜的驯化

野生蔬菜驯化的目的是使野生蔬菜能更好地适应栽培生产、适应引入地的生长环境，使野生蔬菜的种植能够获得更好的经济效益。野生蔬菜的驯化在野生蔬菜规模化生产栽培过程中主要应用于野生蔬菜育种栽培等方面。

广义引种是指把外地或国外的新作物、品种或品系引入当地。狭义的引种是指生产性引种，即引入能供生产上推广栽培的优良品种。野生蔬菜引种是将本地没有的或者没有栽培过的野生蔬菜作物引入进行栽培，获得野生蔬菜产品。所谓野生蔬菜在栽培地里进行种植，无论其原产地在外地还是本地都有引种驯化的过程。

一、野生蔬菜驯化的原则

(1)过渡性原则　野生蔬菜本身具有的“野生”风味是在其漫长的进化过程中形成的，只有生长在特定的环境条件下，其特有风味才能更加明显。要在满足野生蔬菜生活环境要求的基础上，将野生蔬菜的驯化朝着人们需要的方向进行；在野生蔬菜的驯化上，不可能一下子达到人们需要的目标。野生蔬菜从野外自然生长到规模化栽培生产，满足人类需求要逐渐过渡，有个过程。

(2)驯化与相关栽培技术结合原则　驯化的过程是使野生蔬菜适应规模化生产栽培环境的过程，同时也是探求野生蔬菜栽培条件的过程。将野生蔬菜的驯化和相关栽培技术进行有机结合，有利于进一步了解野生蔬菜栽培需要的条件，为规模化生产栽培野生蔬菜奠定基础。

(3)驯化要保持野生蔬菜具有的特色　野生蔬菜在驯化中，往往会导致野生蔬菜的一些性状及特有的风味发生变化。因此，在野生蔬菜驯化的过程中，要保持野生蔬菜有益的特殊性状，使其特色得以保留。

(4)驯化要逐步进行　野生蔬菜的驯化是一个相对漫长的过程，在野生蔬菜驯化的过程中，要做好长时间的准备，制定较为详尽的驯化计划。一般野生蔬菜的驯化有两种方式：一种是直接引种种植后，经过简单的驯化，便可得到较好的结果，称为简单驯化；另一种是要逐步驯化，可分为过渡驯化、直接引种驯化。过渡驯化是指野生蔬菜在驯化的过程中，需要一个过渡，如先在野外与栽培地之间选择一个介于两者之间的环境，进行栽培，成功后再移入栽培地；而直接引种驯化是指从野外环境直接移入栽培地进行驯化的方式。

需要指出的是，野生蔬菜规模化生产栽培，并不一定需要进行很深入的驯化过程。同时，野生蔬菜的驯化可能会使野生蔬菜植株体内物质发生变化，有时野生蔬菜独特的口感、风味也不全是我们所需要的。野生蔬菜的栽培作为特色农产品进行开发，也需要保留其野生风味的特点，为此野生蔬菜的驯化过程有时也可以是不必要的。最好的野生蔬菜种植方式，是按照野生蔬菜生长发育特点进行模拟野生栽培，这不仅能使野生蔬菜生长发育良好，也能更好地保留野生蔬菜的风味，获得较好的经济效益。

二、驯化成功的标志

判断野生蔬菜驯化是否成功的主要依据有以下几点：

(1)能适应引入地的栽培气候　野生蔬菜驯化成功的主要依据是野生蔬菜能适应引入地的气候，能够对该地区的气候有一定的感知，并做出适应这种变化的生理反应。现代设施栽培技术已经较为广泛地应用到野生蔬菜规模化生产栽培中，最大限度地为野生蔬菜提供了适宜的生长环境，但这种通过设施条件来满足野生蔬菜生长发育的方式，管理栽培成本高，有时也面临极端气候的影响。如果通过野生蔬菜的驯化，能够获得更加适应该地区气候的材料，则能大大降低生产成本。

(2)比产地野外生长要好，品质相当　野生蔬菜所处的野外环境能适应野生蔬菜基本的生长发育的要求，而驯化栽培中的条件比野外相对要好。同时对于野生蔬菜规模化开发而言，野生蔬菜的产量要求要尽可能的高，一般至少比野外条件下野生蔬菜的产量要高 3～5 倍，甚至可达到 10 倍。野生蔬菜产量的提高，并不能降低对野生蔬菜风味的要求，产量提高的同时也要使风味与野生条件下的产品类似，甚至更佳。

(3)能适应简单的栽培条件　野生蔬菜进行驯化，使之能够在简单栽培条件下生长发育良好，满足规模化生产对野生蔬菜材料的要求。

第七章 特种蔬菜菜田规划和栽培制度

特种蔬菜生产在我国新一轮农业产业结构调整中占有重要地位，各市县乡村的优质特色蔬菜基地、农业科技园区如雨后春笋般广泛兴起，而菜田选择关系到特种蔬菜产业的兴衰。菜田选择必须考虑特种蔬菜产量和品质的提高、生产与销售的关系、生产成本与经济效益的状况、菜田的内外环境条件等因素。菜田规划是指特种蔬菜的领域地面区划。其目的在于便于田间作业、轮作倒茬、对菜田灌溉与排水统一安排、合理配置田间道路和农田防护林带，便于就地批发与运销等。菜田规划的主要内容有：正确划分田区、田块；规划排灌和道路系统；设置田间保护系统等。

特种蔬菜生产是高度集约化的生产，其供应要求种类多样，周年均衡。高效的蔬菜生产和供应首先要有科学合理的菜田规划和布局，并且依据轮作、间作、套作、季节茬口和土地茬口安排原理合理设计特种蔬菜的栽培制度。

第一节 特种蔬菜生产基地的规划

中国的地域辽阔，气候类型丰富，是世界上蔬菜作物资源和栽培方式最多的国家之一。中国蔬菜播种面积占世界总播种面积的 1/3 以上，产量约占世界蔬菜总产量的 60%，是世界第一蔬菜生产大国，其中非本地种类的特种蔬菜产量约占我国蔬菜生产的四分之一以上。在市场经济和世界贸易组织（WTO）体制的推动下，特种蔬菜生产正在走向专业化、集约化、商品化的发展之路。建立特种蔬菜商品化生产基地，实现特种蔬菜规模化生产经营，是中国蔬菜业向更高层次发展的必然选择。

特种蔬菜生产基地的规划设计，以充分发挥特种蔬菜的产品特色优势为核心，遵循生态工程原理，满足其正常生长发育所需的环境条件，并与当地自然、社会条件相结合。农田基础设施作为特种蔬菜规模化、产业化发展的必要基础条件，其规划设计主要包括道路交通、给水排水、供电管网以及农业设施、农业机械等的规划设计，应在尊重自然并尽量保持自然生态原貌的基础上，尽量达到"路相通、渠相连、林成网、旱能灌、涝能排"的农田整治要求，并配套相应的农业设施、农业机械等。

一、特种蔬菜商品化生产基地的特点和类型

(一)特种蔬菜商品生产基地的特点

1. 具有优越的自然条件和一定的生产特色

特种蔬菜生产基地一方面要具有充足的土地资源、水力资源、劳动力资源等，还要求交通便利、市场流通便捷等条件，以适应商品化特种蔬菜的流通；另一方面，也要发挥独特的气候、地域等优势，因地制宜发展本地的特色、优势特种蔬菜产业。例如，海南、广东的冬季南菜北运蔬菜基地，南方的夏季高山蔬菜基地、水生蔬菜基地，以及东北的夏季北菜南运蔬菜基地等充分利用了当地资源，形成了明显的产业特色和竞争优势。

2. 具有一定的生产规模

特种蔬菜商品化生产基地的建设要相对集中，并有一定的生产规模。规模化经营是特种蔬菜商品化生产的首要条件，生产越发达，产业越趋向于集约化。规模化的生产基地便于进行统一规划、建设、技术推广、销售等，提高人力、物力和财力的使用效率。

适度规模化生产可使产品批量上市，形成有效的市场辐射。一般情况下，产品的辐射能力与基地规模呈正相关，基地规模越大，产品的辐射能力就越强，与当地的大宗蔬菜批发市场结合就越紧密。

规模化经营也有利于基地内部的产业分布和专业细化，形成有利于商品化发展的"一棚一品""一村一业"的专业化生产格局。如果基地规模过小，生产过于分散，无法产生规模化效应，导致生产、流通成本过高，容易昙花一现被淘汰。

3. 具有完备的配套设施

特种蔬菜商品化生产基地需要配备温室、塑料大棚等生产设施和育苗设施，以及耕作、收获等田间作业机具，植保机械，机井、水泵等灌溉设备，包装、运输、贮藏等设备；同时，也要求设备之间在数量及性能上具有良好的配套性，较好的配套设施有利于提高特种蔬菜生产效率，降低生产成本，提高经济收益，这是保障特种蔬

菜商品化生产得以持续进行的关键。

4.具有较强的技术队伍

商品化生产基地需要有较强的蔬菜专业队伍和蔬菜生产技术指导服务体系。在特种蔬菜新品种引进、驯化、筛选以及先进栽培技术的研究和推广中,不断吸收、消化新的科技成果,并且转化为特种蔬菜生产基地的生产力,促进特种蔬菜产业向更高的层次发展。

5.具有较完善的生产组织形式

目前较成功的特种蔬菜生产基地,多采用土地集中流转到公司,由公司经营,或公司+农户、公司+协会+农户等生产组织形式。公司提供生产计划、技术、资金和负责销售,农户负责生产,这有利于特种蔬菜新品种、新技术、新农药、新农具的推广,并提高特种蔬菜生产基地的生产效益。公司根据基地所处的地理位置、气候、交通运输等条件决定基地的市场流向和市场定位,进而决定特种蔬菜栽培的主要种类、面积、品种及上市时间等,同时积极发展订单农业,基地根据订单安排特种蔬菜生产的制度和面积。

(二)特种蔬菜商品化生产基地的类型

基地选址一般需要有足够的土地且集中成片,以便集约管理,推广先进技术,提高生产效率;靠近水源(人畜用水与灌溉用水);有足够的人力资源;有政府制定扶持和支持基地产业的政策。特种蔬菜商品化生产基地建设应坚持的原则:发挥优势原则;市场行为原则;经济效益最大化原则;兼顾社会效益与环境效益原则。

1.根据基地与城市的相对距离划分

(1)城郊基地　城郊基地一般分布在近城区和环城区,可在短时间内将产品运至消费市场。城郊是传统的蔬菜生产区,生产经验丰富,从业人员技术素质较高,经济实力较强,管理水平较高,可更方便获得市场信息、资金和技术支持。适合生产经济附加值高、生产周期短的特种蔬菜(如叶菜类和葱蒜类),也可结合地区优势发展特种蔬菜庭院生产。

(2)农区基地　农区基地一般分布在距中心城市相对较远的粮食产区,虽然在经济条件、技术和管理水平上较城郊基地差,但具有土地资源丰富,可与粮食作物轮作,减少作物病虫害,劳动力集中,生产成本低等优势。农区基地生产以耐运输且生长周期相对较长的特种蔬菜为主。近年来,农产品全国大范围流通的市场格局,促进了农区蔬菜基地的较快发展,特种蔬菜的生产也越发受重视。农区基地的特种蔬菜产品从最初面向本地市场的就近销售,加入了全国大流通市场,主要销往中心城市和外地市场。

2.根据生产的特种蔬菜种类划分

(1)加工原料基地　特种蔬菜加工包括速冻、冷冻干燥、罐藏、酱制等多种加工方式。一般由加工企业与当地农户或农民专业协会(合作社)合作,以公司＋农户形式,或加工企业出资取得长期经营权,农民"反租倒包"的形式组建基地生产。大多数特种蔬菜种类都可以进行深加工,加工特种蔬菜既可以延时供应,填补淡季缺口,又可以避免旺季卖菜难,实现产地的"二次增殖"。目前,各地已经形成一些颇具规模的特种蔬菜加工原料基地,如新疆的加工番茄番茄酱原料基地和四川特色榨菜原料基地等。

(2)出口和外调生产基地　近年来,我国生产的特种蔬菜大量出口到美国、日本、东南亚和欧洲国家,这类特种蔬菜生产基地多以公司或公司＋农户的形式组成,对特种蔬菜生产基地的环境条件要求较严格,具有较完善的特种蔬菜产品卫生溯源系统,保证出口特种蔬菜的质量,达到进口国对特种蔬菜产品品质的要求。

外调特种蔬菜生产基地多具有优越的自然气候和地理优势,生产的特种蔬菜运输到全国各地,形成全国特种蔬菜的大市场流通。

(3)水生蔬菜基地　中国水域面积大,水生蔬菜生产基地众多,如长江的洞庭湖、鄱阳湖、太湖流域,江浙皖的千岛湖等地都有分布,主要生产藕、菱白、荸荠、芡实、菱角、莼菜等。发展水生蔬菜对于解决南方地区夏秋蔬菜淡季问题,丰富蔬菜种类和出口贸易等都有重要的作用。

二、特种蔬菜商品化生产基地规划的内容

特种蔬菜商品化生产基地规划是在基地建设基础上,围绕基地规模化、产业化发展,所涉及的基地面积、品种结构、产量和市场流向、人员配备、技术装备、设施建设、服务管理等多项内容,并确保一定经济回报的设计,是一项庞杂的系统工程。

(一)根据生产和市场流向、定位制定特种蔬菜商品化生产基地规划

首先要明确产品的市场流向和市场定位,既要考虑特种蔬菜是鲜活产品就地生产、就近供应的销售特点,又要考虑特色产品加入全国大流通市场和国际贸易的必要空间,还要参考供应地区消费人口数量、经济状况、消费水平和生产水平,以及当地对新奇的特种蔬菜的接受程度。根据基地所处的地理位置、气候、交通运输条件等决定基地的市场流向和市场定位,根据市场流向和市场定位,决定特种蔬菜栽培的主要种类、面积、品种以及上市时间等,同时积极发展"订单农业",基地根据"订单"制定特种蔬菜的生产计划。

(二)基地布局规划

面对民众对新奇特蔬菜的需求,特种蔬菜生产和供应必将是城市国民经济的重要组成部分之一,因此商品蔬菜基地建设必须服从城市规划的约束,应列入城市总体规划。商品蔬菜基地布局上要注意稳定城市建设范围外的老基地,根据城市发展及时拓展、补充新种植面积。新建基地要依据城市发展规划,选择至少 10 年以上不会被征用、占用的区域。总之,基地布局规划要立足长远,统筹安排。

(三)菜田基础设施

特种蔬菜商品化生产基地基本建设配套设施主要包括:电力设施、灌溉设施、耕作机具、车辆等运输工具、植保机械、工作厂房、田间道路以及温室、塑料拱棚、育苗设施等保护地设施。基础配套设施和设备完善水平要本着适用、高效、经济的原则,量力而行,要随着生产的发展逐步提高与完善。此外,还应注意产业部门和服务体系建设,使种子、育苗、专业化设施生产、运输、产后处理、贮藏加工等各部门互为依托,形成高效协调的产业链条。

(四)基地管理

采用科学、先进的经营与管理体制是特种蔬菜商品化生产基地规划的重要内容。商品化的特种蔬菜生产投资多,集约化经营程度高,设计因素复杂,要求有严密的管理体制和较高的管理水平。要充分利用现代管理手段,先进的管理理念,建立高素质的管理队伍。在蔬菜生产与市场流通之间搭建配套的信息传递机制、生产组织机制、生产要素合理流动机制,推动蔬菜生产与经营不断向更高的层次发展,实现科学高效的管理机制。

三、菜田的选择与规划

(一)菜田的选择

特种蔬菜商品化生产基地不仅要求菜田有适宜的自然条件,还要考虑社会经济条件的制约。在菜田选择时应注意以下几个方面:

(1)光照条件　选择有充足光照条件的场地,尽量避免南面有高大建筑物、山岗或树木等的遮阴。

(2)土壤条件　要求土地平整,土壤结构和理化性质良好,土壤疏松肥沃,保肥透水能力强、酸碱度适中,环境指标达到无公害蔬菜生产标准。集中连片集约化种植,尽量实现菜田格局整齐,以适应机械化作业。

(3)灌排条件　要求水源充足、地下水位低、水质清洁,符合绿色蔬菜的生产条件，并有良好的排灌条件。

(4)空气质量　菜田应选择远离农药厂、化工厂、水泥厂等大气污染源，基地空气质量须满足绿色蔬菜生产标准，方有基本的产品竞争力。

(5)交通条件　尽量选择交通便利的区域，以便于蔬菜产品运输上市。同时，也要避免由于距离公路太近带来的空气污染。

(6)经济和社会条件　特种蔬菜商品化生产基地需要配套水利、电力、道路、温室等基础设施，一次性投入相对较高，要求基地所在地区应具备较好的经济条件。此外，商品化特种蔬菜是一项科技含量较高的农业产业，要求从业人员具备较好的科技、文化、市场意识和素质。

(二)菜田的规划

菜田规划是指特种蔬菜的地面区划，便于田间作业、轮作倒茬，对菜田灌溉与排水统一安排，合理配置田间道路和农田防护林带，便于就地批发与运销等。菜田选定后，就需要进行全面、考虑周到的规划。

值得注意的是，该规划是在一定层面上保障蔬菜特色栽培生产进行的，具体栽培细节需要根据销售情况随时调整和优化。

(1)道路交通规划　特种蔬菜基地的道路，首先应分为对外交通和内部交通两类。对外交通承担着特种蔬菜基地和城市之间的客货流运输，如基地生产所需要的有机肥、生物农药、种子、农膜等生产资料等，以及园区生产的产品都必须经过外部道路运输；内部交通承担特种蔬菜基地内部的客货流运输，为联系各个功能分区的交通网络。一般按“主路中间、支路两边”的原则布局基地机耕路，主路要保证大中型农业机械能顺利会车，主路的净宽一般要求在单项通路 3.6 m 以上，支路要保证大中型农业机械进出顺畅，净宽至少在 2.5 m 以上，机耕路的建设标准为路基两边砌石，路面硬化，同时建好农机下田墩。蔬菜基地内部交通设计要求干道、支道、田间路和生产路相互衔接，形成网络。各级道路尽量与菜地、渠道设置相结合，减少占地，并有利于农业机械操作。

(2)给水排水规划　给水排水规划内容应包括现状分析、给水排水量预测、水源地选择与配套设施、给水排水方式、布设给水排水管网、污染源预测及污水处理措施以及工程预算等。

特种蔬菜基地的给水规划，需要区别生活(饮用)用水、生产(灌溉)用水，满足生产生活对水质的不同要求。蔬菜生产供水方式尽量采用节水灌溉，露地可采用喷灌，大棚温室可采用滴灌或微喷灌等。灌溉水源可采用地下水或地表水，灌溉设备首部实行变频控制。排水工程必须满足生活污水、生产污水和雨水排放的需要。污水排放应符合环境保护要求，生产、生活污水必须经过处理后排放，不得直接排入水体和洼地。雨水排放应有明确的引导，可以通过排水系统汇入河沟，也可蓄作灌溉用水。渠道的两侧及沟底用水泥浇平或砌石后用水泥勾缝，同时建好涵管、闸等配套设施。渠道总体布局按主渠中间、支渠两边的原则，保证每块菜地都能排灌自如。

(3)供电管网规划　供电规划内容应包括供电及能源现状分析、负荷预测、供电电源点、供电工程设计内容、变(配)电所(柜)设置、供电线路布设等。

特种蔬菜基地用电点主要有育苗温室大棚、杀虫灯、路灯、泵房、加工包装车间、贮藏冷库以及办公生活区等。

(4)农业设施规划　农业设施是能够提供适宜的生产环境等条件，具有特定生产功能的农业生产性建筑物、构筑物和配套设备的工程系统。例如温室、畜禽舍、水产养殖设施、农产品贮藏保鲜设施、农业废弃物处理和利用的设施等。这些农业设施的功能因种类不同而异，但有以下 2 个共同点：①可以为各种农业生产对象提供比自然环境更加适宜的生产环境条件。因此，设施一般应具有建筑围护结构或具有围护作用的构筑物，以形成于外界相对隔离的空间，并且往往还在其内部配置可以调控环境的各种设备。②依靠各种生产设备实现高效的生产功能，可以进行有效的生产管理和作业，高质量和高效率地完成各种生产过程。例如温室设施依靠一定的建筑围护结构和加温、通风等环境调控设备，可以为特种蔬菜生长提供优于室外自然环境的光照、温度、湿度、气流等条件。同时，依靠室内配置的育苗设备、灌溉设备、营养液栽培设备、栽培床架和容器、输送设备等，可以高效地进行温室内的生产管理作业，使植株加速完成生长过程。为了实现有机蔬菜生产的周年生产和供应，有机标准的特种蔬菜基地规划设计时一般都要配套设计部分农业设施，如育苗温室、塑料大棚等，一般可按不低于基地面积 10%的比例进行配置。具体配置比例应根据所在地区的环境条件、所种植的主要蔬菜作物及经营者的经济实力与投资水平来确定。农业设施规划设计时应考虑基地的地理纬度、地形地貌、气候条件、栽培作物、栽培季节等，应因地制宜、规模适度、合理布局、高效利用。

(5)农业机械化规划　在有机特种蔬菜生产的各个环节，应规划最大限度地使用各种机械代替人工和手工工具进行生产，这也是解决目前农村劳动力短缺和劳动生产效率过低等问题的有效途径。如在有机蔬菜生产中，耕整机、微耕机、除草机、播种机、移栽机、直播机、覆膜机、中耕培土机、移动喷灌机、采收机、机动车辆等可用于整地作畦、精量播种、中耕培土、节水灌溉、田间管理、采收加工、包装运输等各项作业，使有机蔬菜实现全程或部分过程机械化。此外，还可考虑循环农业生产体系的相关畜禽养殖业及其粪污肥料化资源化利用等相关设施的规划设计。

(6)土地利用规划　根据基地的建设目标，充分利用现有条件，对露地栽培区、设施栽培区以及基础设施进行合理布局，经济、高效地利用土地。

(7)种植区划分 种植区多采取东西分向，形状以长方形或正方形为宜，利用田间道路、排灌沟渠和畦埂等进行区域分隔。田区内要求坡度均一，土地平整。田区大小以具体条件而定，在机械化程度较高的地区，田区可适度加大。然而，如果田区面积过大，则将使田区灌溉时间延长，管理不方便，同时也会加大蔬菜采收及运输的工作量；若田区面积过小，则会使土地利用率下降，也不便于机械化操作。因此，在规划时要考虑到田区大小与操作管理的协调性，一般以 2～3 hm^2 为宜。

(8)防护林 防护林具有防风固沙、稳定温度、湿度、风速等环境因子、改善蔬菜生长的环境条件的作用。防护林有紧密型和疏透型之分，菜田多采用由高大乔木和灌木组成的疏透型防护林。树种宜选用适于当地种植的、高矮适中的树种。防护林常用树种有杨树、柳树、臭椿、沙枣、刺槐、松类、栎类、杉类、樟树、油茶、马尾松等。在方向上，一般主林带与风向垂直，副林带与主林带垂直。

(9)建筑物及其他 规模较大的特种蔬菜基地，除了建造温室等栽培设施外，还要修建办公设施、生活设施、农产品贮藏室、加工车间、仓库等建筑物。形成包括生产、加工、贮藏等配套的设施、设备体系，在菜田规划时也应予以考虑。

第二节 特种蔬菜庭院生产规划

特种蔬菜庭院生产就是在农户房前屋后零星的地块上，利用庭院有限的土地资源、闲散劳力及剩余时间，在满足自用的基础上商品性蔬菜生产的一种方式。特种蔬菜庭院生产是庭院经济的重要组分之一，尤其是在庭院面积较大的北方农村，特种蔬菜庭院生产已成为庭院重要的经济收入组成之一。

一、特种蔬菜庭院生产的特点

特种蔬菜庭院生产的特点是小而全，能够机动灵活地把握生产方向，可以充分利用庭院避风向阳独特的小气候环境，施肥、灌水等栽培管理上的便利条件，从而最大限度地提高零散土地的利用效率，因而特点突出。具体如下：

(一)广泛适应性

特种蔬菜庭院生产位于房前屋后，可充分利用业余时间，老人、孩子均可力所能及地参与管理，每个农户的庭院都可以组织生产，大小随心所欲。触目所及，皆是生产所在。

(二)生态特殊性

庭院是农户家庭的生活栖息地，作为特种蔬菜生产的场所，可以充分利用人、畜粪便、枯枝落叶和厨余垃圾等，运用沼气发酵、好氧堆肥等农业废弃物生态堆肥技术，可变废为宝，减少污染，在有效增加庭院的绿色植物覆盖率和覆盖时间，改善生活环境，提高生活质量，同时增加收入，达到经济和生态双赢的效果。

(三)商品性

庭院可利用小气候，适于发展高附加值的特种蔬菜。庭院生产的特种蔬菜，商品率不一，仅满足家庭需要。虽然农户单户生产规模不大，但相邻村屯群体化，连片发展也可以形成较大的商品上市量。

(四)集约性与高效性

特种蔬菜庭院生产因面积有限，农户一般通过精耕细作提高单位面积效益，可以在发挥传统技术的基础上，创造出许多独具特色的立体栽培、多茬次栽培等集约化的高产高效的生产经营模式，因此使庭院蔬菜的生产效益明显高于田间生产。

特种蔬菜庭院生产发展到一定阶段时，在具备发展条件的地区，一些高效益的生产模式势必走出庭院，扩展成为一定规模的特种蔬菜商品化生产。在产业由小到大的发展过程中，庭院特种蔬菜成为其初始的市场信息、人才、生产技术的源头，发挥着产业切入点、突破口的功能。

二、特种蔬菜庭院生产设计的基本原则

根据立足于生产兼顾其美化庭院的目标，着重于庭院的合理方位、合理布置各种设施、各种设施合理配合、高中矮作物的合理搭配、合理布置攀缘植物、庭院地块的合理区划与轮作和根据庭院的现状就地规划等要素，进行框架性规划设计，确定特种蔬菜庭院生产设计的基本原则。

(一)结构与功能统一原则

就是在庭院范围内综合运用生态学和经济学基本原理，合理设计和组建特种蔬菜庭院生产系统。根据系统论的原理，结构是功能的基础，系统的功能必须凭借相应的结构才能完成。也就是说，只有依靠系统的有序结构才能把孤立的各个组分连成一个有机整体，并使之形成系统所特有的功能。因此，进行特种蔬菜庭院生产设计时，首先要设计出合理的庭院生产系统结构，使系统内的各种组分相互协调，既能充分利用庭院资源，又能使庭院资源发挥最大的效用，从而提高特种蔬菜生产的效益。

庭院结构设计包括平面结构设计、垂直结构设计、时间结构设计和营养结构设计等内容。通过合理的结构设计，使整个庭院在水平布局、垂直格局、时间节律和项目之间相互联系方式等方面，充分发挥庭院光、热、水、电、密集劳动等资源的最大经济效用，从而使庭院生态系统的物质生产、能量流动、信息传递、价值转换等各方面的功能都达到有序运行并协调一致。

依上所述，在进行庭院生产模式设计时，要求综合运用生态学原理，采用各种措施使庭院内的各种组分相互协调和适应，各种结构具有充分的合理性，从而使系统表现出较高的生产力和生产效率，实现系统的稳定持续发展。

但是，我们也不能走向另一个极端，切忌为结构设计而进行结构设计。过多的层次可能带来基础设施建设费用增加，导致成本上升；过多的生产项目不可能实现规模生产，甚至难以形成商品；过于复杂的农业生物群落结构，势必带来农事操作和管理上的不便。凡此种种所多耗费的资金和劳动时间是否能得到价值补偿，都是庭院生产模式设计中必须考虑的实际问题。

(二)提高整体效益原则

整体效益是指系统的总体功能大于组成该系统的各组分在孤立状态下所产生的功能的总和。提高庭院生产系统的整体效益，也依赖于合理的结构设计，只有合理的结构，才有可能产生较高的整体效益。因此，合理的庭院结构设计，不仅要考虑到系统中农业生物种群的个别生产力，更应注重特定环境条件下农业生物与各级生产(包括庭院的初级生产、次级生产以及利用微生物和腐生动物分解转化有机废弃物的生产)之间组成的整体功能，即在个别生产力的基础上形成系统生产力。

有鉴于此，在确定特种蔬菜庭院生产项目组配时，要注意取长补短；在确定环境构成时，要以当时当地的自然资源优势和社会经济资源优势为主体，根据各类生产项目的需求，合理安排生产项目，以实现对庭院资源的充分利用，实现系统内生产项目彼此之间的协调发展。通过庭院内各组分或生产项目之间的有序运转、紧密联系和良好配合，使各组分或生产项目实现协调发展，从而提高庭院的整体效益。

(三)与客观条件相宜性原则

庭院生产模式设计，必须坚持相宜性即适应原则。它包括以下三方面的含义：

(1)与庭院自然资源状况相适应　特种蔬菜庭院生产项目，包括生产经营项目的种类、生产经营项目的多少、每个生产经营项目规模的大小等的确定，首先应与庭院所拥有的自然资源状况相适应。宜农则农、宜牧则牧、宜工则工，以充分发挥各个生产项目的现实优势和潜在优势。

(2)与市场需求变化情况相适应　特种蔬菜庭院生产经营项目的安排要适应市场需求变化情况,确保产销对路,以提高庭院产品的商品率,增加经济效益。

(3)与庭院所拥有的社会经济资源相适应　特种蔬菜庭院生产设计应考虑庭院所具有的经济实力、融资能力、劳动力数量、劳动力体力素质、劳动力智力素质、主要劳动力的技术专长等因素,并营造适宜特种蔬菜特色发挥的设施设备条件,充分发挥庭院在社会经济条件方面的优势,提高庭院生产系统的整体效益。

(四)全方位立体开发原则

庭院的土地资源是有限的,如何在有限的土地资源和有限的空间内生产出更多的产品,创造更高更优质的产出,是设计特种蔬菜庭院生产的中心任务。由于庭院的面积和空间十分有限,应尽量提高庭院单位面积或单位空间的利用效率,因此庭院的立体开发成了庭院生产模式设计的主要内容之一。

目前全国各地所涌现出来的庭院生产模式,无论是传统农业中的间混套作、复种轮作,还是多年来的生态农业实践所开发的多层养殖、立体农业、屋顶农业、地窖农业、墙体农业等,都是在立体开发上做文章。由于庭院生产具备便于管理、便于集约经营、便于利用闲散劳动时间等特点,使庭院立体开发程度比其他区域高得多,从而也使庭院的综合生产收益比其他生产场所高得多。这里应指出的是,庭院生产模式设计中的立体开发是多方位的,既包括对土地资源和空间在水平格局和垂直格局上的高强度综合利用,也包括生产季节的合理安排,即时间梯度上的立体开发。

(五)配套经营原则

庭院生产模式的配套经营,包括以下五层含义:

(1)生产项目安排配套　庭院生产模式项目的安排,应注意搭配种植业、养殖业和副业等不同项目,使系统内形成物流畅通、能流合理的良性循环结构,充分发掘庭院资源和庭院废弃物的生产潜力。

(2)设备设施配套　庭院生产模式的所有生产项目,都有其特定的要求。反季节种植是特种蔬菜栽培的常态,需要设备设施的合理配套和原材料的及时供应,才能实现生产目的。

(3)管理技术配套　庭院生产模式的项目较多,除了要掌握各生产项目的高产栽培和饲养管理技术以外,还要注意协调系统内各种农业生物的关系,因此配套的管理措施是庭院生产的重要技术保障。

(4)与庭院环境保护配套　庭院是人的聚居场所,庭院生产和居民生活所产生的废弃物和庭院副业所带来的环境污染,直接危及居民的身体健康。在搞好庭院生产的同时，通过废弃物的合理利用或污染物的综合治理，实现庭院的无污染、无废物生产，或实现庭院生产自净，是保证庭院生产持续性和人类身心健康的重要前提。

(5)人工措施与自然过程配套　庭院生产集约化程度越高，人为干预和控制的程度也越高，这也正是庭院生产高效的重要原因之一。但是，过度的人为干预而不依靠自然机制，也可能带来一些意想不到的后果。例如，庭院种植一般面积不大，完全可以利用自然机制来控制各类特种蔬菜的病虫草害，这样可减少农药用量，降低生产成本，同时也能减少有毒物质通过食物链富集而导致人类受害。

(六)多种效益兼顾原则

人类对自然所施加的各种实践活动，都会产生一定的作用和效果，其中对人类有益的作用和效果就称为效益。在庭院生产模式设计中，通常以生态效益、经济效益和社会效益来综合衡量庭院生产系统所带来的实际效果。

(1)生态效益　是指庭院的生产活动对庭院生产系统的物质生产过程、能量流动和转化过程、自然资源的利用与保护，以及对庭院及周边环境的治理和改善等方面的良好效果。它包括三个方面的含义：①对系统内能流、物流的影响。如果人为的措施能促使庭院生产系统内物流合理、能流畅通，不仅可以提高系统的生产力和生产效率，同时也可以促进庭院生产系统的稳定持续发展。②对自然资源利用的影响。即是否能合理利用和保护庭院内的自然资源。庭院生产系统中的自然资源，其合理利用有不同含义。对于生物资源，应注意资源增殖和永续利用，以增加系统的贮备能；对阳光、空气等可再生资源，要坚持充分利用的原则，尽可能将这些资源转化为产品；对于非再生资源，应注意节约，不可滥用和浪费。③对庭院及周边环境的影响。这包括对庭院环境的美化和改善、庭院废弃物的合理利用、减少和防止对庭院环境的污染和破坏等方面的内容。其目的是使庭院环境变得更有利于农业生物及人类本身的生存和生活，使环境质量不断提高。

(2)经济效益　所谓经济效益，是指庭院的生产活动能够带来高的经济收入和其他有益的经济效果。衡量庭院经济效益的指标很多，通常采用总产值、纯收入、土地生产率、劳动生产率、资金周转率和周转期等指标来衡量庭院生产的经济效益。作为生产经营者，主观上往往是以获取高经济效益为主要目的，但能否实现增产增收，还要取决于生产经营者的生产技术水平和经营管理水平。

(3)社会效益　就庭院生产而言，较多的产品输出能够满足社会的需要，促进社会的繁荣和稳定；不断提高的产量在一定程度上可以满足人口增长和提高生活水平的需要；庭院生产项目的发展可以为家庭剩余农业劳动力提供更多的就业机会，有利于庭院内劳动力资源的充分利用，特别是加强对一些分散劳动时间的充分利用。在庭院生产中还有很多内容，如观光庭院、休闲庭院、庭院服务业等，本身就是对社会的服务。

进行庭院生产模式设计时，要注意协调好生态效益、经济效益和社会效益三者的关系，将它们有机地统一起来。由于庭院具备便于集约经营管理、资金周转和积累较快等特点，庭院生产本身就表现出经济效益高的特点。庭院是居民的聚居点，也是物质、能量密集区，因此庭院生产也更注重生态环境效益。良好的环境是人们安居乐业、身心健康的保障，而良好的环境则是依赖于合理安排生产项目，合理利用和处理各种固体、液体和气体废弃物，维持系统良好的环境状态，也维护区域环境处于良好状态。对于观光庭院、休闲庭院和庭院服务业，其本身就是对社会的服务。因此，庭院生产模式设计中，应注意在三大效益兼顾的前提下，针对不同的庭院生产系统，三种效益有所侧重。产业型庭院生产系统应侧重于经济效益，服务型庭院生产系统则应注重社会效益，以维持系统的持续性。

三、特种蔬菜庭院生产设计原理

(一)生物与环境相适应原理

生物都是在特定的环境条件下繁衍、进化演变而来的，长期的自然选择使物种已适应了特定的自然条件。虽然农业生物长期受到人为的干预和控制，但它们也是长期适应自然环境和人工环境的结果，从而使其在生长发育和繁殖过程中，都表现出对生态因子的特定需要。只有满足这些生态因子的特定需要，生物才能完成其正常的生长发育程序，并表现出高产、优质等特征。生物与环境相适应原理，在进行特种蔬菜庭院生产设计时，既要根据当地的自然条件和农业生产条件选择与之相适应的农业生物类型或生产项目，也要根据既定农业生物种群对环境条件的要求，通过人为措施改进庭院生态环境，达到生物与环境相适应，实现庭院资源最大限度地转化为产品，提高庭院生产系统的效益。

(二)生物共生互利原理

生物共生现象在生物界普遍存在。不同的生物种群之所以能长期共存，是因为生物种群彼此之间存在着十分复杂的相互作用，这种相互作用包括正相互作用和负相互作用。典型的正相互作用包括原始合作、互利共生和偏利共生；常见的负相互作用有种间竞争、捕食与寄生以及危害作用。

在庭院生产模式设计中，利用生物共生互利原理，将具备正相互作用的生物种群安排在同一环境中，以实现双受益。例如，最古老的生物共生互利原理利用是豆科作物与根瘤菌的关系。根据生物共生互利原理，在庭院生产模式设计中，对生活在同一环境中的生物，应尽量利用相互促进的种间关系，避免将具有负相互作用的生物种群安排在同一环境中。

(三)充实生态位原理

生态位是生物物种在生态系统中的功能和地位的总称。生态位是生物和环境长期相互作用而逐渐分化产生的。生态位不仅包括生物占有的物理空间，还包括它在群落中的功能作用和地位，以及它们在温度、湿度、pH、土壤和其他生存条件的环境变化梯度中的位置。

当我们从数量上了解生态位时，则须区分三种情况：其一是基础生态位，也称潜在生态位，是指一种生物当不受其他生物竞争限制时所能占据的最大生态位；其二是现实生态位，是指有其他生物限制的情况下，即出现生态位重叠情况时，一种生物所占据的生态位；其三是空闲生态位，即是指环境资源中未被占据的位置，这种空闲可能为后来入侵的生物种所利用，从而提高对资源的利用。

根据生态位原理，在庭院生产模式设计中，对某些空闲或功能效益较差(常表现为物质循环、能量流动、价值转换等十分脆弱或受阻)的生态位，可通过配套引进特种蔬菜新物种，以及采取措施强化或充实空闲生态位，提高庭院资源的利用率，改善庭院生态系统的结构和功能。

根据充实生态位原理，进行庭院生产模式设计时，要从整体设计入手，对于不符合整体设计要求的现实生态位或生产项目，通过逐步改进，以达到整体设计的要求。例如，对庭院种植可以考虑从不同高度和土层深度多层次利用土壤养分和空间；对庭院内的生物质废弃物养殖可通过利用腐生动物或微生物发酵，制成堆肥补充地力；对庭院水域生产可以考虑从不同水域深度和营养食性特点，组配出由水生蔬菜、浮游生物乃至微生物构成的复合生物群落，提高资源利用率。

(四)食物链构成原理

食物链是指生物与生物、生物与环境之间，通过营养食性关系所链接起来的纽带。自然生态系统经过长期进化而形成了种类繁多的食物链、交错的营养食性关系和特定的食物网营养结构，从而促进自然生态系统的稳定和平衡。

在庭院生产系统中，继承了自然生态系统所遗留的食物链营养关系，而且其中大部分被人类利用来进行农副产品的生产。利用食物链关系进行次级生产，在庭院生产中表现得尤其突出，这包括各种畜禽养殖、水产养殖、特种动物养殖、昆虫养殖(如蜜蜂、黄粉虫等)、腐生动物养殖(如蝇蛆等)、食用菌生产、沼气发酵以及微生物发酵等。它们都是利用庭院初级生产的产品、副产品，以及各种庭院废弃物来进行次级生产，为人类提供多种次级产品，并实现对庭院废弃物的资源化、无害化处理，加强庭院生产系统的功能，提高系统的效益。

根据食物链构成原理，在进行庭院生产模式设计时，要注意合理组装庭院的食物链营养关系。通过选配不同的生物种群，以优化资源、综合转化为主线，将多个生产项目通过食物链串联或并联起来。使每个生产项目的副产品或废弃物成为其他相关配套项目的原料，使系统内的物质、能量得到充分有效地利用。借以实现庭院废弃物肥料化（见本书附录），变废为宝，从而提高整个系统的资源转化率和转化效率，实现庭院无污染无废物生产，改善生产和生活环境条件，提高系统综合效益。

（五）整合效应原理

整合效应源于系统结构的有序性和整体性。整合效应原理认为，通过合理的资源配置，系统内组分的有序排列，建立健全结构和功能的反馈关系，并防止和抑制组分间功能相互抵消的现象发生，从而使等量资源的投入生产出更多的产品，创造出更高的效益。生产结构的调整和优化方案的设计，是整合效应原理在庭院特种蔬菜生产模式设计中的具体应用。通过定性分析、定量分析、数学模型、计算机模拟等途径，筛选和优化庭院特种蔬菜生产设计方案。通过正确决策来实施生产结构调整，从而提高系统的整合效应，强化庭院特种蔬菜生产系统的功能。

总之，不同庭院在自然条件、社会经济和人力资源等方面的禀赋各不相同，由此进行的庭院特种蔬菜生产方式也各不相同，可以说，如果不是刻意而为或生产模式过于简单，几乎无法找到两个完全一致的庭院生产模式，这也是庭院园艺生产的最大魅力所在。庭院生产模式设计中，应对具体情况进行具体分析，因地制宜，因人而异，针对本庭院的优势和潜力，选择适当的方法和内容来进行具体设计。

四、特种蔬菜庭院生产设计要点

（一）庭院生产本底调查与分析

一般说来，庭院生产内容的确定首先要对以下四个方面进行调查与分析。

（1）庭院自然资源状况　生产实践中人工栽培的物种，已经过了前人的实践证明，能够适应当地的自然条件，庭院生产模式设计的种群选择仍然是以它们为主体。但是，庭院生产模式设计中，为了追求更高的效益，往往需要引进新的品种或物种。在引进新的物种时，切不可盲目行事，必须经过严格的动植物检疫，并进行较长时间的适应性试验研究，进行慎重筛选，否则不仅可能导致生产失败，还可能造成生物入侵等十分严重的后果。庭院自然资源条件包括内容见表 7-1。

表 7-1 庭院自然资源条件

项目	内容	项目	内容
气候条件	光照	土壤条件	土壤类型
	温度	地理条件	海拔
	湿度		纬度
	降水量		地形
	有效积温	水分条件	水分供应量
	无霜期		供水流量
	风力		水质等级
	风向		污染状况
	空气污染状况		水分 pH
土壤条件	容重		地下水位
	有机质含量	生物资源	生物种类
	污染状况		适应类型
	土地面积		

在上述自然资源条件中,土壤是较为关键的要素。先将土层至少翻耕 30 cm 深,如果土层深度不够,则需要补充一些土壤。土层中往往夹杂着很多石头、砖块,需要仔细分拣出来。再将土壤打碎,最后将土面整平。晒干的草皮烧成草木灰可作很好的钾肥,也可以直接深埋进土中,后期慢慢分解成肥料。

庭院中的土壤一般都是没种过植物的生土。因此,正式种植前也要进行些改造,如果土壤黏性太重则需要加入一些黄沙,土壤下需埋入腐熟的饼肥、猪粪、鸡粪等长效肥,还可以加入一些草木灰、腐殖土。经过改良的土壤,种出来的菜比生土质量要好。在种植过程中,还要根据实际情况不断改良土壤,一般经过两年左右的耕种,生土就会变成完全适宜特种蔬菜生长的"熟土"了。

(2)庭院生产自身条件 内容包括:庭院范围内的菜园、水域、坡地、空坪隙地、可利用空房、可利用房顶、可利用墙体、地窖或地下室等各类可用于生产的场地的面积、形状和质量;住房、畜栏、禽舍、塑料大棚、温室等人工设施的数量、面积和质量;劳动力资源状况,或农机具种类和数量;庭院灌溉条件、副业生产的主要设备设施的种类与数量、运输工具等。

(3)庭院社会经济条件 当地的社会经济条件,不仅决定今后对庭院生产的持续投入能力,而且决定了生产模式运行过程中的效益。经济比较落后的地区或经济基础薄弱的庭院,一般经济承受能力较差,无法保证较高的物质、能量和资金的投入,容易导致一些资金集约型经营项目的失败。因此,在进行庭院生产模式设计时，首先要充分预测庭院的资金投入能力、设备拥有水平、产品加工能力、交通运输状况等因素，同时还要考虑当地人民的宗教信仰、风俗习惯等社会因素。

庭院生产的社会经济背景包括：土地所有权归属、生产组织形式、交通状况、商品流通能力、市场状况（指庭院各生产项目的产品及所需生产资料或原料的供求情况和市场价格）、经济状况（指经济实力和融资能力等）、通信状况（是否拥有通信工具或网络），以及各种与农业有关的政策和法规等。

另外，庭院生产模式是以生态与经济协调为前提。一般来说，经济效益是庭院生产者最为关心的，然而如何实现庭院的高经济效益，却未必是每个经营者都能够把握好的。庭院生产模式的设计者，应该对市场情况有较准确的把握。这需要重点考虑市场容量的大小、生产地距离主要销售市场的距离、市场需求规律、市场价格变动情况、产品对市场的占有能力，以及生产项目可能带来的生态环境问题。

(4)庭院生产劳动力状况　以家庭成员为主要劳动力来源的特种蔬菜庭院生产，其劳动力资源状况和主要劳动力的文化技术素养差异很大，在进行庭院生产模式设计时，必须针对庭院劳动者状况来安排生产，其内容包括劳动力数量、劳动者年龄结构、劳动者文化技术素质及劳动强度适应能力等。如庭院劳动力以老年人为主，那么密集种植的低矮叶菜就适当少量安排，而果实采收部位较高的茄果类特种蔬菜就可以比例大一些。

(二)特种蔬菜庭院生产设计步骤

特种蔬菜庭院生产设计是指充分利用庭院时空资源，充分利用生物与环境之间的相互关系，将与特定的自然条件和社会经济条件相适应的庭院生产内容，因地制宜、因人而异，安排在庭院的某一具体位置或区域种植特种蔬菜，以发挥出庭院最大生产潜力。具体设计步骤如下：

(1)确定庭院不同区位适宜的生产内容　由于庭院的土地被房屋、车库等人工构筑物分割成零星的小块，造成环境的异质性和景观破碎性，这需要根据生产目标的特征特性来合理配置庭院水平格局。首先要对庭院各个区位的温度、光照、水分、土壤肥力等进行分类，在一些地形地势特殊的地区，如山区半山区，还需要考虑各个区位小块的坡度等因素。然后要根据庭院环境差异所产生的不同生境，确定适宜生产内容，力图对生物物质通过多途径利用，增加系统内食物链类型，使一种物质通过多种农业生物的利用和转化，如以笋玉米为例，可以在青绿秸秆采收后粉碎青贮作为饲料，或发酵后作为肥料还田使用，这样不仅可避免物质的过剩和浪费，提高利用率，而且能促进庭院的持续发展。

(2)优选平面配置基本内容　对其所有候选的生产内容，根据庭院生产设计原理，通过以效益或休闲美化为重心的内容比较，进行筛选和优化，确定“最优生产内容”作为平面设计的基本构架，并明确每一区位配置单元的具体地段安排和规模配备。筛选和优化既要考虑资源利用和效益情况，也要考虑与其他组分的衔接关系，还要考虑系统内废弃物的处理与利用，以及生产内容的市场前景。综合各方面因素，最后在每一具体地段或现实环境中，确定最适宜的生产项目。

(3)组装庭院平面生产模式　确定了庭院生产的基本生产内容后，就需要根据庭院的自然和社会经济等资源状况，添加生产要素，或对基本生产内容进行延长或扩展，或利用基本生产内容之外的庭院时空资源，配套其他生产内容。如通过在高大的作物、攀缘类作物下安排一种或多种耐阴作物，可提高光能利用率和庭院产出。屋顶、阳台等可种植盆栽或槽栽特种蔬菜，庭院墙根墙角下可种植肉丝瓜、扁豆、猫耳朵(一种菜豆)等。总之，庭院总体利用上应注意水、陆、空并举，立体开发，以提高庭院的整体效益。确定了组配的物种以后，还要确定各物种适宜的种群密度，以提高群落在维持生产力、促进有机物质分解与养分循环、美化环境、调节庭院小气候等功能；此外，还需要考虑环境资源的容纳量、空间的可利用率、物种之间是否协调。顺应庭院社会经济和劳动力状况，穿针引线地安排其他生产，尽量避免和减少浪费，提高庭院生产整体效益，从而确定整个庭院的生产内容。

(三)庭院周年生产模式设计

庭院周年生产模式设计也称节律匹配设计，是在掌握生物机能节律的基础上，根据环境因子的时间节律、市场需求的时间节律、劳动力分配的时间节律、生产资料供应节律、资金提供的时间节律等，来设计庭院生产项目的时间节律配合。

种植业生产中的套作是一种典型的节律匹配设计，这是从自然的光、热资源年节律变化考虑的；温室大棚种植的特种蔬菜主要是考虑市场需求的时间节律，通过淡季供应来取得高效益；在劳动力不足的季节中，适当安排低劳动消耗的生产项目，可缓解劳动力资源不足的矛盾；在资金紧张或生产规模较大时，合理设计资金周转节律，是保证系统正常运转的重要前提。

周年生产模式，可通过以下途径实现：

(1)不同作物或不同龄期时间嵌合　把不同种农业生物在时间梯度上合理搭配和衔接，以充分利用不同时间和生产季节调配庭院资源，实现时间生态位的嵌合。例如，庭院早春季节进行各种特种蔬菜育苗，菜秧出售后立即栽种特种蔬菜，或者继续在特种蔬菜定植后的行间进行育苗；在西藏高寒高海拔地区，采用温室为大棚和露地种植培育种苗，就可以利用大棚和露地用苗的时间差，在大棚苗培育结束后，还可以利用相同的温室设施、营养钵或育秧盘等材料接着培育露地用苗。

(2)创造适宜的环境　针对生物生长发育需要特定的环境条件,在不适宜的生长季节内,利用改造环境的设备设施创造适宜的环境条件,从而增加系统的产出。像塑料大棚、温室、地膜覆盖、阳畦、风障、遮阳棚等,都是通过改造栽培环境实现产品抢早或延晚上市,这在农业生产中应用已非常普遍。

(3)变更产品上市期　庭院经营产品数量相对较少,如特种蔬菜产品上市时间与普通蔬菜的大宗货产品没有较大的时间差,其收入也不会很高。利用庭院的特殊环境和密集劳动条件,使特种蔬菜其产出期与大宗货产品的产出期错开,达到"人无我有,人有我早(或晚)",其效益可望成倍提高。

(4)分段生产,生产周期长短结合　根据庭院内各生物种群的生长发育规律和特点,将各生物种群的幼龄期和成龄期分开,构建相应的生物种群龄期时间序列;同时安排被组建生物种群的幼龄期在主生产场地以外的地段集中培养。如西藏早春气候变化无常,晚霜结束时间亦不固定,因此可以专设育苗棚与育苗点,集中、统一育苗。

庭院菜园的各个功能区域在种菜前要提前规划好。如,向阳无遮挡、离水源较近的区域用来作种植区;向阳、背风且比较通透的地架子,用来放育苗箱;肥料尽量堆放在离居室较远的角落里;工具和种子最好放在种植区的旁边,伸手就能够拿到。各种方式随心随性安排,只要合理即可。

庭院中关于菜园的规划,主要分成三种类型:第一种为单行种植,即成行成条种菜,长条形、长方形等不等;第二种为区块种植,是将庭院分成一个个形状规则或不规则的区块,在每个区块内种植一种或数种相互搭配的特种蔬菜;第三种为垂直种植,是利用庭院内的垂直空间,采用搭层架、立体栽培槽、垂直架等方式进行种植,一般采用多种特种蔬菜进行搭配。

第三节　特种蔬菜观光示范园的规划

特种蔬菜观光示范园是以农业和农村为载体,以生态旅游为主题,在充分利用现有农村空间、农业自然资源和农村人文资源的基础上,把特种蔬菜作物的田园景观、生产经营活动和农村特有的人文景观,农艺展示与旅游景观融为一体,是一项既能充分满足旅游者观赏、休闲、习作、购物、度假的消费要求,又能领略现代农业、生态农业,以及参与特种蔬菜园艺生产实践活动,形成一种既有人文生态景观,又可提高农业和旅游业附加值的现代化产业模式。

一、特种蔬菜观光示范园的生产特点

（一）科技示范引领

展示和示范科技成果是特种蔬菜观光示范园的主要目的和重要任务。观光园设置新、奇、特的蔬菜种类和品种、新型园艺设施、高新技术等，具有较高科技内涵的展示项目，是真正赋予园区新颖性，吸引观光者前来参观的动力所在。因此，特种蔬菜观光示范园是蔬菜新品种、新技术、新设备、新模式的展示地和孵化器，可有效带动当地蔬菜产业的发展。例如，山东寿光蔬菜博览园、武汉现代蔬菜园等，都引进了国内外最新的蔬菜优良品种、智能温室等现代农业设施和各种时代先进生产技术，受到包括来自城市、农村等各行各业观光者的普遍认可，推动了当地特种蔬菜产业的快速发展，也取得了显著的经济效益和社会效益。

（二）观光旅游

特种蔬菜观光示范园将特种蔬菜生产和观光旅游有机结合，以新、奇、特和反季节、异域的特种蔬菜作为为主体，配合园林景观建设，通过现代植物生产技术、特色产品销售和多种参与活动来吸引城乡游客。除参观、购物之外，游客还可以亲自参加采摘、农耕等农事活动，了解中国长期积累起来的丰富多彩的传统农业文明，学习农业和生活技艺，既丰富了阅历又增长了见识，还体验到了田园生活的闲趣，迎合了现代人追求“生态化”返璞归真、回归自然的需求。此外，也将使农民的劳动成果受到重视、提高环境保护意识的教育功能。

（三）生产区域异质性

特种蔬菜观光示范园本质上属于农业生产范畴，决定了它具有农业生产的特性，即区域性和季节性的特点。不同地区有不同的生态环境，不同的品种结构和技术体系，决定了不同地区的特种蔬菜示范园各具特色的观赏内涵。在规划设计上应注意体现地域性，深入挖掘具有当地特色的特种蔬菜品种、自然景观资源和历史人文资源等。

特种蔬菜植物生长发育存在着季节变化，这决定了特种蔬菜观光园在不同的季节往往呈现出不同的色彩和形象，无法永久保持某一特定景观，与此相应的观赏内容也具有鲜明的季节性。南方的特种蔬菜观光示范园生产季节长，可体现一年四季的变化，而北方的生产季节短，且主要的生产期是夏季。季节因素对示范园的建设形式、景观营造、经济收益等都有很大影响，尤其是在北方，冬季寒冷的气候是造成观光淡季的主要因素。要有效利用现代化温室、日光温室等设施农业技术、植物生长调节剂、分期播种等措施，调控特种蔬菜的生长发育，及时更新观赏内容和延长观赏期。在内容选择上也应注意季节间的均衡，尤其应在冬季内容选择上有所突破，减轻季节对观光效果的影响。

（四）内容综合性

特种蔬菜观光示范园的生产，通常突显现代化农业技术手段，集中展示多种具有较高观赏和营养价值的蔬菜种类和品种、无土栽培等现代农业技术，具有资金密集型、技术密集型、劳动密集型的特点。为了避免观光项目过于单一，有的观光园还集成观赏果树、园林植物、药用植物、渔、珍奇动物、养殖动物等其他项目，甚至修建农史馆、娱乐宫、娱乐中心等丰富游客活动的项目，建成农业综合观光园。

二、特种蔬菜观光示范园规划的原则

（一）以农为本的原则

特种蔬菜观光示范园规划生产是农业与旅游业有机结合的新型产业，必须坚持以农业为基础，农民为主体，农村为特色，把农业产业发展，扶持农民增收放于首位。项目内容应紧紧围绕蔬菜生产过程和农村风情风貌进行规划设计，这也是区别于其他旅游类型的根本所在。片面追求设施高档化、人文景观扩大化和服务利益化，使乡土气息淡化，城市氛围变浓，反而丧失了特种蔬菜观光示范园区的旅游生命力。在做好观光蔬菜生产开发的同时，又要强化蔬菜生产经营，以示范园的科技示范、销售和良好社会影响力推动特种蔬菜主产业的发展。

（二）科学性原则

特种蔬菜观光示范园中多学科高度渗透、知识高度密集、集约了生物技术、电子信息技术和新材料等多项高新技术，有节能温室、智能管控系统、名贵稀特蔬菜新品种、生态栽培等现代农业科技展示内容。与此同时，可形成鲜明反差的历史传承农业技术，可作为生动反映农业技术发展历史轨迹的见证，同样受到现代旅游者的青睐。在娱乐、休闲的同时，观光者能自觉接受生物科技和农业科技教育，特种蔬菜观光示范园的农业教育功能和农业新技术的示范功能。示范园还可以满足大中专学生和中小学学生的认知和实践教学活动，以及作为培训农民学习现代特种蔬菜生产技术的培训基地。

（三）因地制宜原则

建立特种蔬菜观光示范园，可充分利用地形地貌、交通、水电、配套设施等现有的农业生产资源，因地适宜地进行综合规划。特种蔬菜观光示范园以特种蔬菜、特用蔬菜生产为基础，应重点展示新品种和生产新技术。在规划时要尽量压缩人工建设的园林景观，因地制宜地利用具有本地特色的农业风光、自然地理资源和历史文化资源。

（四）突出特色原则

发展特种蔬菜观光示范园，生态循环、低碳利用是基础，蔬菜特色是关键。在规划时必须要体现出异质性特色，有特色才有吸引力和竞争力。一方面在引进与驯化特种蔬菜新品种、现代化温室、无土栽培等主要展示项目之外，还要突出展示当地传统特色品种和传统优势生产技术，开发有别于其他地区，最富特色和吸引力的农业景观；另一方面特种蔬菜观光示范园生产也要注重农业文化和民俗文化内涵的挖掘，通过对农业历史文化、农业技术文化、农业地域文化的展现来提升农业观光活动的品位，使游人产生理性上的认同。注意求新、求异，创造独特的景观形象和游赏魅力。例如，湖南人爱吃辣椒，特色辣椒文化就成为湖湘文化中一个重要的瑰宝，在广西毛南族有传统的"南瓜节"，台湾则有番茄文化节等。这些地区可依次形成自己的特色和优势，使示范园保持鲜活的生命力和市场竞争力。

（五）参与性原则

现代旅游者越来越看重旅游经历，直接亲身参与体验、自娱自乐已成为当代旅游新时尚。对于不曾耕种土地的人来说，参与农事作业是一种乐趣，甚至是一种享受。观光农业有别于传统的旅游项目，观光者追求的不是豪华舒适的饭店设施，而是要求融入当地乡村居民的生活，接触了解当地的农村资源和风土人情。应设计一系列供旅游者参与的项目，丰富游客的旅游经历，调动游客的积极性。例如，合理增设采摘、收获、加工、品尝等项目内容，甚至租赁一小块农田参加田间农务生产活动等多种经营形式，使游客在观赏的同时，能够通过自己的劳动，感受到浓厚的乡土气息，品味出劳动的艰辛与快乐，真正融入乡村的自然环境和生活氛围当中，提高他们的满意程度。

（六）可持续性发展原则

观光农业是对生态环境依赖性很强的项目，环境保护问题是其可持续发展的基本前提。保护特种蔬菜观光示范园区的生态环境和乡村优美的原始风貌是吸引城市观光者的重要环节。特种蔬菜观光示范园区要追求经济效益、生态效益和社会效益的和谐统一。要按照生态学以及美学原理对土壤、水、配套设施进行规划设计，生产洁净、安全的特种蔬菜产品，在园区内同步实现农业生态环境建设和产品开发的生态良性循环。在保护和改善农业生态环境的同时，还要注意加强村屯建设，改善环境卫生状况，提高环境质量，塑造良好的乡村风貌，维护自然生态平衡。

特种蔬菜生产与观光要在环境承载力允许的条件下进行，对园区的规模和建设要坚持适度开发原则，对园区内的农业环境、生态系统予以有效保护；对游客规模和活动方式、人工景观的建设规模、形式等进行合理调节，实现观光园区环境生态的可持续发展。

园区的规划建设要兼顾近期和远期的利益，以可持续发展理论和生态经济学原理为指导，制定出目标明确的分期发展规划，稳步推进，实现经济效益、生态效益和社会效益持续、协调增长。规划应具有高标准规划，高质量建设，高效能管理，高水平经营，高科技支撑，同时应保证科技、生态、循环、高效。

第四节　特种蔬菜栽培制度

特种蔬菜栽培制度是指一定时期在一块土地上特种蔬菜的轮换栽培及季节茬口与土地利用茬口的计划布局与安排，包括轮作、间作、套作、复种及排开播种等，并在生产的过程中科学合理地进行土壤耕作、施肥、灌溉、植株调整等的农作制度。合理安排栽培制度是丰富特种蔬菜花色品种、实现特种蔬菜周年均衡供应，获得特种蔬菜高产、优质、高效益的重要技术保障。根据当地的自然和经济条件制定合理的特种蔬菜栽培制度，可以充分地利用自然资源，保持良好的生态环境和土壤肥力，有利于特种蔬菜全面持续增产，增加特种蔬菜品种和周年均衡供应。

中国气候带包括热带、亚热带、温带以及高原山地气候，气候多样、特种蔬菜种类繁多，因此要根据各地的气候环境和各类特种蔬菜的生长习性，采用多种栽培方式和茬口安排，保证特种蔬菜的优质、高产和周年供应。要综合运用轮作、间套作、多次作和重复作的原理和方法，科学地把握特种蔬菜的栽培季节，合理地制订生产计划。包括茬口安排、轮作制度、间混套作安排、休闲制度、露地栽培制度、设施栽培制度、设施和露地复合栽培制度等。

要保证特种蔬菜生产向持续高产、稳产、优质及多品种、高效率、低成本方向发展，逐步实现特种蔬菜业的现代化，就要以现代农业生态学的基本观点，建设好稳定、高效的特种蔬菜生态系统，这是建立可持续发展蔬菜栽培制度的基础。从菜区农业生态系统的优化结构出发，不宜过分或片面地强调单一的特种蔬菜组分，即使种植业以特种蔬菜为主甚至完全是特种蔬菜，也应该把它与粮、林、牧、渔一起看作是一个系统。可以实行以菜为主，菜、林、牧、粮、渔等各业共同发展，防止特种蔬菜生态系统内组分单一（单纯种菜）而产生的土壤次生盐渍化、病虫害难以防控等各种弊病和恶果。

一、轮作与连作

中国的特种蔬菜栽培制度是在传统的精耕细作基础上传承发展起来的,其主要特点是注重合理轮作倒茬,减轻病虫危害,恢复与提高土壤肥力,提高复种指数、光能利用率和土地利用率。

(一)轮作与连作的概念

1.轮作

轮作(rotation)是指同一田块上,按照一定年限,有顺序地轮换种植几种不同作物的种植方式,也称倒茬或换茬。合理轮作不仅有助于抑制杂草和病虫害,也有利于改善植物养分的供给。合理利用地力、改善土壤结构、平衡土壤中的酸碱性、防止土壤流失、降低水资源的污染,是特种蔬菜稳产、高产、高效和可持续发展的重要手段。

2.连作

连作(continuous cropping)是指在同块地里连续种植同一种作物(或同科作物)的种植方式。而在同一田地上连年采用同一种复种方式称为复种连作。同种作物或近缘作物连作以后,即使在正常管理的情况下,也会造成相同病虫害发生加重、营养元素缺乏、产量降低、品质变劣的现象,也就是连作障碍。

(二)连作的危害

(1)造成土壤内营养元素的种类失调,地力得不到充分利用;

(2)不同位置的土壤营养不能得到充分利用,造成根层营养的空间失调;

(3)病虫害的病原常在土中越冬,连作无疑是为病虫害培养寄主,导致病虫害逐年加重;

(4)连作会造成某种作物根系分泌有毒物质或有害物质积累,对土壤微生物及其自身都会产生抑制作用;

(5)作物的连作还会导致土壤 pH 的连续上升或者下降,发生土壤酸化或次生盐渍化的现象。

(三)轮作的方法和原则

1.轮作的方法

特种蔬菜种类杂多,难以逐一按种类轮作。实践中常按照特种蔬菜的农业生物学分类方法,将特种蔬菜分成几大类,按类分块轮作:如白菜甘蓝类、葱蒜类、根菜类、茄果类、瓜类、豆类、薯芋类等,将同类的特种蔬菜集中在同一区,考虑轮作时将其视为同种作物。水生的特种蔬菜和多年生的特种蔬菜占地时间相对较长，一般单独设计轮作区。

2.轮作的原则

实行特种蔬菜轮作设计，应遵循以下原则：

(1)根系深浅不同　根系深浅不同，吸收土壤养分的层次也不同。因此，将根系深浅不同的特种蔬菜轮作能够充分利用土壤中不同层次的养分，如深根性的茄果类、瓜类与浅根性的白菜、葱蒜类轮作。

(2)有利于病虫害防治　同科特种蔬菜多年连续栽培，经常会感染相同病虫害，使病虫害加重。例如：霜霉病、白粉病和蚜虫病原菌(虫)不仅能侵害各种黄瓜，也能侵害其他瓜类特种蔬菜。因此，每年换种不同种类的特种蔬菜，使病虫失去寄主或改变生活条件，达到防治病虫害的目的。如葱蒜类特种蔬菜的后茬种植大白菜，能够减轻软腐病。而进行粮菜轮作、水旱轮作可以有效控制土传病害。

(3)养分吸收特性不同　豆类特种蔬菜的根瘤菌，能够有效固定空气中的氮，提高土壤肥力，下茬可种植需氮较多的白菜类、茄果类等特种蔬菜，接下来再种植消耗氮肥较少的根菜类和葱蒜类特种蔬菜。黑油菜、夏菠菜等叶菜类特种蔬菜消耗氮肥较多，果菜类特种蔬菜消耗磷肥较多，生姜、莲藕等根茎菜类特种蔬菜需要钾肥较多，这3类特种蔬菜互相轮作可以更充分地利用土壤养分。

(4)注意不同蔬菜对土壤酸碱度的要求　不同蔬菜作物对土壤酸碱度的影响不同，如种植异形南瓜、甜玉米后，可降低土壤酸度，而种植紫甘蓝、红马铃薯等后，则增加土壤酸度。因此，对土壤酸度敏感的洋葱作为异形南瓜后作可增产，作为紫甘蓝后作则减产。

(5)要考虑前茬作物对杂草的抑制作用　一些生长速率快或生育期长、茎叶繁茂，茎叶覆盖度高的特种蔬菜，如南瓜、甘蓝、马铃薯等类作物，对杂草有明显的抑制作用；而生长缓慢、叶面积小的特种蔬菜，如各种胡萝卜、芹菜以及洋葱等，则容易滋生杂草。安排茬口时应考虑将抑制杂草作用较强的蔬菜种类作为易发生杂草危害的作物前作。

(四)轮作与连作的年限

根据轮作原则，理论上特种蔬菜种类不同而轮作年限也不同：需2～3年轮作的有：马铃薯、黄瓜、辣椒等种类的特种蔬菜；需3～4年轮作的有：番茄、大白菜、茄子、甜瓜、豌豆等种类的特种蔬菜；需6～7年以上轮作的有：黄西瓜等。

轮作虽有许多优点，但特种蔬菜生产不可能都实行轮作，连作制度尚不能完全废弃，这就需根据特种蔬菜种类确定连作年限。黄瓜类特种蔬菜病虫害较多，连作不可超过 2～3 年，3 年后一定要另种其他特种蔬菜；大白菜类特种蔬菜由于需求量多，栽培面积大，虽然病害较重，仍需部分连作，但连作限度不应超过 3～4 年；葱蒜类类特种蔬菜忌连作。

除根据以上原则外，还要根据特种蔬菜种类、品种和发病情况来确定是否需要轮作和轮作的年限。百合科、伞形科、禾本科特种蔬菜较耐连作，茄科、豆科、菊科等特种蔬菜对连作敏感。马铃薯、山药、黄瓜、辣椒、生姜等类特种蔬菜需要间隔 2～3 年栽培，番茄、茄子、芋头、豌豆、香瓜、大白菜等类特种蔬菜需要间隔 3～4 年；各种西瓜、甜瓜则要间隔 5～7 年。但值得注意的是，采用嫁接技术和专用菌肥穴施措施结合，可有效缓解特种蔬菜连年种植带来的生理性或病理性连作障碍。

二、连作障碍及其控制

一种作物在同一块土地上连续种植，常常导致作物产量和品质下降，这种现象称为连作障碍。蔬菜作物由于经济效益高、复种指数高、占地时间长等因素，生产上难以避免因连年重茬而发生连作障碍，特别是在设施栽培的专业化生产中，由于连作重茬而引起的土传病菌、病原菌、地下害虫加重，致使作物病虫害发生指数加大，抗逆性降低，产量每年递减，直接影响了作物产量、效益的提高。目前，连作障碍已成为蔬菜作物生产上普遍存在的问题之一。

（一）连作障碍的机制

连作障碍是一种非常复杂的现象。目前，虽然对引起连作障碍机理尚未完全清楚，但已有的研究结果表明，连作障碍的发生机理与土传病虫害、土壤理化性质劣变以及自毒作用等因素密切相关。

1. 土传病虫害

土壤传染性病虫害是引发连作障碍最主要因素，蔬菜连作障碍发生的地块约有 70%是由它引起。现代农业的单一作物连续、大面积的种植方式，为土壤习居性病原物的生长和繁殖提供了适宜而丰富的营养物质，并在寄主衰亡之后在植物残体上继续繁殖，使土壤中的病原物不断增加，并日渐加重了土传病虫害的发生。

（1）主要土传病害　土壤传播的病虫害种类很多，主要有镰刀菌属引起的黄瓜、番茄、茄子等枯萎病；轮枝菌属引起的茄子黄萎病；疫霉菌属引起的黄瓜、甜（辣）椒、番茄疫病；丝核菌属引起的各类蔬菜幼苗的立枯病；假单胞菌引起的植物青枯病；根肿菌属引起的十字花科蔬菜的根肿病以及由根结线虫引起的各种蔬菜根结线虫病等。

镰刀菌属（*Fusarium*）真菌引起枯萎病是一种世界性的真菌土传病害。在我国，以瓜类枯萎病、棉花枯萎病发生最为严重，一般导致减产 10%～30%，严重田块可达 80%～90%，甚至绝产。20 世纪 90 年代以来，我国设施蔬菜瓜类作物面积不断增加，由于在相对封闭的设施内形成的特殊小气候既有利于蔬菜生长，也成为各种病虫害滋生的温床，加之长年连作，使土壤中病原菌的数量不断增加，设施栽培蔬菜的枯萎病发生越来越重，已成为限制我国蔬菜生产发展的重要因素。

由茄科假单胞菌（*Pseudomons adaceae*）引起的植物青枯病是一种广泛分布于热带、亚热带和某些温带地区的世界性重大细菌病害，是多种农作物减产的主要原因。该病原菌可侵染以茄科为主的 44 个科 300 多种植物，包括许多具有重要经济价值的栽培作物，如马铃薯、花生、番茄、甘薯、茄子、姜、香蕉、桑、油橄榄、草莓以及一些贵重药材和花卉植物。我国大部分地区均有分布。

由立枯丝核菌（*Rhizoctonia solani*）引起的立枯病是园艺作物育苗期间的常见病害，全国各地均有不同程度的发生。引起死苗、烂苗，甚至整个苗床的幼苗毁灭，造成严重损失。苗期病害发生范围广泛，如葫芦科、茄科和十字花科等蔬菜、草本、木本花卉的扦插苗，苹果、梨、柑橘等果树幼苗均可受到危害，其中以蔬菜和花卉育苗期间受害严重。轮枝菌主要有大丽轮枝菌（*Verticillium dahliae*）、黑白轮枝菌（*Verticillium alboatrum*）和变黑轮枝菌（*Verticillium nigrescens* Pethybr）等。轮枝菌引起的植物萎蔫病，是一种危害性大、顽固性强的世界性破坏维管束的病害，在世界各地引起许多重要经济作物，如棉花、甘蓝、油菜、白菜、番茄、辣椒、茄子、甜椒等作物的萎蔫病或黄萎病，发病后产量损失 20%～30%，严重时可达 60%以上，有的地块近于绝收，即使有一些产量其品质也明显下降，从而造成巨大的经济损失。近年来，我国各地由轮枝菌引起的蔬菜黄萎病日趋严重，已经成为影响蔬菜生产的重要病害之一。

疫病主要是由疫霉属（*Phytophthora*）真菌引起的一类病害，在作物的整个生育期均可发生，造成幼苗、茎、叶、果和根部组织的快速坏死和腐烂，是一种世界性的、最具有毁灭性的蔬菜病害。

由芸薹根肿菌（*Plasmodiophora brassicae Woronin*）引发的根肿病主要发生在油菜以及白菜、甘蓝等多种十字花科蔬菜上，常造成 30%～50%的产量损失，甚至绝产，严重威胁油菜和蔬菜的生产。

根结线虫病是一种世界性土传病害，一般产量损失在 30%～50%，每年造成上千亿美元经济损失。线虫具有种类繁多、寄主范围广、环境适应能力强、繁殖快速等特点；同时，根结线虫危害又加重了枯萎病、根腐病等土传性真菌病害和部分细菌病害的发生，并增加和扩大了病毒病的发生，已成为当前特种蔬菜生产中的一大障碍。

(2)连作对土传病虫害的影响　土壤中微生物数量依次为细菌、放线菌和真菌。蔬菜田土壤随着连作年限的延长,微生物总含量不断变化,土壤细菌数量增加,真菌的种类和数量减少,但有害真菌的种类和数量增加,放线菌随连作年限的增加含量减少。在连作条件下,作物根系分泌物和作物残茬降解物给病原菌提供了丰富的营养和寄主。同时,长期适宜的温、湿度环境,使病原菌具有良好的繁殖条件,从而导致病原菌数量不断增加。据研究,西瓜生茬地镰刀菌分生孢子数为300个/g,连作1年后数量达到4300个/g,连作2年为5000个/g,而西瓜枯萎病发病率、病情指数随土壤含菌量上升而提高,当土壤含菌量达到900～2900个/g时,西瓜严重发病。番茄随连作年限的延长,根系活力显著下降,病害逐渐严重且发病时间提前,产量下降,品质降低。

虽然连作可导致土壤中微生物总量增加,但土壤微生物总含量的高低与土壤病原菌含量的高低并不呈正相关,病害发生轻或重的关键在于土壤微生物结构是否合理,而不在于数量的多少。西瓜连续7年连作试验后发现,土壤中病原物数量、作物发病率并不随连作时间延长而持续上升,土壤中镰刀菌分生孢子数量在连作2年或3年时达到最高水平,而枯萎病发病率在第5年达到最高水平,在连作第5～7年,分生孢子数量、发病率逐渐下降并保持稳定,为连作前的30%～50%。研究认为无致病力病原物增加以及拮抗细菌的出现是导致土壤中病原物数量、作物发病率这种先升后降现象的主要原因。

(3)土壤理化性质的劣变　土壤次生盐渍化和酸化现象在我国设施蔬菜栽培中普遍发生。其中,尤以连栋大棚和温室最为明显,在很多地区已成为设施土壤可持续利用的主要障碍。设施栽培施肥量较大,加上常年覆盖或季节性覆盖改变了自然状态下的水分平衡,土壤得不到雨水充分淋洗;又因大棚内温度较高,土壤水分蒸发量大,下层土壤中的肥料和其他盐分会随着深层土壤水分的蒸发,沿土壤毛细管上升,最终在土壤表面形成一薄层白色盐分即土壤次生盐渍化现象。同时,由于过量施肥,土壤的缓冲能力和离子平衡能力遭到破坏而导致土壤pH下降,从而出现化学逆境。

(4)自毒作用　化感作用与化感物质:化感作用(allelopathy)是指一种植物(包括微生物)通过向环境中释放一些化学物质来影响周围植物(包括微生物)生长的现象。这种影响包括促进和抑制两种作用。目前的研究主要集中在抑制作用及相关的应用研究上。化感作用是生态系统的一个重要现象,已引起各国科学家的高度重视,并成为新的研究热点。化感作用有两种类型:

①异种植物间相互作用。主要涉及杂草、作物之间的抑制作用,植物残茬对后作的影响,植物群落的二次迁移与种群的形成,寄生植物及共荣植物等问题;

②同种植物间相互作用。主要涉及森林、果树更新及连作所引起的自毒现象(autotoxicity)。自毒作用是指一种发生在种内的生长抑制作用,是化感作用的一种特殊形式。有关自毒作用在连作障碍方面的研究目前仍局限于大豆和一些蔬菜作物上。

植物释放的、具有化感作用的物质主要是乙酸途径、莽草酸途径或两途径结合产生的一些次生代谢产物,其分子结构比较简单,分子质量多在 100～300 u。常见的化感物质主要有水溶性有机酸、直链醇、脂肪族醛与酮、简单不饱和内酯、长链脂肪酸和多炔、蒽醌和复合醌、简单酚、苯甲酸类、肉桂酸类、香豆素类、类黄酮、单宁、类萜和甾类化合物、氨基酸与多肽、生物碱和氰醇、硫化物和芥子油苷、嘌呤和核苷等 10 多类物质。其中,研究最多的是酚类和核苷。化感物质通过挥发、淋溶、根分泌和残茬降解等途径进入环境中,通过影响植物细胞分裂和膨大、膜功能、水分状况、内源激素、离子吸收、呼吸作用、光合作用、蛋白质合成、酶系统和基因表达等生命活动抑制植物的生长发育。Inderjit 等(1995)认为植物根细胞的细胞膜是化感物质作用的初始位点,通过细胞膜功能的改变进而影响植物的生理生化代谢活动,最终抑制植物的生长发育。

对于蔬菜作物的自毒作用,最近研究证明一些经济效益较高的果菜和花卉,不断地连作会导致自毒作用产生。也已证实芦笋、番茄、茄子、西瓜、甜瓜和黄瓜等作物极易产生自毒作用。芦笋是一种多年生蔬菜,连续种植多年,会发生植株矮小、产量下降、品质降低、甚至死苗的现象,移栽或补苗也不能解决该现象,这是由于芦笋的新鲜植物组织、根分泌物、残茬均能释放出抑制自身生长的自毒物质。荷兰豆等豆科作物、番茄等茄果类作物,是最不耐连作的作物之一,以往研究已从根系分泌物中分离出许多自毒物质,其中大多为酚酸类化合物,这些物质通过影响细胞膜透性、酶活性、离子吸收和光合作用等各种途径来影响植物生长(喻景权,1999;周志红等,1998);同时,根系分泌物的组成成分及数量与土壤状况很有关系,营养不均衡对连作障碍有其直接作用的方面,亦可能胁迫改变了根系分泌物种类和数量,从而间接地影响植物生长(李彦斌等,2007)。

有关自毒作用的研究目前还属起步阶段,研究结果大多局限在自毒作用的证实和自毒物的收集、分离及鉴定的水平上,将来还需进一步研究自毒作用物质在根际中的消长变化规律及其作用机理。

2.连作因素互作对连作障碍产生的影响

作物连作障碍产生的原因错综复杂,是作物与土壤两个系统内部诸多因素综合作用结果的外观表现。由于作物种类和栽培条件不同,作物发生连作障碍的主要原因也会不同,而迄今为止有关连作障碍的研究还停留在单因子水平上,缺乏对其内在相互关系和本质的深入研究。虽然诱发每种作物连作障碍的因素不同，但在植物生长过程中，常常遇到多种逆境的影响，各种因素的互作导致连作障碍严重发生。

(1)化感作用与病原微生物互作　土壤中除植物根系外，还存在细菌、真菌、放线菌和蚯蚓等土壤生物。土壤微生物中除有类似菌根、促生菌 PGPR（plant growth-promoting rhizobacteria）和病原拮抗菌外，还存在类似对植物生长有害的土壤病原菌。植物通过根系分泌物和残茬等向土壤释放糖类、氨基酸、有机酸、维生素和酶类，从而影响土壤微生物组成。尽管连作对真菌、细菌和放线菌种类和数量的影响在不同研究中有所差异，但连作伴随着特定作物的残渣和根系分泌物等释放病原菌的营养，使得土传病原菌在土壤中不断繁衍，而拮抗菌逐步下降，最后导致土传病害的蔓延。而一些植物产生的"自毒"物质通过降低根系活力来助长土传病害的发生，最后导致连作障碍的加剧。

目前，化感作用、病原菌间互作对蔬菜连作障碍影响的最完善的研究是芦笋的自毒作用与引发枯萎病的镰刀菌之间关系，两者间的协同作用导致芦笋连作障碍的严重发生。芦笋根分泌物、残茬降解释放出的自毒物质可降低芦笋出苗率、提高镰刀菌的侵染率，除与化感物质的自毒作用增强、根分泌物中可溶性固形物增加、镰刀菌繁殖增强有关外，还与自毒物质损伤芦笋根尖和表皮细胞有关，根尖和表皮细胞的损伤降低了过氧化物酶活性，提高了电解质的外渗，从而增加了镰刀菌的侵染机会并直接影响其植株的生理生化代谢，最终导致芦笋根系生长不良，抵抗镰刀菌能力下降，枯萎病严重发生。西瓜自毒物质苯甲酸、肉桂酸不仅抑制了西瓜的生长，还降低了对镰刀菌的抵抗能力，导致病害的严重发生。

(2)化感作用与营养胁迫互作　营养胁迫是土壤理化性质劣变原因之一。首先，营养胁迫可以提高化感物质的作用强度。在低 N、K 胁迫下，肉桂酸对须芒草（bluestem）生长的抑制作用加强，而低 P 胁迫则不影响化感作用的强度。鉴于化感物质的种类多、作用浓度不同、特定营养胁迫又有不同的影响以及介质中微生物活动的变化。因此，施肥对化感作用的影响十分复杂，其效果也应根据作物类型、化感物质种类及不同营养胁迫而进行具体分析。其次，营养胁迫可促进化感物质的合成。

(3)土传病害与土壤理化性质的关系　土壤病害的发生除同寄主的抗病性有关外，还同土壤种类、土壤 pH、有机肥和化肥种类等有关，如番茄青枯病在酸性土壤中的发生率显著高于中性和碱性土壤中的发生率。这不仅同其土壤理化性质有关，还同其中存在的能对病原菌产生拮抗作用的土壤微生物种群有关。长期连续施用化肥引起土壤盐分积累和土壤酸化，从而减少了细菌和放线菌菌数，导致固氮菌、氨化和硝化细菌活性的下降以及类似有益荧光性细菌减少。同时,也导致了真菌种类的单纯化而有利于土壤病原菌的繁殖、萌发和生长。有机肥则可显著增加微生物多样性,并通过促进特异拮抗菌生长和提高 Ca 含量等途径来提高抗性,从而降低土传病害的发生,而施用未完熟的堆肥,则是通过提高各种土壤微生物的密度,抑制土壤病原菌的生长而最终起到减少土传病害的发生。

此外,大量施用化肥和农药将导致作物生长环境的破坏,对土壤中的微生物种群乃至土壤中的固氮菌、根瘤菌和有机质分解菌等有益微生物产生不利的影响,使土壤中病原拮抗菌的减少,土壤病原菌增加,从而加重了土传病虫害的发生。

3. 克服连作障碍的措施

目前,对于土壤连作障碍,生产上还没有一套行之有效的解决方案或途径,常用的技术有轮作和间套作、选用抗病品种或进行嫁接、无土栽培、合理的土壤管理和生物防治等。

(1)建立合理的耕作制度　合理的轮作、套种制度是解决连作障碍最经济有效的措施之一,特别是选择具有促进生长作用的相生作物进行间作套种,不仅可以提高产量,还可以有效地改善土壤理化性状和微生态环境,克服或减轻由根分泌和遗落田间的植物残茬所引起的自毒作用和土传病害,从而避免连作障碍的发生。如马铃薯与豌豆、白菜、甜玉米间作效果良好,而与黄瓜、向日葵、番茄间作,马铃薯生长受抑制。由于许多葱蒜类蔬菜的根系分泌物对多种细菌和真菌具有较强的抑制作用,生产上常被用于间作或套种。在进行轮作时,应科学地确定适当的轮作周期,轮作周期的长短应视作物种类而定。如西瓜低于 3 年的轮作对减少病原菌数量没有显著效果。

土地休闲也是减轻连作障碍的重要措施。两次作物种植之间给予耕地以适当的休闲期,利用土壤存在的大量微生物,降解土壤中的自毒物质,使其浓度下降到不能危害作物的水平。水旱轮作对土壤中的细菌数量虽无多大影响,但显著减少了土壤中的真菌特别是类似病原菌的密度,从而可减少枯萎病等土传病害的发生。

(2)生物防治　利用有益生物及其产品,通过拮抗、竞争、重寄生、捕食、交互保护及诱导植物抗性等方式来抑制病原物的生存或活动、减轻土传病害发生的防治方法,因其无污染、安全有效的特点而日益受到重视。生物防治是目前国内、外学者的研究热点,并将逐步成为农作物病虫害防治的重要手段之一。

①引入生防菌。利用拮抗微生物防治植物根部病害,就是将培养好的拮抗微生物以一定方式施入土壤中,或是通过在土壤中加入有机物等措施来提高原有的拮抗微生物的活性,从而降低土壤中病原菌的密度,抑制病原菌的活动,减轻病害的发生。用于生物防治较多的是细菌性生防菌、真菌性生防菌和非致病性病原物。

细菌类生防菌：生防细菌通过营养竞争、生态排斥、对峙拮抗等作用方式防治病害的发生。现已证明，有 18 个属的细菌在植物土传病害生防方面效果良好。在枯萎病防治中，已有报道有荧光假单胞杆菌（*Pseudomonas fluorescens*）、恶臭假单胞杆菌（*Pseudomonas putida*）和芽孢杆菌属（*Bacillus*），尤其是芽孢杆菌属已在许多种作物上应用并取得了良好的效果。许煜泉等（1999）、王灿华等（2000）从植物根际土壤中分离出一株具有 ACC 脱氨酶活性的促生、拮抗双功能假单胞菌株 M18，在培养皿中能有效地抑制黄瓜枯萎病菌以及多种其他枯萎病原菌和植物病原菌的生长，用 M18 活菌浸种处理春黄瓜种子以及在大棚定植后，根际土壤中的病原菌显著减少，对黄瓜幼苗的根系具有明显促进作用。APS 抗真菌多肽是一种由蜡状芽孢杆菌产生的新型抗真菌环多肽，具有广谱抗菌性，对多种枯萎病菌的孢子萌发具强烈的抑制作用，抑制作用随着 APS 浓度的增加而增强。枯草芽孢杆菌 B903 菌株可使多种土传镰刀菌细胞畸形、胞内物质外泄和细胞壁崩溃，能显著降低棉花炭疽病和菠菜枯萎病。从大白菜的根际土壤中分离到的 6 个细菌分离株，对油菜菌核病菌、立枯丝核菌、禾谷镰刀菌、尖孢镰刀菌、瓜果腐霉菌等 5 种病原真菌分别具有不同程度的抑制作用，在田间实验中对油菜菌核病菌具有与成团肠杆菌 IC1270 相同或更强的生防效果。

链霉菌生防菌是通过分泌抗生素抑制枯萎病菌的生长，达到控病的目的。中生菌素（链霉菌的一种）能显著地引起西瓜枯萎病菌丝细胞内原生质凝集，强烈抑制病原菌孢子的萌发，并具杀灭作用，对孢子的形成有较强的阻碍作用。农抗 120 对西瓜枯萎病菌孢子的萌发和菌丝的形态无明显影响，但对孢子形成和菌丝生长有一定的抑制作用，能够提高西瓜幼苗抗枯萎病菌毒素致萎的能力和幼苗体内过氧化物酶活性。

真菌类生防菌：利用拮抗真菌防治植物土壤病害，在国内、外都有许多报道，其中研究应用较多、对真菌病害具有较好的生物防治效果的真菌是木霉菌。这些有益菌通过同病原菌竞争空间和营养源产生抗生素、诱导植株产生系统抗性，从而抑制根部病害的发生。

木霉分布广泛，极易分离和培养，可以在许多培养基质上迅速生长，对多种植物病原真菌尤其是对土传植物病原真菌，如：立枯丝核菌、腐霉菌、镰刀菌等都有拮抗作用，是一种理想的生防菌，其生防机制主要有重寄生、抗生和竞争作用。已报道用于防治枯萎病的有哈次木霉和绿色木霉（*Trichoderma viride*），对枯萎菌丝有强烈的寄生作用，可产生吸器直接穿入枯萎菌丝，分泌胞外溶菌酶，从而减轻病害。应用于立枯丝核菌的生防真菌有多种，最重要的是木霉属（*Trichoderma*）和黏帚霉属（*Gliocladium*）。根结线虫的寄生菌物中厚孢轮枝菌（*Verticillium* chlamydosporium)、淡紫拟青霉[*Paecilomyces lilacinus*(Thorn.)Samson]和镰孢菌(*Fusarium*)等都是优势种群,可寄生根结线虫卵囊和卵。此外,一些真菌可以产生抗生素,抑制疫霉菌的生长,并引起菌丝、孢子囊及游动孢子消解。遗憾的是,生物菌虽然有一定的防治效果,但迄今未能在生产上大面积应用。

②接种有益微生物。通过接种有益微生物与特定的病原菌竞争营养和空间等途径来减少病原菌的数量和根系的感染,对减少根际病害发生有良好的效果。主要包括接种一些有益菌根菌或其他有益菌群以便在根际形成生物屏障;接种致病菌弱毒菌株以促进幼苗产生免疫机能;使用含有有益微生物种群的生物有机肥抑制土壤致病菌的发展,从而分解土壤中存在的相克物质等方面。

自然界广泛存在的菌根真菌不仅能够提高蔬菜作物对养分和水分的利用效率,改善蔬菜作物的营养品质,提高其抗逆性,而且也表现出一定的生物防治效果。从枝菌根真菌(arbuscular mycorrhiza fungi,AMF)与植物根系建立的互惠共生体,可促进共生植物的生长,增强植株的抗逆性,枯萎病就可利用它与镰刀菌存在的竞争关系进行防治。益微菌是一类有益微生物制剂的简称,不仅对枯萎病菌具有较强抑菌能力,还可促进作物生长。

接种无致病力病原菌,利用应用弱株系交互保护作用的原理产生诱导抗性作用,可保护或减轻植物受病原菌的侵害。西瓜、黄瓜经枯萎病无致病力菌株诱导后,与抗病性有关的过氧化物酶、多酚氧化酶、苯丙氨酸解氨酶活性明显增强,几丁酶积累,酚类物质和木质素含量增多,且对抗病品种诱导速度和强度远大于感病品种。然而作为微生物之间的这种干扰作用,往往因各种因素影响产生变化,如:无致病力尖孢镰刀菌会恢复致病力、失去竞争力,并导致保护作用降低。因此,在大面积应用上必须考虑选用无致病力尖孢镰刀菌的适应和变异的可能性,否则将事与愿违。

(3)利用化感作用防治土传病害　很多农作物的鲜活组织、残茬降解释放出的化感物质都具有类似杀菌剂、杀虫剂、除草剂的特性和作用方式,可减少根部病害,提高产量,减少化学品投入,降低成本,保护环境。

番茄间作韭菜,不但不会影响番茄的生长,还可以降低番茄细菌性枯萎病的发生。研究证明,韭菜根分泌物可抑制细菌的繁殖。在棕榈林地表种植豆科植物,可以改变镰刀菌种群的密度和结构,防止或减轻枯萎病的发生。而豚草根分泌物具有驱避根结线虫的特性,可以使大豆根结线虫数量显著下降。由镰刀菌引发的番茄根腐病,可以通过间作生菜进行防治。大蒜套种玉米,大蒜释放出的大蒜素可抑制玉米螟卵的生长发育,使玉米叶片上玉米螟卵减少50%。在芹菜叶片散发的各种气体中,其中9种物质具有发挥植保素的作用,可抵抗病原菌的侵染。利用万寿菊与番茄进行轮作,可以使土壤中根结线虫的数量下降99%,基本上根除了线虫

的危害。而浓度5%～10%的丁子香油(70%)、楝树油(90%)、辣椒油(从辣椒和芥菜油中提取)、山扁豆素(由山扁豆树中提取)和杀菌剂等乳剂,可以抑制镰刀菌的危害,使厚皮甜瓜枯萎病的发病率由80%以上降至20%以下。玉米、大豆、高粱、大麦及棉花的成株、根残体在土壤中降解后能明显抑制黄瓜猝倒病的发生,同时促进黄瓜幼苗的生长。一些十字花科作物分解过程中会产生含硫化合物。因此,向土壤中施入这种作物的残渣能减少下茬作物根部病害和控制土传病害。

(4)物理防治　物理防治主要是通过热力处理、射线辐射等方法处理种子、苗木和土壤,以达到防治病害的目的。物理防治的方法很多,有利用混杂物比重大小的不同,用清水、泥水、盐水或机械来清除与植物种子混杂在一起病原物的汰除法;利用一定温度的热水来杀死种子、苗木所携带病原菌的温汤浸种法;利用烧土、烘土、晒土等消灭土壤中的病原物,减轻土传病害的土壤热力消毒法等。

(5)化学防治　使用化学药剂来防治植物病害的方法即为化学防治,它是目前农业生产中一项很重要的防治措施,具有作用迅速、效果显著、方法简单等优点。但是,化学药剂如果使用不当,容易造成对环境及蔬菜产品的污染,破坏自然界的生态平衡。如果长时间连续使用同一类杀菌剂,则容易诱发病菌产生抗药性,降低杀菌剂的杀菌效果。

(6)使用抗性品种和嫁接技术　利用抗病品种和嫁接技术可以克服土传病原菌的侵染。目前,国内、外已育出一批抗凋萎病、黄萎病、根结线虫、枯萎病、青枯病的番茄等,抗枯萎病、白粉病的黄瓜等;抗炭疽病、疫病的辣椒等;抗黄萎病、黑腐病的甘蓝等抗性品种。黄瓜、甜瓜、西瓜、茄子、番茄等蔬菜可采用抗性砧木嫁接来防止连作所带来的病害。吕卫光(2000)利用云南黑籽南瓜作砧木,嫁接黄瓜进行测定,植株根际土壤细菌数、放线菌数量比未嫁接分别增加了55.9%和58.2%,而致病的真菌数比未嫁接略有减少。最近研究发现一些具有能降解类似瓜类分泌物中存在的自毒物质相似结构的有机芳香酸,土壤微生物和一些菌根可以改善逆境下作物根系对水分和养分的吸收。这意味着通过嫁接和向土壤接种有益微生物可以克服自毒作用所引起的直接和间接危害。

三、间作、混作和套作

(一)间作、混作和套作的概念

1.间作

两种或两种以上的蔬菜作物,同时有规则地(隔畦、隔行或隔株)栽培在同一田块上的种植方式称为间作(intercropping)。

2.混作

两种或两种以上的蔬菜作物,同时不规则地混合种植在同一块田地上的种植方式称为混作(mixed copping)。

3.套作

在前作农作物生长的中后期,在其行间或株间种植后作作物的种植方式称为套作(interplanting)。

实行间、混、套作,就是把两种或两种以上具有生态互补效应的蔬菜作物构成一个结构合理的复合群体,从而提高土地生产力和光能利用率,实现光照、温度、水分、肥料等资源的优化共享以及有效防治病虫害,因而具有较好的增产增收效果。

国际上一般采用土地当量比(land equivalent ratio,LER)来反映间、混、套作的土地利用效益。

$$\mathrm{LER}=Y_{ia}/Y_{ma}+Y_{ib}/Y_{mb}$$

式中:Y_{ia}和Y_{ib}分别为a、b两作物间、套作时的产量,Y_{ma}和Y_{mb}分别为a、b在单作时同样播种面积上所获得的产量。当LER>1时,表明间、套作相对于单作有优势,且大于1的幅度越高,增产效益越大;当LER<1时,表明间、套作相对于单作没有优势。

例如,温室黄瓜与莴苣或油菜间作,莴苣或油菜收获后,套作尖椒,两种作物高矮搭配,使黄瓜通风透光的要求得到充分满足,矮棵作物也获得了适宜的环境条件。

(二)间作、混作和套作的原则

间、混、套作属于高效益的集约种植方式,对栽培技术的要求更严格。要在品种构成、播种期等方面入手,协调主作和间作的关系,缓解两种作物之间对光照和肥水的竞争,实现复合群体的高产高效。间、套作也存在栽培管理费工较多、不便于机械化作业等缺点,利用不当,甚至还会出现两种作物相互影响、相互制约,造成减产。具体应遵循以下原则:

1.合理搭配蔬菜种类和品种

蔬菜作物种类品种繁多,生物学特性各异。因此,要根据蔬菜的根系深浅、喜光耐阴、植株高矮、生育期长短和生长速率快慢等生理、生态特性合理搭配,达到高产、高效的目的。

(1)利用不同蔬菜作物生长期的“时间差” 如不搭架的蔓性南瓜、冬瓜与生长期短的油菜、茼蒿等绿叶菜类间作,绿叶菜采收后,南瓜、冬瓜可将其空间扩展覆盖，扩大受光面积。

(2)利用植株“高度差”　高棵的茄果类、瓜类、豆类与矮棵的葱蒜类、绿叶菜类间、套作，为复合群体创造良好的通风、透光环境。

(3)利用病虫发生条件的“生态差”　综合“土壤—植物—微生物”三者关系，运用植物健康管理技术原理，选择适宜作物间作套种。例如，“生姜、丝瓜、茎用芥菜”立体套栽，丝瓜、生姜、茎用芥菜分别为葫芦科、姜科、十字花科作物。这样的套作组合可提高土壤中养分利用率。同时，使病原菌和害虫失去寄主和改变生态环境，减轻病虫基数积累，降低病虫害发生危害程度。

2.复合群体结构要主次分明

间、套作要有主次，作物的间作、套作应以主作为中心，合理设计前、后作蔬菜的品种结构、定植期(播种期)，最大限度地缩短前后作共生的时间，使前作能有效利用后作群体形成前的生长时期，后作能充分利用前作收获结束后腾出的土地和空间。

3.采取配套栽培技术措施

间、套作由两种或几种不同种类的蔬菜作物构成，不同作物生长习性不同、所处的生长阶段不同，由此对肥水和田间管护的要求也不相同。管理上要综合考虑，抓住作物生长的关键期，采取有针对性的技术措施，尽量缓解复合群体中的种间竞争。

4.作物间对肥水温湿需求相差不宜过大

在田间生产条件下，肥水、温度、湿度等指标难以进行单行或单畦调控，如果间、套作复合群体中两种作物对上述指标要求相差过大，管理上则无法兼顾，势必造成顾此失彼。例如，大棚黄瓜就不宜与青花菜间作。

另外，并非所有的蔬菜都可以间作套种，如甘蓝和芹菜不能进行间作，因为它们的根系分泌物相互抑制对方的生长，造成减产。除了蔬菜作物之间进行间套作外，还可以采取菜粮(棉)间套作和果菜间作。

四、多次作与重复作

(一)多次作

在同一土地上一年内连续栽培两季或两季以上作物，称为多次作，也称复种。一块土地上全年内蔬菜作物的总播种面积与耕地面积之比，称为复种指数，也叫种植指数，是反映耕地利用程度的指标，用百分数表示。计算公式为：

复种指数＝全年播种(或移栽)作物的总面积/耕地总面积×100％

复种指数的高低受当地热量、土壤、水利、肥料、劳力和科学技术水平等条件的制约。热量条件好、无霜期长、总积温高、水分充足是提高复种指数的基础。经济发达和农业科学技术水平高,则为复种指数的提高创造了条件。

(二)重复作

在同一土地上一年内的整个生长季节或一部分季节内连续多次栽培同种作物,称为重复作。在进行多次作和重复作时,可将轮作、间作、混作、套作几种方式综合运用,科学组合,有计划、有目的地进行生产,更有效地利用地力和光能。

五、特种蔬菜的栽培季节与茬口安排

蔬菜作物的栽培季节是指从种子直播或幼苗定植到产品收获结束在田间所经历的时间。茬口安排分为季节茬口和土地茬口两种。季节茬口又称季节利用茬口,是指一年当中露地栽培或设施栽培的茬次,如越冬茬、春茬、秋茬、秋冬茬等。土地茬口也叫土地利用茬口,指的是在同一地块全年安排各种蔬菜的茬次,如一年一熟、两年三熟、一年两熟、一年三熟、一年多熟等。在制订生产计划时,要根据这两种茬口类型进行综合排定。

(一)蔬菜作物栽培季节的确定

要获得蔬菜作物优质、高产、高效,必须以当地的气候条件、土地条件等自然资源为依据,选择适宜的蔬菜类型和品种,合理确定栽培季节。无霜期的长短、光照、温度、降雨量等气候特性、育苗设施和栽培技术水平等,是直接影响蔬菜栽培季节的外部因素,而蔬菜植物自身的生物学特性则是确定其栽培季节的内部因索。确定蔬菜栽培季节的总体原则,是将蔬菜的整个生长期安排在温度能适应生长发育的季节里,而将产品器官的生长期安排在温度最适宜的季节里,这样才有利于蔬菜作物的优质、高产。如喜冷凉的耐寒性蔬菜及半耐寒性蔬菜,营养生长阶段对高温的适应性强,而产品器官形成期间要求冷凉环境。因此,适于夏秋季栽培。

此外,经济效益的高低也影响栽培季节的确定,通过选择专门的蔬菜品种和特殊的栽培方式,使产品提早或延迟上市可以有效地提高生产效益。例如,北方的大白菜早春种植以及西瓜夏秋种植等,产品销售价格明显高于常规季节栽培。

栽培季节还与生产条件和管理水平有关。对于生产条件差、管理水平低的地区,应以主栽季节的蔬菜生产为主;在管理水平高,生产条件好的地区,可以适当进行非主栽季节里的蔬菜生产,即实行蔬菜延后栽培或提早栽培,填补淡季供应,提高经济效益。

(二)蔬菜作物的基本茬口类型和安排

1.蔬菜作物的季节茬口

在中国,露地蔬菜栽培的季节茬口大体上可以分为以下5茬:

(1)越冬茬 俗称过寒菜、过冬菜,包括越冬根茬菜。一般种植耐寒或半耐寒蔬菜,如林芝市的越冬菠菜、葱,华北地区的根茬菠菜、韭菜、薹菜等。一般在秋季露地直播或育苗于冬前定植,以幼苗或半成株状态露地越冬,翌年春季或初夏上市,是供应早春淡季的主要茬口。早茬菜采收后可种植早春菜及中小拱棚果菜类,晚茬菜可间套作晚熟夏菜,也可作伏菜的前茬,或者休耕晒垡后种植秋茬菜。

(2)春茬 即早春菜,一般种植耐寒或半耐寒的蔬菜。如生长期短的小萝卜、茼蒿、菠菜、芹菜等绿叶菜,春马铃薯以及冬季温室育苗、早春定植的春花椰菜、春甘蓝、春白菜等。一般在早春解冻后即可播种定植,40～60 d即可上市供应。春茬多作为伏菜的前茬或与晚熟夏菜间套作。

(3)夏茬 即春夏菜、夏菜。一般种植在春季终霜期过后才能露地定植的喜温好热蔬菜,如:豆类、茄果类、瓜类等,是各地主要的季节茬口。一般在6—7月大量上市,形成集中上市的“旺季”。因此,应将早、中晚熟蔬菜排开播种、均衡上市。夏茬的后茬可种植伏菜或休地晒垡后种秋冬菜及晚熟过冬菜。

(4)伏茬 又名火菜,一般种植耐热的蔬菜,如伏菜秧、蕹菜、火苋菜、伏黄瓜、伏甘蓝等。在6—7月播种或定植,8—9月供应。

(5)秋冬茬 即秋茬,也叫秋菜、秋冬菜,一般种植不耐热的蔬菜,如:十字花科类、根菜类、绿叶菜及喜温的茄果类、瓜类、豆类等,是全年中种植面积最大的一茬菜,是冬春贮藏蔬菜的主要茬口,一般在立秋前后直播或定植,10—12月上市。秋茬菜是越冬菜或早春菜和夏菜的前茬。

除了上述五个茬口外,还有间套作的茬口、保护地栽培的茬口等,生产应根据当地的条件和市场需求情况,科学制定生产规划,合理安排茬口,做到蔬菜均衡供应。

2.蔬菜的土地茬口

土地茬口与复种指数密切相关,相对于中部和北部而言,藏南和藏东南部分地区单位土地面积上栽培茬次多,复种指数大。

目前由于保温或遮雨设施栽培的广泛应用,全藏各地均可四季种植,基本保证了蔬菜丰富的种类和周年供应。在安排茬口时除了要依据蔬菜生物学特色、自然条件、消费情况外,还要考虑生产情况和土地资源等。蔬菜种类繁多,类型丰富,在安排茬口时要根据当地、当年的市场需求情况和外地货源信息确定适宜的种类和品种,要以本地常年供应较多,且价格稳定的蔬菜为主。

(三)栽培季节与茬口确定的原则

(1)产品形成期最适宜原则。

(2)经济效益最大化原则。

(3)轮作倒茬与休耕原则。

(4)间混套作相互有利和融洽原则。

(5) 前后茬忌讳原则。

(6)设施条件原则。

(7)个人技术水平和劳动强度限度原则。

(四)蔬菜作物栽培制度优化

(1)以作物为中心优化菜田结构。

(2)以上市供应为中心优化蔬菜作物的周年均衡供应。

(3)以经济效益为中心优化蔬菜作物种植结构。

(4)以可持续发展为中心优化菜田生态系统。

第八章　野生蔬菜的种植经营

野生蔬菜的种植规划是指栽培者在进行野生蔬菜栽培生产前，对所要种植的土地基本情况（面积、肥力、所处的气候等）、栽培技术、栽培种类、栽培数量、不同野生蔬菜作物之间的搭配、栽培方式、栽种后对后茬作物影响等一系列的问题进行综合考虑后，制定的野生蔬菜种植规划。野生蔬菜规模化栽培生产更需要进行野生蔬菜种植规划。

野生蔬菜种植规划过程中很多因素都会影响种植规划的具体实施，如土地条件、气候条件、市场情况、栽培技术等。野生蔬菜种植规划的意义也就在此体现，即利用有限的野生蔬菜栽培条件，经过合理的规划，获得最大的自然效益、社会效益和经济效益。通常进行野生蔬菜种植规划时会更多地考虑经济效益，忽视其他两个效益的存在。自然效益是指通过合理的种植规划，使农田形成良好的生态系统，为更好地持续进行野生蔬菜规模化栽培生产提供条件；社会效益是指通过合理的野生蔬菜种植规划，使农田生态系统良好，减少由于野生蔬菜规模化栽培对生态环境带来的损害。从这两个方面可以看出制定良好的野生蔬菜种植规划，将会使自然效益、社会效益得到良好的发展，同时也更易获得持续的、良好的经济效益。

野生蔬菜种植规划具体应包括三个方面的内容：野生蔬菜的种植制度、野生蔬菜栽培的养地制度、野生蔬菜的农田经营制度。野生蔬菜的种植制度重点在于栽培种植的具体情况，包括种植布局、种植模式、种植体制等；野生蔬菜栽培的养地制度在于怎样合理地规划才能保证田地的用养平衡，保证土壤的生产能力；野生蔬菜的经营制度指怎样才能合理的经营土地，使有限的土地获得高产量、高品质的野生蔬菜产品。

第一节　野生蔬菜的种植制度

野生蔬菜的种植制度在栽培上可分为：野生蔬菜的布局、野生蔬菜的种植模式、野生蔬菜的种植体制。

一、野生蔬菜的布局

野生蔬菜的布局是指一个地区或生产单位野生蔬菜品种的结构与配置。结构对于野生蔬菜种植而言，是具体的在一块田地或一个基地野生蔬菜种植的种类、种植的面积、与其他作物之间的比例关系。野生蔬菜规模化栽培生产时，对上述因素的考虑是为了更加高效地利用有限的土地，高产、稳产出高品质的野生蔬菜产品，从而获得高的收益。

野生蔬菜作物布局从农业经济学角度上看，并不是什么高产种植什么、什么赚钱种植什么，而是要遵循野生蔬菜自然生长发育规律及遵循生态种植的原则，用前瞻性的眼光对野生蔬菜种植进行合理配置。

野生蔬菜的配置是指在种植野生蔬菜的过程中，为了提高整个规划区域的种植效益，在野生蔬菜种植田块的周围或者与野生蔬菜按照一定搭配进行其他蔬菜作物的种植，如：与其他作物的间作、轮作、混作、套种等。野生蔬菜与其他作物之间的配置要按照野生蔬菜与其他作物生态适应性及形态特征差异性进行，如：温度、湿度、光照、植株地上部分的形态、植株根系深浅等。

二、野生蔬菜的种植模式

野生蔬菜的种植模式是指在一个特定的自然条件和社会经济条件下，为了实现有限环境资源的持续利用和野生蔬菜作物的高产稳产，在一定的时间内于同一农田上采用特定的野生蔬菜种植结构和时空配置规范化的种植方式。野生蔬菜的种植模式在作物栽培学上主要是按照熟制和作物种类数进行划分的，可分为单作一熟制、多作一熟制、单作多熟制、多作多熟制等。

单作一熟制指在一块地里一年只种一种野生蔬菜的种植制度，在群体结构中，只有野生蔬菜作物种类的种内竞争。只要野生蔬菜的种植密度适当，就能获得较好的收益。单作一熟制的野生蔬菜种植模式一般适用于人少地多、生长季节有限的地区。该野生蔬菜种植模式的播种、管理、收获、生长要尽量一致。

多作一熟制指种植两种或两种以上的野生蔬菜作物组成的复合群体结构的种植制度，这些野生蔬菜作物具有生长发育期一致，收获一致，一年只种收一次。多作一熟制野生蔬菜种植模式常见于间作、混作，该模式可充分利用空间。一般适用于人多地少，生长季节较短的地区。例如，生产上在鱼腥草种植田块周边种植其他作物。

单作多熟制主要应用于生长期较短（如紫苋等），可种收两季或以上的野生蔬菜。单作多熟制野生蔬菜种植模式一般只有一种野生蔬菜，其播种与收获整齐一致，便于管理。一般适用于水肥足、劳力及机械供应足、生长季节长的地区。对于那些人力不足、水肥不足、生长季节不长的地区，采用单作多熟制的野生蔬菜种植模式，反而易造成增种不增收。

多作多熟制指在一块田地上，一年内分期种植两种或两种以上生长季节不同的野生蔬菜作物构成的复合群体结构的种植制度。多作多熟制野生蔬菜种植模式在时间上和空间上实现了野生蔬菜种植的集约化。该种植模式包括：采用套种、间作、混作等方式来合理安排野生蔬菜种植，形成立体结构。对生长季节长、水分供应充足、人少地多的地区，多作多熟制野生蔬菜种植模式能获得较好的收益。

三、野生蔬菜的种植体制

野生蔬菜的种植体制是指根据野生蔬菜对地力的影响，不同野生蔬菜之间的协调关系，野生蔬菜对生态环境的适应能力以及有利于病虫草害控制等原则，制定出合理的种植规划。种植体制既能体现野生蔬菜总体布局要求，又能与野生蔬菜种植模式相适应的野生蔬菜种植顺序的组配。野生蔬菜规模化栽培生产过程中，由于野生蔬菜前茬对后茬的影响，不同野生蔬菜品种之间具有不同特点，野生蔬菜的种植体制就显得很重要。例如，前茬野生蔬菜作物残留物能影响后茬野生蔬菜作物的生长发育、不同野生蔬菜之间的化感排斥作用等。解决野生蔬菜对地力的影响、协调不同野生蔬菜之间的相互关系，目前野生蔬菜的种植体制主要有轮作、换茬和连作。

（一）轮作

野生蔬菜的轮作是指野生蔬菜与其他作物之间轮流种植。例如，水旱轮作，野生蔬菜与小麦、玉米、高粱、甘薯等的轮作。野生蔬菜的轮作对于去除地里残留植株多、前茬野生蔬菜的特殊分泌物质对后茬作物生长影响大效果很明显，如鱼腥草、慈姑、野葱类进行水旱轮作。轮作可以调养地力，有效减轻野生蔬菜规模化生产栽培中的病虫草害，有利于合理利用农业资源，提高野生蔬菜种植的经济效益。

(二)换茬

野生蔬菜的换茬指前茬与后茬种植不同的野生蔬菜及其他作物。野生蔬菜的换茬具有的特性与轮作类似,但在生产上,有时将野生蔬菜换荐与轮作混为一谈,这是不科学的。野生蔬菜的轮作就像一个圆,每一次轮作相当于圆上的一段,所以轮作就是按照类似圆的顺序方向进行野生蔬菜的顺序栽种;而野生蔬菜的换茬强调前茬野生蔬菜作物与后茬野生蔬菜作物的不同,没有强调野生蔬菜轮作要求的顺序性,野生蔬菜轮作是野生蔬菜换茬的一种有顺序的栽种方式。

(三)连作

野生蔬菜的连作是指在一块地里连续种植一种野生蔬菜作物的种植方式。连作在野生蔬菜栽培过程中适用于连作障碍小或无连作障碍的野生蔬菜种类,如苋菜、车前草等。野生蔬菜连作不当会造成野生蔬菜的连作障碍,从而严重影响野生蔬菜的生产。野生蔬菜连作会导致营养物质的偏耗、土壤水分大量消耗、土壤有毒物质积累、土壤理化指标的恶化,野生蔬菜连作还会导致病虫草害加重,土壤供肥能力降低等。

目前生产上解决野生蔬菜连作障碍的方法主要有:及时足量地施肥和优化灌溉措施,消除野生蔬菜连作带来的营养偏耗和水分不足;及时合理使用各种低毒高效农药,缓解野生蔬菜连作造成的病虫草害和土壤微生物系统变化带来的障碍;有计划地进行轮作倒茬,也可以减轻野生蔬菜连作的弊端;采用适宜有效的土壤耕作措施,改善土壤理化性状,促进有毒物质分解,调节土壤微生物活动状况,提高土壤供肥能力。

第二节　野生蔬菜栽培的养地制度

野生蔬菜农田的用养结合是农业可持续发展的基础,用地是为了获得人们需要的野生蔬菜产品,养地是为了获得更多更好的野生蔬菜产品,做到可持续地生产野生蔬菜产品。野生蔬菜栽培的养地制度主要阐明如何培养地力、使土地持续高产稳产,是与种植制度相适应的以提高土地综合生产能力为中心的野生蔬菜栽培生产技术体系,包括农田培肥、土壤耕作、农田灌溉等。培养地力是野生蔬菜生产持续发展的重要基础。野生蔬菜栽培养地的重要性还表现在,优良的地力对野生蔬菜获得特有的野生风味具有重要的作用。另外,野生蔬菜生产中土壤的养地不是说只侧重养,更重要的是将养与用联系在一起,有机地结合起来。

一、野生蔬菜规模化栽培生产对土壤肥力的要求

野生蔬菜规模化栽培生产对土壤肥力的要求较高，尤其是规模化栽培生产中想获得野生蔬菜所具有的野生风味，对土壤的要求就更高。野生蔬菜栽培中土壤肥力过高将使野生蔬菜生长过快，来不及形成特有的野生蔬菜风味，最终导致品质下降；土壤肥力过低，则野生蔬菜的产量上不去，经济效益也不高。

(一)使用有机质培肥

有机质培肥对野生蔬菜规模化生产栽培中野生蔬菜的生长发育是很有用的，有机质培肥一方面能增加土壤肥力，改善土壤结构；另一方面能满足野生蔬菜生产中产品品质与产量的要求。

(二)秸秆还田培肥

将秸秆打碎还田，能增加土壤有机质的含量，满足野生蔬菜生长对土壤有机质及土壤结构的要求。野生蔬菜规模化生产栽培中，秸秆还田要注意补充其他肥料及增加水分的供给，特别是氮肥的补充，同时，野生蔬菜栽培田块土壤微生物的活动需要一定的水分及一定的碳氮比。

(三)休闲式培肥

通过休闲的方式使野生蔬菜栽培田块土壤的结构在自然条件下得到恢复，一般有只耕不种和不耕不种两种方式。

(四)种植绿肥培肥

通过种植绿肥培肥土地，如三叶草、紫云英、散播白菜、萝卜等。种植野生蔬菜的时候，将绿肥直接通过翻耕的方式还田，达到增加野生蔬菜栽培田块土壤有机质含量的目的。目前进行高端野生蔬菜规模化栽培生产中培肥的方式，经常采用休闲培肥与种植绿肥、培肥相结合的方式。

(五)合理轮作

不同野生蔬菜与其他作物之间对肥料的种类、肥力水平、土壤结构等要求不同，通过合理轮作可以使土壤各部分营养物质得到平衡，从而培肥土壤，如豆科类野生蔬菜与苋菜可进行轮作。

(六)农田保护

野生蔬菜栽培中的保护农田指保护农田免受水蚀、风蚀、草害、污染、沙蚀等，以免造成土壤的肥力下降甚至变成没有用的农田。因此，农田保护也是对肥力的保护。

二、野生蔬菜栽培土壤的耕作

野生蔬菜栽培土壤耕作的目的是为野生蔬菜植株根的生长发育提供一个良好的生长环境,从而使野生蔬菜植株生长发育良好。野生蔬菜栽培土壤耕作对于野生蔬菜栽培的养地制度而言,对野生蔬菜栽培土壤的孔隙度、通气性、土壤微生物、土壤无机物等都具有较深的影响,冬季的翻耕对减少土壤病虫害具有一定的积极作用。

野生蔬菜栽培土壤耕作的意义在于:调整耕层气、水、土三相比例,建立适合野生蔬菜栽培的土壤耕层构造,为野生蔬菜栽培提供深厚的耕层、适宜的播床。通过翻埋残茬和肥料,消灭杂草和病虫害,改变地表形态,调控地表水热状况,实现野生蔬菜栽培土壤的水土保持,土壤的熟化。

目前,野生蔬菜栽培土壤耕作的方式很多,主要有翻耕、深松耕、旋耕、耙地、耱地、中耕、镇压、起垄与培土等。在具体的野生蔬菜栽培生产中,要根据地区、气候、栽培野生蔬菜种类、人力条件等综合考虑,选择进行。

三、野生蔬菜栽培农田的灌溉

野生蔬菜栽培的农田灌溉对于养地而言是为土壤培肥、土壤恢复提供充足的水分。野生蔬菜栽培中的农田灌溉要根据具体的情况进行,并注意节约灌溉用水。

第三节　野生蔬菜的农田经营制度

野生蔬菜的农田经营制度是指农户(农场主)在顺应自然环境、生物规律和社会经济条件下,根据自己的经营目标、技术专长与资源状况,对家庭(农场)的野生蔬菜生产经营活动(涉及野生蔬菜种植和加工的产前、产中、产后)进行合理的相对稳定的安排,以获得最大利润的野生蔬菜生产方式、经营规模和组织管理体系的总称。从经济角度上看,野生蔬菜农田经营制度就是实现野生蔬菜栽培生产、加工、销售过程中,人、财、物、信息等要素结合的动态活动。野生蔬菜栽培的农田经营是以农田为中心建立起来的,受到自然、市场、经济、社会、栽培技术等多方面因素的制约。

一、野生蔬菜种植经营制度的建议

(一)适度的规模

野生蔬菜的市场容量相对较小,鲜菜和加工产品的销售量相对来说也比较小,在没有打开大市场、建立大流通之前,建议进行适度规模的野生蔬菜种植。随着野生蔬菜市场的逐渐扩大,相应地逐渐扩大种植规模,切不可一下子进行大规模的种植,以免造成不必要的损失。适度规模的野生蔬菜种植方式,相对土地利用与效益而言,虽没有大规模种植野生蔬菜的收入高,但风险也较野生蔬菜大规模种植小得多,适用于个体农户和小型农业合作社。

(二)因地、因市、因时制宜的种植

野生蔬菜分布的地域性在一定程度上决定了野生蔬菜的市场范围,因地、因时制宜的种植野生蔬菜栽培相对而言易于成功,并能降低生产成本;因市制宜的种植野生蔬菜是为了能顺利地将野生蔬菜产品销售出去,获得更好更稳定的经济效益。野生蔬菜的生产、栽培、开发过程中在注意因市制宜的同时,更要注意因时制宜,将野生蔬菜开发的风险降到最低。

(三)野生蔬菜相关产品的开发

野生蔬菜生产要想获得更高的收益,除了要控制野生蔬菜栽培生产过程中的各个因素,提高野生蔬菜产品的产量和品质外,要加强对野生蔬菜相关产品的开发。例如,干制野生蔬菜、罐头野生蔬菜、速冻野生蔬菜、野生蔬菜饺子、野生蔬菜饮料、野生蔬菜保健品等。野生蔬菜产品的开发一方面可以增加出售野生蔬菜的量,扩大市场,形成产业化,另一方面可以通过野生蔬菜产品的开发使种植野生蔬菜的附加值进一步提高。

二、野生蔬菜的农田经营方式

(一)自产自销经营

我国目前野生蔬菜生产栽培中自产自销的比例占有很大的比重,种植野生蔬菜的农户往往是将种植的野生蔬菜鲜菜直接拿到市场上去卖,或者经过简单的加工整理后进行出售。自产自销的野生蔬菜经营模式适合于家庭或小型公司。

(二)基地经营

野生蔬菜生产基地拥有大量的土地,可以实行大规模野生蔬菜种植。目前,我国在国家相关惠农政策的扶持下,建成了一批野生蔬菜规模化栽培生产示范基地。

野生蔬菜生产基地具有明显优势，可以进行野生蔬菜规模化栽培生产，并对野生蔬菜产品进行深加工，形成自己的品牌，建立野生蔬菜产业链；同时，野生蔬菜生产基地通过吸引相关人员进行游览、考察，建立农家乐等多种产销推广体系，进一步扩大野生蔬菜的销售渠道，获得更好的经济效益。

(三)涉农龙头企业经营

涉农龙头企业具有很强的号召能力，能更好地联系野生蔬菜生产者和市场，更加系统地进行野生蔬菜的种植与开发，但现阶段龙头企业对野生蔬菜的开发程度不高，市场规模较为有限。

参考文献

陈静，陈欣，唐建军. 2004. 大气二氧化碳浓度升高对植物根际微生物及菌根共生体的影响[J]. 应用生态学报，(12)：2388-2392.

陈佐忠，黄德华，张鸿芳. 1983. 北京地区主要农作物的元素化学特征 1. 北京地区主要农作物化学元素含量水平及其分组[J]. 北京农业大学学报，(4)：53-61.

傅永福，孟繁静，1998. 植物的成花生理信号[J]. 中国农业大学学报，3(3)：1.

葛晓光，李振洲，郝建军，1982. 蔬菜营养液育苗的研究——不同育苗条件下番茄幼苗的生育规律及其变化[J]. 园艺学报，(3)：37-44.

李合生，2012. 现代植物生理学[M]. 北京：高等教育出版社，305-306.

李能芳，荀琳，郭学君，等，1999. 嫁接对茄子植株过氧化物酶同工酶的影响[J]. 西南园艺，(4)：24-25.

李曙轩，寺诚学，1954. 春化及光照对于大蒜鳞茎形成与蒜苔发育的影响[J]. 植物学报(英文版)，(4)：337-352.

李彦斌，刘建国，谷冬艳，2007. 植物化感自毒作用及其在农业中的应用[J]. 农业环境科学学报(S1)：347-350.

连翰安，1983. 蔬菜工厂化育苗操作流程及育苗技术[J]. 中国蔬菜，(1)：26-30.

卢善发，2000. 番茄/番茄嫁接体发育过程中的过氧化物酶同工酶[J]. 园艺学报，(5)：340-344.

陆帼一，张和义，周存田，1984. 番茄壮苗指标的初步研究[J]. 中国蔬菜，(1)：13-17.

吕兵兵，姚攀锋，王官凤，等，2019. 光周期对苦荞芽菜生长与品质的影响[J]. 西北植物学报，39(10)：1785-1794.

吕卫光，张春兰，袁飞，等，2000. 嫁接减轻设施黄瓜连作障碍机制初探[J]. 华北农学报，(S1)：153-156.

牛蒙亮，2019. 根源过氧化氢信号介导南瓜砧木嫁接提高黄瓜耐盐性的机制研究[D]. 武汉：华中农业大学.

潘瑞炽，2008. 植物生理学[M]. 北京：高等教育出版社.

钱静洁，林苏梦，张冬平，等，2022. 光敏色素互作因子参与生长素调控的植物生长发育[J]. 生物技术通报，38(10)：29-33.

武维华，2023. 植物生理学[M]. 3 版. 北京：科学出版社.

孙奇超，黄凤娟，林多，2009. 萝卜花芽分化过程中碳-氮代谢的变化[C]. 中国园艺学会十字花科分会第七届学术研讨会论文集，50-54

谭克辉，王文宏，何希文，等，1981. 代谢抑制剂对冬小麦春化过程的影响[J]. 植物学报(英文版），（5）：371-376.

谭克辉，1992. 春化过程中特异蛋白质合成[J]. 植物学集刊，（6）：13-16.

汤佩松，谭克辉，李凤英，等，1963. 2,4-二硝基酚对冬小麦春化过程的影响的初步报告[J]. 实验生物学报，（3）：586-593.

王灿华，祝新德，许煜泉，等，2000. 假单胞菌株 M18 分泌羧基吩嗪抑制黄瓜枯萎病害[J]. 上海交通大学学报，（11）：1574-1578.

王立为，谭月，张峻鋮，等，2023. 开花期与块茎膨大期干旱胁迫及旱后复水对马铃薯影响的差异[J]. 中国农业气象，44(1)：13-24.

肖桂山，杨世杰，1995. 黄瓜同种异体嫁接组合形成过程中特异蛋白质的产生[J]. 农业生物技术学报，（2）：32-37.

徐云远，种康，许智宏，等，2001. 茉莉酸诱导的春化相关基因表达模式（英文）[J]. 植物学报，（8）：871-873.

尹能文，李加纳，刘雪，等，2017. 高温干旱下油菜的木质化应答及其在茎与根中的差异[J]. 作物学报，43(11)：1689-1695.

许煜泉，唐玮宁，郑有丽，等，1999. 筛选假单胞菌株 M18 防治大棚黄瓜枯萎病害[J]. 上海交通大学学报，（2）：86-89.

杨凤军，李天来，臧忠婧，等，2017. 等渗 NaCl、干旱胁迫对番茄幼苗光合特性及叶绿体超微结构的影响[J]. 应用生态学报，28(8)：2588-2596.

喻景权，松井佳久，1999. 豌豆根系分泌物自毒作用的研究[J]. 园艺学报，（3）：37-41.

张芳，张晓枫，王进征，等. 植物光敏色素 PHYA、PHYB 研究进展[J]. 生物学通报，2011，46(1)：11-14.

周志红，骆世明，牟子平，1998. 番茄植株中几种化学成分的化感效应[J]. 华南农业大学学报，(3)：56-60，86.

Dreyer EM, Weisenseel MH. 1979. Phytochrome-mediated uptake of calcium in Mougeotia cells [J]. Planta, 146(1): 31-39.

Ecklund PR, Moore TC. 1969. Rna and protein metabolism in senescent shoot apices of 'alaska' peas[J]. American Journal of Botany, 56(3): 327-334.

Garner WW, Allard HA. 1920. Effect of the relative length of day and night and other factors of the environment on growth and reproduction in plants[J]. Journal of Agricultural Research, 18: 553-606.

Genger RK, Peacock WJ, DennisE S, et al. 2003. Opposing effects of reduced DNA methylation on flowering time in Arabidopsis thaliana. Planta, 216: 461-466.

Inderjit, Dakshini KMM, Einhellig FA, et al. 1995. Allelopathy: organisms, processes, and applications. [M]. Washington, DC: American Chemical Society, 381.

Jensen WA, Salisbury WA. 1972. Botany: an ecological approach[M]. Belmont, Calif. : Wadsworth Publishing Company, Inc.

Kraus EJ, Kraybill HR. 1918. Vegetation and reproduction with special reference to the tomato [M]. Station bulletin (Oregon Agricultural Experiment Station). Corvallis, OR: Oregon Agricultural College Experiment Station.

Lin F, Jiang Y, Li J, et al. 2018. BBX28 negatively regulates photomorphogenesis by repressing HY5 activity and 2 itself undergoes COP1-mediated degradation[J]. The Plant Cell, 30(9): 2006-2019.

Michaels SD, Amasino RM. 2001. Loss of FLOWERING LOCUS C activity eliminates the late-flowering phenotype of FRIGIDA and autonomous pathway mutations but not responsiveness to vernalization[J]. Plant Cell, 13(4): 935-941.

Nikolaeva MG. 1977. Factors controlling the seed dormancy pattern[A]. *in* Khan A A. (Ed.) The physiology and biochemistry of seed dormancy and germination[M]. Amsterdam, North-Holland, 51-74.

Sheldon CC, Finnegan EJ, Rouse DJ, et al. 2000. The control of flowering by vernalization[J]. Current Opinion in Plant Biology, 3(5): 418-422.

Xu SJ, Chong K. 2018. Remembering winter through vernalisation[J]. Nature Plants, 4: 997-1009.

Yong WD, Xu YY, Xu WZ, et al. 2003. Vernalization-induced flowering in wheat is mediated by a lectin-like gene *VER2*[J]. Planta, 217(2): 261-270.

Wang Z, Zheng H, Huang JG, et al. 2022. Demethylation regulator 1 regulates DNA demethylation of the nuclear and mitochondrial genomes[J]. Journal of Integrative Plant Biology, 64(12): 2344-2360.

附录:特种蔬菜有机肥料(基质)简便化制备技术

特种蔬菜栽培生产过程中,无论是育苗还是栽植,都需大量的基质或有机肥料。现今一般的基质或有机肥料生产,存在设备投资大、场地要求高、技术流程复杂、生产效率低等限制性难题,农户或中小企业难以自行生产。且秋冬春三季,-15 ℃以下气温也制约农业废弃物的发酵生产。

为此,运用低温启动、高温发酵、腐殖成肥的全功能耐低温发酵专用菌剂,重点发挥耐低温菌群的优势性能,在气温≤-30 ℃的露天环境下实现物料的快速升温,并可长时间保持55 ℃以上的高温发酵,同时可以钝化重金属、消解物料中的农药和抗生素等有害成分。该技术使用一台小型装载机或挖掘机即可完成全部制备过程,节省了大量设施设备投入,且对场地亦无要求,田间地头即可发酵生产,90~120 d完成物料腐解,堆肥总腐殖质含量可达到2%以上。该项技术避免堆肥生产过程中过度依赖设施设备,实现现阶段有机肥料(基质)生产工艺的更新换代和简便化生产。

一、生产方法

1.*生产准备*

制备养分含量高的有机肥需以鸡粪、羊粪或猪粪为主要原料。制备育苗基质需要以牛粪、鹿粪等粪便为主要原料。

按100 t畜禽粪便计算,准备秸秆6~8 t、耐低温菌剂25.0 kg、饲料稻糠240 kg、红糖10 kg、尿素30 kg,并备有≥1个大气压的水源、大棚塑料膜若干。

在干净的地面上,按照耐低温菌剂、红糖、饲料稻糠和尿素的先后顺序混拌均匀,制成发酵底料,备用。

2.*制作发酵堆*

秸秆和粪便分层平摊后建立发酵堆。一层秸秆一层畜禽粪便,秸秆每层厚度约 1.0 m，畜禽粪便每层厚度 0.5～0.6 m。

每层秸秆铺设完毕后，均需撒入发酵菌料，并浇水提高湿度，浇水量以手攥秸秆指缝见湿或略有水滴为准。如果畜禽粪便含水量过高，秸秆上可以少浇水、甚至不浇水。一层秸秆一层畜禽粪便，分层堆积成高≥2.5 m、宽度 4.5 m 左右的山形发酵堆，并用大棚塑料膜覆盖，以免水分散发。注意在生产过程中禁止机械车轮压到发酵堆，同时大棚塑料膜底脚压住但不要密封不透气，避免大棚塑料膜被风吹起即可。

3.翻堆

建堆完成，发酵堆逐渐开始升温，7～10 d 发酵堆中心温度达到 60 ℃后，3～5 d 及时翻堆；可使用挖掘机（水泥地面可使用装载机）进行翻堆。翻堆时需要注意将原发酵堆的内外层和上下层置换，翻堆后继续用塑料膜覆盖即可。以后重建的发酵堆中心温度每升温到 65 ℃时，均需要翻堆 1 次，经过 2～3 次翻堆后，即可发酵腐熟，达到腐熟标准的堆肥。夏季一般需要 30～35 d、冬季 60～90 d。

4.后处理

发酵后的堆肥可堆至闲置场地，陈化 1～2 个月即可作为特种蔬菜栽培使用的有机肥料或者育苗基质使用。如作为商品化有机肥使用，需过筛、粉碎、风干或中温烘干，水分含量≤35%后，即可直接装袋销售，也可用于有机肥造粒原料。

二、经济效益分析

按照冬季气温≤－30 ℃条件下发酵 100 t 粪污计算，所需投入产出见表 1，累计投入约 4160 元。发酵后堆肥按照市场价值 1.8 万元计算，可以获得约 1.4 万元的净收入，生产经济效益非常可观。

表 1　投入产出表

项目	数量	单价/元	金额/元	备注
投入				
畜禽粪便	100 t	—	—	按照含水量 60%计算
作物秸秆	6～8 t	—	—	类型不限，圆包秸秆最好
饲料稻糠	240 kg	1.5	360	麦麸替代也可
红糖	10 kg	10	100	散装红糖
发酵菌	25 kg	30	750	低温专用、春秋减半
大棚膜折旧	50～60 kg	—	100	防老化，可反复使用

续表 1

项目	数量	单价/元	金额/元	备注
粪水或清水	10～12 t	—	—	
挖掘机或装载机	3 d·台	800	2400	社会车辆、租用
人工	3 个·d	150	450	
其他	—	—	—	铁锹、铁叉自带
合计			4160	
产出				
有机肥料(基质)	60 t	300	18000	含水量≤40%

注:粪污及秸秆均属废弃物,未列入成本。

三、结语

该技术的突出特点是通过充分发挥耐低温专用菌剂的低温启动和高温快速发酵性能,在环保许可的前提下,一年四季在露天环境下使用一台机械,即可完成高品质有机肥料或基质的发酵生产,且成本低廉、技术简单,可以为特种蔬菜的高产优质和有机健康生产,提供可行的技术途径。